JN162334

動物遺伝育種学

祝前博明
国枝哲夫
野村哲郎
万年英之
[編著]

西堀正英
下桐　猛
揖斐隆之
石川　明
大山憲二
三宅　武
古川　力
長嶺慶隆
山田宜永
広岡博之
[著]

朝倉書店

編　著　者

祝　前　博　明（いわい さき ひろ あき）	新潟大学研究推進機構 朱鷺・自然再生学研究センター
国　枝　哲　夫（くに えだ てつ お）	岡山大学大学院環境生命科学研究科
野　村　哲　郎（の むら てつ ろう）	京都産業大学総合生命科学部
万　年　英　之（まん ねん ひで ゆき）	神戸大学大学院農学研究科

執　筆　者

西　堀　正　英（にし ぼり まさ ひで）	広島大学大学院生物圏科学研究科
下　桐　　　猛（しも ぎり たけし）	鹿児島大学農水産獣医学域農学系
揖　斐　隆　之（い び たか ゆき）	岡山大学大学院環境生命科学研究科
石　川　　　明（いし かわ あきら）	名古屋大学大学院生命農学研究科
大　山　憲　二（おお やま けん じ）	神戸大学大学院農学研究科附属 食資源教育研究センター
三　宅　　　武（み やけ たけし）	京都大学大学院農学研究科
古　川　　　力（ふる かわ つとむ）	ヤマザキ動物看護大学動物看護学部
長　嶺　慶　隆（なが みね よし たか）	日本大学生物資源科学部
山　田　宜　永（やま だ たか ひさ）	新潟大学農学部
広　岡　博　之（ひろ おか ひろ ゆき）	京都大学大学院農学研究科

（執筆順）

はしがき

人類は，その長い歴史の年月の間に，野生動物を飼育動物として飼い馴らし，さらに家畜化を始めて，繁殖を人為的にコントロールすることにより目的にかなった動物へと遺伝的に改良を加え，各種の家畜を作り上げてきた.

18 世紀に至ると，未だ遺伝学が誕生する以前の話であるが，近代における家畜改良の始祖と呼ばれるベイクウェルらにより，選抜と交配，淘汰による改良種の作出が始まり，近代的な家畜改良の幕開けとなった．さらに 20 世紀になると，現代の科学的な家畜育種の父とも呼ばれるラッシュにより，今でいうところの量的遺伝学と生物統計学の手法の導入を通じて統計遺伝学的な育種理論が確立されていった.

また 20 世紀の半ばにワトソンとクリックにより「DNA の二重らせん構造」が明らかにされ，その後の生命科学の大きな進歩への号砲となった．20 世紀後半からの分子生物学や分子遺伝学の進展は目覚ましいものがあり，21 世紀は生命科学の時代とも呼ばれる．ゲノム科学の進展も著しく，その広域性と関連基礎科学の進歩による大きな波及効果は，動物育種の領域の学術の進展にも大きな影響を及ぼしている.

一方で，過去半世紀の間に世界の人口は急増し，2050 年には 90 億人に達するといわれている．今後の急激な食料需要の増加を満たすために，半世紀後には現在の食料生産の倍増が求められているのである．また，今日においては食料生産の課題のみならず，地球上の限りある資源，気候変動や地球温暖化などの環境，エネルギー，さらには健康・医療などに関連した多くの課題や問題があり，われわれはこれらを果敢に克服しつつ，資源動物・家畜の効率的で持続的な生産を達成していかなければならない．そのために，今後の時代の要請に合った合理的で効率的な動物育種の展開に大きな期待が寄せられており，具体的な育種対象は，産業動物，実験動物，モデル動物，使役動物，伴侶動物，水生動物（魚類など）など多岐にわたる.

このような動物育種の入門書として，先に佐々木義之博士の執筆による成書『新農学シリーズ 動物の遺伝と育種』が出版されたのは，1994 年のことであった．当書では，上述のような様々な動物の育種を進める上で背後に共通している基本的な原理や考え方，方法が簡潔に記述されている．またその際，前述のような動物育種の実際における統計遺伝学と分子遺伝学の応用の体系化の歴史をふまえて，統計遺伝学的手法による量的遺伝学と生化学的手法による分子遺伝学とが両輪の柱として取り上げられている．両者の協働と融合による 21 世紀における動物育種の飛躍的な展開の時代を見据えた，まさに当時における待望の書であった.

しかし他方で，『動物の遺伝と育種』が出版された当時は，DNA（マーカー）の情報を使った選抜などの具体的な事例が未だ乏しかった時代であり，教科書としての確たる知識や知見を載せようとすると，分子遺伝学的アプローチによる育種手法に関する記述箇所は量的に制限されざるをえなかったのである．しかるに今日では，その当時から20年余りが経過し，ゲノム科学，分子遺伝学，繁殖生物学などの研究，さらにはそれらに基づく育種手法にも多大な進展が見られる．20世紀後半からのES細胞の樹立や体細胞クローンの作製に続いて，21世紀に入るとiPS細胞の樹立が達成され，多くの画期的な基礎科学の成果へとつながってきている．また，20世紀の末からは，細胞内の遺伝情報をピンポイントで編集し書き換えることのできる技術なども急速に発達してきている．さらに，21世紀の初頭にヒトのみならず主な家畜のゲノムが解読されると，膨大な量のDNAマーカーの情報が利用できるようになり，家畜の能力の新たな評価法や選抜法が開発されるに至っている．したがって，21世紀の今後においては，これらの新しい技術や手法を利用した動物育種のブレークスルーの到来が期待されている．

本書は，『動物の遺伝と育種』の発展的な後継書を目指したものである．当書での普遍的な基本原理や共通手法の要点の簡潔な記述や図表を土台としてそのまま受け継ぎつつ，さらに近年において分子遺伝学，統計遺伝学およびそれらの融合によって生み出された新しい考え方や原理，手法の説明を加え，今日の時代の要請に応えた内容を備えながらも，できる限りコンパクトな書となるように努めた．

本書は，動物遺伝育種学の学術領域における第一線の教育研究者の方々に執筆いただき，教科書としての記載の適切さに十分に配慮した．専門用語の表記に当たっては，『動物遺伝育種学事典』に従って統一するとともに，記号については，量的遺伝学のバイブル的な名著と位置づけられているFalconer and Mackayの“Introduction to Quantitative Genetics”に準じて統一して記述した．また，執筆者が複数にわたることから，全体の体系性や文章表現の統一性の欠如に陥らないように，編者ができる限りの推敲と編集を行って成書とした．

本書が，『動物の遺伝と育種』の場合と同様に，（短期）大学，農業大学校，専門学校などにおける学生や大学院生の皆さんの教科書，あるいは参考書として活用されれば幸いである．また，動物生産の現場で活躍する技術者や社会の様々な分野において動物の遺伝育種法について学ぼうとする技術者，さらには，動物の遺伝と育種に興味を抱く一般社会人の方々の学びの指南書として，広く役立つことを願ってやまない．

最後に，本書の企画・刊行に当たっては，佐々木義之博士から大所からの助言と激励をいただいた．また，朝倉書店編集部をはじめとする関係各位に多大な尽力と助言をいただいた．ここに記して深甚の謝意を表し，御礼申し上げる．

2017年2月

編 者 一 同

目　　次

1 動物の育種とは

● 1.1 資源動物・家畜とは ○

一般的に家畜といえば，農用動物であるウシやブタ，ニワトリなどを思い浮かべる．しかし広義の家畜には，このような農用動物をはじめ，伴侶動物であるイヌやネコ，実験動物であるマウスやラットも含まれる．さらに大きな解釈では，魚類のコイや昆虫のミツバチなども該当する（表 1.1）．

家畜を一般的かつ簡潔に説明するとすれば，「野生動物を馴らし人類の生活に役立てている動物」といえる．しかし，生物学的な家畜の定義としては概念的すぎ，この定義に当てはめる際に判断に迷う動物もあるだろう．野生動物を捕獲して馴らし，ショーなどに使うのもこの定義に当てはまるが，これは家畜とはいわず調教した動物である．

これまで家畜の定義に取り組んだ成書の表現を見てみよう．畜産学の大書である『畜産大事典』の初版（1966）には，「家畜とは人に飼われて馴れ，その保護のもとに自由に繁殖し，かつ人の改良に応じ，農業上の生産に役立つ動物である」と記されている．また，『日本古代家畜史』（1945）には，「人間が直接利用しえない形にあるか，又は利用価値の低い形にある物質及びエネルギーを，更に利用し易い形に変える動物であり，しかも農業経営に取り入れることができ，適当に人為的統制を加えることによって代々引き続き生産を挙げ得るものを言う」とある．両定義ともに家畜の本質と側面をよく表現しているものの，これらの定義は農用動物に限定されており，また表現が曖昧な部分が含まれている．例えば，ペットとして飼われているネコやイヌも家畜であるが，これらは伴侶動物であり人類の生活の直接の糧にはなっていない．また，競走馬は誰もが認める家畜であるが，農業生産には直接関わってはいない．

一方，野澤（1975）は「家畜とはその生殖がヒトの管理のもとにある動物である」と定義している．これは農用動物にかかわらず，伴侶動物や実験動物も含んで説明可能な定義であり，家畜の本質を的確に示しているものといえる．野生動物が人類の生活環境に接近し捕獲された後，人類がこれらの動物の生殖をしだいにコントロールするようになる．さらに生殖の管理を強めることによって，人類にとって都合のよい形質を長年かけて選抜・淘汰する過程が家畜化であり，その人的影響を受けた動物が家畜であるといえる．

表1.1　主要な家畜の分類と祖先種・原種

綱	目	科	家畜名	野生原種
哺乳綱	偶蹄目	ウシ科	ウシ	原牛（オーロックス）*
			スイギュウ	アジアスイギュウ
			ヤク	ヤク
			バリウシ	バンテン
			ガヤール，ミタン	ガウル
			ヤギ	ベゾアール，アイベックス，マーコール
			ヒツジ	ムフロン，ウリアル，アルガリ
		ラクダ科	ヒトコブラクダ	ヒトコブラクダ**
			フタコブラクダ	フタコブラクダ
			アルパカ	アルパカ**
			ラマ	ラマ**
		シカ科	トナカイ	トナカイ
		イノシシ科	ブタ	イノシシ
	奇蹄目	ウマ科	ウマ	草原型野生馬，高原型野生馬*，森林型野生馬*
			ロバ	アフリカロバ
	食肉目	イヌ科	イヌ	オオカミ
		ネコ科	ネコ	リビアヤマネコ，ヨーロッパヤマネコ，ジャングルキャット
	ウサギ目	ウサギ科	ウサギ	ウサギ
	齧歯目	ネズミ科	マウス	イエネズミ
			ラット	ドブネズミ
		テンジクネズミ科	モルモット	モルモット
鳥綱	キジ目	キジ科	ニワトリ	セキショクヤケイ
			ウズラ	ウズラ
			シチメンチョウ	シチメンチョウ
			ホロホロチョウ	ホロホロチョウ
	ハト目	ハト科	ハト	ハト
	ガンカモ目	ガンカモ科	アヒル	マガモ
			ガチョウ	ガン
魚綱	鯉目	コイ科	コイ	コイ
昆虫綱	膜翅目	ミツバチ科	ミツバチ	ミツバチ
	鱗翅目	カイコガ科	カイコ	カイコガ

*は絶滅種，**は純粋な野生原種が絶滅．

● 1.2 野生動物の家畜化と馴化過程 ○

1.2.1 家畜化の要因

すべての家畜は野生動物に起源を有している．家畜化の要因には，環境の要因，動物側の要因，人類側の要因の3つがある．動物の家畜化は，人類と動物が置かれた環境的な要因が契機となって始まり，さらに人類側と動物側がもつ要因がからみ合って進んでいった．

a. 環境の要因

家畜化の始まりには，地球規模の環境変化が引き金となった．それは，約1～2万年前ごろから氷河が後退し，やがて氷河期が終焉を迎えたことである．氷河の後退に伴って，サハラ・アラビア地域に乾燥期が訪れ，野生動物は減少していった．食料や水の確保が困難となった人類と野生動物は，メソポタミア文明が起源した肥沃な三日月地帯をはじめとする，水場の近くに接近して生活するようになった．これが家畜化の始まりとなった最初の環境的契機である．

b. 動物側の要因

家畜化されたすべての動物には，雑草的性格があったとされる．動物の雑草的性格とは，人類が積極的に動物に働きかけなくとも，人類の生活環境に自ら侵入し，緩やかな共生関係をつくって共存する性格をいう．人類は自身の発展に伴って自然環境を変化させていくが，この環境を忌避する動物は人類との接近が生まれず，家畜化の契機がなくなる．つまり，家畜化における動物側の要因としては，人類が作り出す環境に適応する性質が必要である．この動物の雑草的性格は，動物が人類に「馴れる」という性質と密接に関係していると思われる．

c. 人類側の要因

家畜化という行為は，人類側の主体的な行動である．人類と動物の個体数のバランスがとれている状態では，人類の行動は狩猟の域を出なかった．しかし，人類が新石器時代に農耕を開始し，食料が安定的に確保されるようになると，人口が急激に増加するようになった．人口数に対して動物の数が不足する事態になったとき，人類は試行錯誤しながら，動物を家畜化する取り組みを始めたものと考えられている．やがて野生動物の家畜化に成功した人類は，さらに人口を増加させ，それに伴って農耕と畜産という農業形態が形成されるに至ったのである．

1.2.2 家畜化の動機と意義

現在の家畜は，肉，乳，卵，毛，労働，愛玩，実験用など様々な用途をもっている．家畜化当初においては，農用家畜のほとんどは食肉が目的であったと考えられている．一方で，宗教的な目的の祭祀用や娯楽のための愛玩用が始まりであるとする説もある．しかし，社会的な余裕が形成される以前にこれらの目的のために家畜化を行ったとする説には批判が多い．事実，古代遺跡から発見される野生動物の骨は，動物の家畜化を境にして減少していく．これは，食肉の対象が野生動物から家畜へと移っていったことを示唆しており，農用家畜に対する主要な目的は食用であったことは疑いない．家畜化初期において食肉として利用されていた家畜動物は，人類が発展し社会的・経済的余剰が生まれていく段階で，他の目的に利用されるようになっていった．ヤギやウシの乳の利用，ウシやウマの労役用はその代表例である．

人類が家畜を利用する根幹的な意義は，エネルギーの転換といえる．人類が食料として利用できる植物は限られており，多くの草は食料とすることができない．一方，家畜となる動物の多くは草食あるいは雑食である．つまり，人類が直接食料として摂取できない植物を家畜に食べさせ，動物性タンパク質や労働力として人類が利用可能なエネルギーに転換することが，家畜動物がもつ元来の意義である．人類は家畜の労働力や生産物を利用し，さらにその糞尿を畑に還元し作物の肥料にする．このように植物と家畜が有機的に結合し，循環しながらお互いの生産力を向上させていく農業形態が畜産である．しかし現代の先進国においては，より高品質・高収益な家畜の生産物を生み出すために，人類の食料として利用できる穀物を飼料として給餌することは珍しいことではなくなっている．

1.2.3 家畜の馴化と家畜化の過程

動物が家畜化されていなかった太古，人類は野生動物を狩猟によって捕獲し，食料としていた．その段階においても，狩猟者は獲物の個体数の減少を防ぐため，雌を意図的に見逃し狩猟資源を保護していたことがわかっている．これは動物の生殖を管理する初期的な段階といえる．やがて農耕が始まり食料に余裕ができてくると，人類は野生動物の餌付けを行うようになった．餌付けとは，野生動物に人が用意した餌を食べさせること，あるいはその行為に慣れさせることにある．この餌付けを通して，人類に馴れる要素のある動物種や個体を間接的に選抜していることになる．つまり餌付けは，野生動物が家畜化に向かう第一歩となる．

このように人類の生態環境に接近し餌付けされた野生動物は捕獲され，しだいに動物の生殖が人類の管理化に置かれるようになった．具体的には，捕獲した動物個体間での交配が試みられた．動物に対する生殖の管理がもつ大きな意味は2つある．1つは生殖を制御することにより，世代を超えた動物の再生産が可能になる点である．生殖制御により，動物は収奪の対象でしかない資源から，再生産が可能となる資本へ転換することとなった．もう1つは動物に対する遺伝的改良である．人類は野生動物を家畜化して以来，より自分たちの役に立つ形質をもつ家畜個体をつくろうとしてき

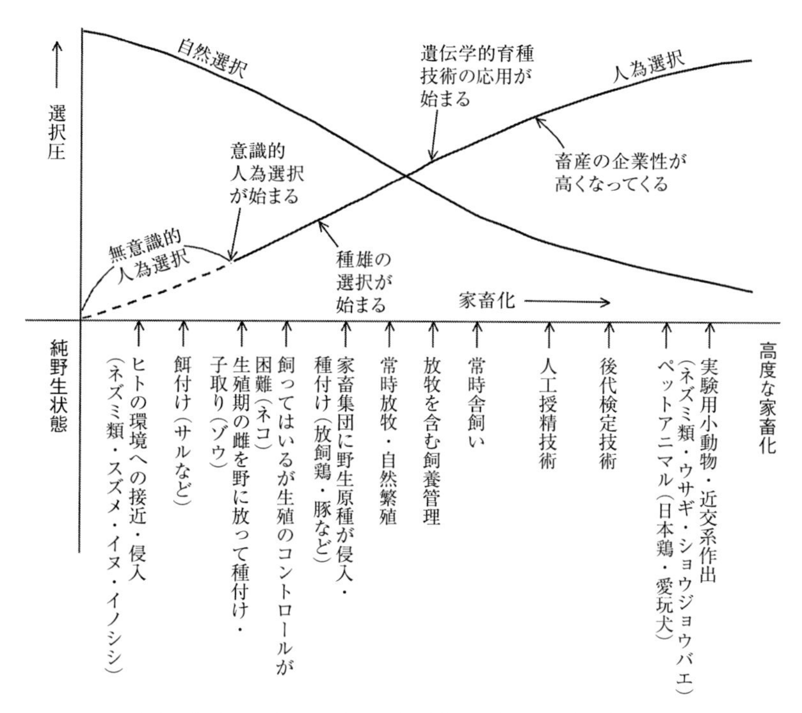

図 1.1 家畜化の種々の段階（在来家畜研究会，2009 を一部改変）

た．そのためには，優れた個体同士を交配し子孫を得ることが有効となる．家畜に対する生殖の管理は，より人類の役に立つ個体を生み出すための必須の手段となる．家畜の定義が，「生殖がヒトの管理のもとにある動物である」とされるのはこの観点からである．

家畜化とは，動物の生殖に対する管理が強化されていく段階であるといえる．言い換えれば，動物集団が受けている自然選択圧の一部が人為選択圧によって徐々に置き換えられる過程ともいえる（図 1.1）．生殖の制御が強まるに従って人為選択圧は高まり，動物の生存が人類の手に委ねられるようになっていく．その段階を通じて，人類は動物の遺伝的能力の改良に取り組み，より人類の要求と生活環境に適した動物へと育種改良していった．

● 1.3 家畜の分類 ○

前出の表 1.1 には，代表的な家畜を分類学上の定義に従ってまとめた．一般的に家畜として取り上げられるものは，哺乳綱と鳥綱に属するものに大別できる．また昆虫綱のミツバチやカイコは，動物の活動を通して植物成分を人類の食物・衣類として利用することから，草食家畜と共通する側面を有しており，畜産分野に分類されることがあるため記載した．家畜動物の利用は国や地域，あるいは社会情勢によって変化するので，どの動物を家畜と呼び重要視するかはそれぞれの国によって異なる．日本における家畜としては珍しいヤギやヒツジも，他のアジア地域を見れば主要家畜として扱われている．

哺乳綱では，農用動物の大部分は偶蹄目と奇蹄目であり，これは蹄の形で分類されている．偶蹄目も胃の数と機能により，ウシやヤギなどの反芻亜目とブタなどの非反芻亜目に分類される．鳥綱で家禽化された大部分はキジ科とガンカモ科の動物となっている．

人類と食物が競合する動物は，エネルギー利用の観点から家畜化されにくい．その意味から，家畜は人間がエネルギーとして摂取できない草を食する草食動物であるか，残飯などを食する掃除的役割・性格を有するものが大部分であることがわかる．

表1.1には各家畜の野生原種に当たるものも記載している．この表から，家畜名と野生原種名が同一である動物種が多いことに気づくだろう．動物の家畜化が進むと，家畜は人為的に野生原種と隔離されるのが普通である．そうでなければ，家畜のよりよい形質を残すための選抜と淘汰が困難になる．逆にいえば，家畜と野生原種が同じ名前をもつ動物は，外観形質が大きく異なっておらず，高度な改良が進んでいない動物である．

家畜化された動物の野生原種の中には，地球上から絶滅したものも存在する．例えばウシの野生原種であるオーロックスは絶滅し，ウマの野生原種も高原型野生馬や森林型野生馬は絶滅し，草原型野生馬の自然生息域はほぼ消滅している．これら動物の絶滅は，人類の動物に対する狩猟，乱獲，環境の破壊が主な原因となってきた．

実験動物としては，マウス，ラット，ウサギ，ウズラなどの小動物が，その取り扱いやすさから家畜化されている．伴侶・愛玩動物についてはイヌとネコが代表的な家畜であるが，日本ではニワトリやウズラが観賞用愛玩動物として育種改良されてきた歴史があり，高知県のオナガドリやチャボなどがそれに当たる．

● 1.4　家畜と文明の発達，家畜化年代と家畜化の場所 ○

人類が生存し発展していくためには，「食物」の確保は最も重要な命題である．植物の採取や動物の狩猟を行って糧を得ていた人類にとって，植物の栽培化と動物の家畜化は食料の安定供給と増加に極めて大きな影響を与えた．食料の生産量の増加は人類に時間的・経済的な余裕を生み出した．その結果，労働力の分業化が可能となり，様々な技術を発展させる礎となった．栽培化と家畜化の進展，人口の増加，文明の発

表 1.2　家畜化年代と家畜化の場所

家畜種	家畜化年代	家畜化の場所
イ　ヌ	15,000〜20,000 年前	東部アジア
ヤ　ギ	9,000〜12,000 年前	西部アジア
ヒツジ	8,000〜10,000 年前	西部アジア
ウ　シ	7,000〜9,000 年前	西部アジア
ブ　タ	7,000〜9,000 年前	多元的
ウ　マ	5,000〜6,000 年前	南東ヨーロッパ
ニワトリ	7,000〜9,000 年前	東南アジア
ネ　コ	5,000 年前	エジプト
実験動物（マウス，ラットなど）	18 世紀〜	欧米など

達は密接に関係しながら，それぞれが発展していった．したがって，家畜化や栽培化が行われた年代と場所は，文明が始まり発展してきた年代と場所に概ね一致するものが多い．

表 1.2 に代表的な家畜の家畜化年代と家畜化の場所についてまとめた．イヌは最も古くに家畜化された動物であり，人類が農耕や牧畜を始めた時期よりもかなり前に家畜となっている．これはイヌが食料としてではなく，狩猟や番犬の役割を担うようになったためと考えられている．肉乳用の偶蹄目の家畜化は，最古の四大文明であるメソポタミア文明が開花した場所と年代に一致する．ヤギは最も古くに家畜化された反芻動物であり，ウシの家畜化はヤギやヒツジからやや遅れる．ブタの野生原種であるイノシシは，寒帯を除くユーラシア大陸全域（一部アフリカ大陸を含む）に現在も生息しており，近年の研究から多元的な起源をもつことがわかってきた．日本では，ウズラが江戸時代に家禽化されたとされており，当初は啼き声を楽しむ「啼きウズラ」が目的であった．実験動物のマウスやラットは 18 世紀以降の近代に飼育方法が確立された．

実験動物を除くこれら家畜化の推定年代は，考古学の新たな発見に伴って古くなっていく傾向にある．ただし動物の家畜化年代は，どの時点をもって家畜とみなすのかによってもその主張が変わるため，注意する必要がある．

● 1.5　家畜化による生物学的変化 ○

野生動物が人類によって家畜化されると，家畜には野生動物に見られない形態変化が現れる．これは，野生集団では生存に不利であったゲノム上に生じた突然変異が，家畜化されることによって人類の庇護下で保護され，さらに選抜・淘汰された結果である．家畜においては，人類が求める様々な形質が変化することがわかっており，その代表的な形質が毛色，体格・体型，生殖能力，強健性などである．

図 1.2 ウシの毛色
左上：黒毛和種，右上：高知系褐毛和種，左下：ホルスタイン種，
右下：サヒワール種（インド系ウシの品種）.

毛色は野生動物と家畜の間で認められる顕著な変異のある形質といえる．野生動物の毛色は種内でほぼ同一であるのに対し，家畜では様々な毛色が観察される（図1.2）．この理由として，野生動物では毛色の変異が自然環境下における生存に不利になることがある．毛色の変異を起こした大部分の被食動物は捕食動物の標的になりやすく，捕食動物は被食動物に気づかれるため餌がとれない．その結果，毛色の突然変異は自然淘汰によって自然集団から失われる．一方，家畜を管理下においている人類は，突然変異によって生じた毛色変異に関心を示す．その結果，新たに起こった毛色変異は人類の手で保護，選抜されることになり，集団に保持され広がる傾向にある．

体格や体型も家畜化後に変化する代表的な形質である．一般的に大型家畜は小型化し，中小動物は大型化する傾向にある．例えば，ウシは家畜化後に体格が小さくなっていることが出土した骨などから認められており，これは小柄な個体が人類にとって取り扱いが容易であったためと考えられている．面白いことに，人類は近代に入って肉量を多く得るため，再びウシを大型化する方向に育種改良を行ってきている．このことは，家畜に対する人類の要求があれば，動物を小型化することも大型化することも可能であることを示している．

イヌは品種によって体重差が大きく，セントバーナードでは成体重が100 kg を超す個体がある一方，チワワでは3 kg 以下が大半であり，30倍以上もの差異がある．

また，ブタでは家畜化と育種改良に伴って体型が変化している（図 1.3）．ブタの利用目的は主に食肉である．野生原種であるイノシシでは，吻部を含む前躯部の割合が大きいが，ブタとしての改良が進むにつれ肉がとれる後躯部が発達し，前後躯の割合が改良前後で逆転している．加えて，ブタの後躯部の改良に伴い，脊椎数はイノシシが 19 本であるのに対して，改良品種では 22〜23 本に変化している．

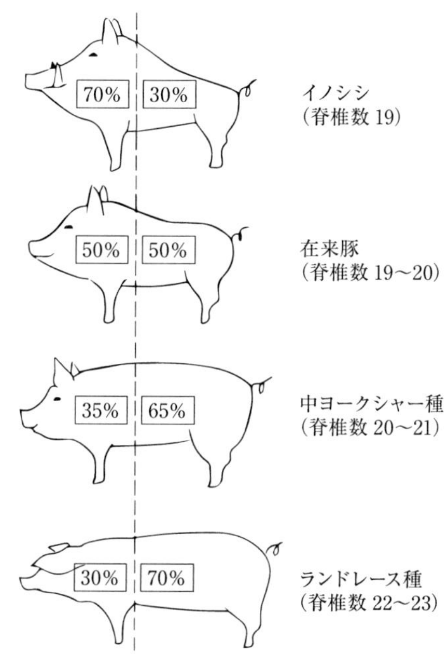

図 1.3　イノシシの家畜化とブタの育種改良に伴う形態的変化

家畜化に伴い，性成熟が早熟になることが知られている．その生殖能力の変化としては，産子数，乳量，発情周期の変化などがある．イノシシの平均産子数は 4〜5 頭であるが，ブタでは平均産子数が 10 頭を超え，中国品種のメイシャン種では最高 30 頭を超す産子数を記録している．ニワトリの野生原種であるセキショクヤケイの産卵数は年 10〜30 個程度であるが，白色レグホン種では年間 300 個以上を産卵する．ウシの乳量は，肉牛では成体重と同等程度の乳を出せれば十分に子を育てられるが，乳牛では成体重の 10〜20 倍もの乳を生産することが可能となっている．また，野生動物は決まった季節に繁殖を行う季節繁殖であるが，家畜では年間を通して繁殖が可能な周年繁殖に変化しつつある．

このように，家畜化された動物は人の要求に従って，様々な形質を変化させていく．一方で，人類が 1 つの形質に対して選抜を続けると，他の形質に影響する相関反応が認められるようになる．例えば産卵鶏では，産卵数が多くなると卵重が減っていく．このような問題を解決するため，人類は家畜の遺伝的改良を進め，その結果新しい家畜品種が生まれることになる．動物育種学が学問として専門化し，様々な家畜の改良技術が日夜進歩する理由がここにある．

［**万年英之**］

● 1.6　動物育種の歴史と成果 ○

1.6.1　19 世紀以前の動物育種

動物のもつ有用形質の改良は，遺伝的資質の改良（育種）と飼養管理技術など動物が置かれる環境の改善によって達成される．動物育種は遺伝学に基礎を置くが，1900 年にメンデルの遺伝法則が再発見される以前から，われわれの先人は動物を飼育して自分たちが望む個体への生産に向けて努力してきた．もちろん，その時代の育種は「子は親に似る」という経験則に基づくものであったが，今日の家畜品種の基礎となるいくつかの集団がこの時期に造成された．その詳細をいくつかの事例を通して見てみよう．

a. ベイクウェルの功績

ベイクウェル（Bakewell, R., 1725～95）は，イングランド中部のレスターシャーで生まれた．彼が活躍した当時，家畜の飼育者には選抜という考え方はなく，優れた個体を売却し残った個体が次世代の親となるのが実態であった．ところが彼は自分のもつ家畜の群にどのような特徴をもたせるのかという目標を明確に設定し，その目標に従って親となる個体を選抜した．さらに，彼は当時，一般には抵抗のあった近親交配を選抜された個体の間で積極的に行った．これは次世代への形質の伝達をより確実にすることを意図したものであったといわれる．近親交配は家畜の改良において良悪両面の効果をもつが，ベイクウェルはその効果のよい面を有効に利用したのである．彼はウシのロングホーン種，ヒツジのレスター種，ウマのシャイアー種の改良に多大な功績を上げた．ダーウィンの『種の起源』第 1 章でもベイクウェルの功績が人為選択（選抜）の有効性を示す一例として取り上げられ，自然選択の存在を示す根拠の 1 つとされている．

b. コリング兄弟とベイツの功績

ベイクウェルの功績は，彼の弟子であるロバート・コリング（Colling, R., 1749～1820）とチャールズ・コリング（Colling, C., 1750～1836）の兄弟に引き継がれた．彼らは，ベイクウェルと同じく選抜と並行して近親交配を積極的に取り入れた．今日の肉用ショートホーン種の成立に重要な役割を果たした「コメット号」は，彼らが近親交配を繰り返して得た個体である（図 1.4）．

同じくベイクウェルの弟子であったベイツ（Bates, T., 1775～1849）は，コリング兄弟が造成した牛群から泌乳能力の高い個体を選抜し，それらの間で近親交配を行い，高い泌乳能力をもつ系統の造成に成功した．現在の乳用ショートホーン種の多くの個体は，ベイツが造成した系統の個体を祖先にもつといわれている．

c. 和牛の蔓牛

コリング兄弟が活躍した時代に，日本でも彼らと同様の発想でウシの改良が行われていた．1770年代に備中阿賀郡（現在の岡山県新見市）の波花元助は，外貌に優れた性質をもつ個体を選抜し，近親交配を繰り返すことで「竹ノ谷蔓」という系統を造成した．その成果に刺激を受け，兵庫県では「周助蔓」，広島県では「あづま蔓」など，中国地方を中心に数多くの系統が造成された．このような系統は，当時，蔓（つる）と呼ばれ，蔓に属するウシは蔓牛（つるうし）と称された．これらの蔓牛は，今日の黒毛和種の礎となっている．

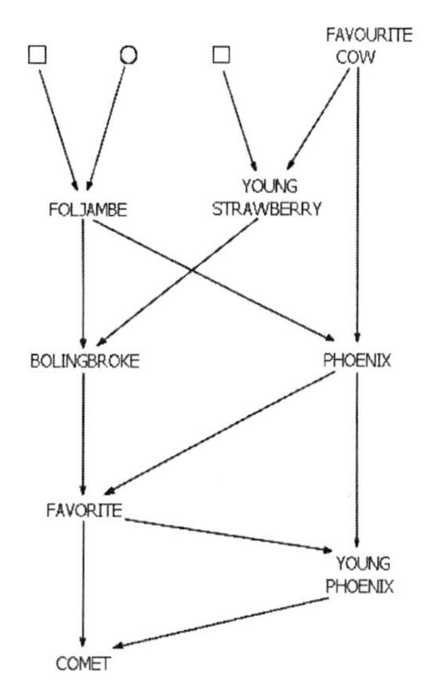

図 1.4　コメット (Comet) 号の家系図

以上のように，イギリスのベイクウェルや彼の弟子たち，日本の蔓牛を作り上げた先人たちは，望ましい性質をもつ個体の選抜，選抜された個体間での交配のコントロールという，今日の動物育種で採用されているプロセスを着実に実践することで際立った成果を上げてきた．これらの功績が，遺伝法則の存在を知らない時代に上げられたことは驚くべきことである．イギリスの先人たちの功績は，海外の多くの出版物で紹介されているが，日本の蔓牛も海外に誇るべき先人たちの功績である．

1.6.2　20世紀以降の動物育種

メンデルは1865年に『植物雑種の研究』を公刊し，遺伝法則に関する理論を発表したが，その内容は当時の学界には理解されず長く埋もれたままになっていた．ようやく1900年になって，3人の研究者（コレンス，ド・フリース，チェルマック）によって独立にメンデルの遺伝法則が再発見された．ところが，動物の育種で改良の対象となるような連続変異する形質（量的形質，第6章参照）については，それが遺伝するのか，さらにメンデルの遺伝法則で説明できるのかについて，その後も数年間にわたって激しい議論が続いた．1910年前後になって，ようやく量的形質の遺伝は，効果の小さい多くの遺伝子を仮定すればメンデルの遺伝法則で説明できることが理解され始めた．

ほぼ同時期の1908年にハーディー・ワインベルグの法則（第5章参照）が発表され，メンデルの遺伝法則の集団レベルへの応用の基礎が与えられた．その後，フィッシャー，ライト，ホールデンらによって1930年代に集団遺伝学の基盤が整えられた．量的形質の遺伝についても，フィッシャー，ライトらによって理論的研究が進められ，量的遺伝学の基礎理論が確立された．

集団・量的遺伝学の動物育種への応用は，アメリカのアイオワ州立大学のラッシュによって進められ，1937年に動物育種の概念と理論を示した“Animal Breeding Plans”が書かれた．動物育種の理論は，その後，ラッシュと彼の同僚や教え子によって発展された．その集大成といえる成果が，ヘンダーソンによって開発されたBLUP法（第7章参照）である．BLUP法は1950年代にすでにその発想があったが，本格的に動物育種の現場で利用されるようになったのは，コンピュータの利用が普及した1970年代になってからである．BLUP法は個体がもつ遺伝的メリット（育種価，第6章参照）を推定するための統計的手法であり，現在，ほとんどの家畜種の選抜において利用されているだけでなく，ミツバチ，魚類，トウモロコシなどの作物，林木の育種にも応用されている．

一方，イギリスではファルコナー，ロバートソン，ヒルらのエディンバラの研究グループによって，量的遺伝学の基礎研究が行われてきた．彼らは，研究成果の乳牛やブタの改良への応用を行うとともに，遺伝変異の保有のメカニズムや突然変異遺伝子の遺伝的改良への寄与などの研究や，ショウジョウバエ，マウスなどの実験動物を用いた選抜実験を活発に行った．その中から，選抜限界や選抜集団の大きさ（個体数）が遺伝的改良に及ぼす影響など（第7章参照）について重要な育種理論が開発された．

20世紀以降の動物育種に大きな影響を与えたもう1つの流れは，分子遺伝学の発展である．1953年にDNAの構造模型が明らかにされ，分子遺伝学が急速に発展した．1980年代からはウシやブタのDNA解析が各国で盛んに行われるようになり，それによって遺伝病の原因遺伝子の特定やその診断，個体識別や親子鑑定が正確に行えるようになった．家畜の経済形質についても，形質発現に関わる量的形質遺伝子座（QTL，第6章参照）やその近傍に位置するマーカー遺伝子の探索が行われてきた．これに応じて，従来の選抜理論にQTLやマーカー遺伝子の情報を加えた手法が開発されてきた．しかしながら，現在までに動物育種の現場で，検出されたQTLやそのマーカー遺伝子に対する選抜は，際立った成果を上げていない．経済形質について検出できたQTLやそのマーカー遺伝子は，遺伝変異の一部しか説明できないことが，その原因と考えられる．

近年，量的形質の発現には効果の小さい多数の遺伝子が関与するとする量的遺伝学の仮定に基づくBLUP法と，ゲノム上の遺伝子を対象に分析する分子遺伝学の手法を融合した選抜手法として，ゲノミック選抜（第10章参照）が注目されている．この手法では，ゲノム上に数万～数十万個配置されたDNAマーカーについて，個々に形質への寄与を推定してその総和を育種価の推定値（ゲノム育種価，第10章参照）として選抜するものである．現在，乳牛についてはこの手法の利用が試みられている．

以上見てきたように，20 世紀以降の動物育種は量的遺伝学と分子遺伝学の発展とともに歩んできた．今後，遺伝学におけるこれら 2 分野の応用と融合による新しい技術の開発が，動物育種のさらなる発展につながるものと期待される．

1.6.3 登録事業と検定事業

a. 登録事業

量的遺伝学の理論に基づく選抜においても，DNA 情報を利用した選抜においても，血統情報（個体の家系図）は不可欠である．これは，個体の祖先や子孫の能力が利用できれば，その個体の遺伝的能力をより正確に推定できるからである．DNA 情報がいかに充実しても，そこから何世代も遡った血統情報を再現することはできない．18 世紀に際立った育種の成果を上げたベイクウェルも血統情報の重要性を認識し，個人的にではあるが血統登録を行っていたといわれる．

公正な登録団体による血統登録が最初に行われたのは，1791 年に開始されたウマのサラブレッド種である．現在，世界各国で活躍するサラブレッド種の血統を遡ると，すべての個体について 1793 年に発刊された登録簿（ジェネラル・スタッド・ブック）の第 1 巻に記載された祖先にたどり着く．その後，ウシのショートホーン種（1808 年）をはじめとして，多くの家畜品種で血統登録が行われるようになった．

和牛においては，中央畜産会が全国一元化された登録を 1938 年から開始した．その後，1944 年に黒毛和種，褐毛和種，無角和種がそれぞれ固定した品種とみなされ，1948 年からはこれら 3 品種の登録は全国和牛登録協会（褐毛和種の熊本系は日本あか牛登録協会）が行うようになった．登録制度においては，登録牛の子でなければ登録資格が与えられない閉鎖式登録が採用されているので，現在の黒毛和種では品種成立以前の祖先まで血統を遡ることができる．

わが国の乳牛についても，1918 年より全国一元化された登録を中央畜産会が行ってきた．その後，1948 年に日本ホルスタイン登録協会，1956 年に日本ジャージー登録協会が設立され，それぞれの品種で一元化された登録が行われている．

b. 検定事業

凍結精液を用いた人工授精が普及している家畜集団では，雄は少数のエリート個体のみを選抜できるが，一般に集団の規模を維持するためには雌に強度の選抜をかけることはできない．このことは，雄の遺伝的能力の評価と選抜が，遺伝的改良の成果を左右することを示している．

育種において改良の対象となる能力には，発育能力，飼料利用性，体型のように個体自身について記録を測定できる形質と，産肉能力のように生体から記録を得ることができない形質や，泌乳能力のように選抜の対象となる雄牛について記録が得られない形質がある．個体自身の記録が測定できれば，それに基づく選抜が可能であるが，個体自身の記録が得られない能力については，一般に血縁個体の記録に基づく能力評価が必要である．以下では，ウシを例にして検定事業の概略を解説する．

ウシにおける血縁個体の記録を利用した雄牛の遺伝的評価として代表的なものが，後代検定である．後代検定は，その検定方式により検定場方式（ステーション検定）とフィールド方式（現場後代検定）の2つに大別される．検定場方式の後代検定においては，候補雄牛から得られた複数頭（通常8頭程度以上）の後代牛（肉牛においては肥育牛，乳牛においては娘牛）の記録の平均値を当該候補雄牛の遺伝的評価値とする．環境要因の影響をできるだけ小さくするために，一定の飼養管理のもとで定められた基準をクリアした検定場で実施される．しかしながら，複数の検定場を利用する場合，検定場間での環境の補正が困難なため評価値の比較が正確に行えないこと，費用や労力の制約上，検定できる雄牛の数が限定されることなどから，現在わが国では肉牛も乳牛もともに次に述べるフィールド方式に移行している．

フィールド方式の後代検定では，候補雄牛の後代の記録が実際の生産現場（肉牛では枝肉市場，乳牛では搾乳農家）から得られるので，検定の成否は様々な飼養管理のもとで得られた記録から，いかに正確に候補雄牛の遺伝的能力（育種価）を推定するかに依存する．現在，先進国において最も広く普及している解析手法はBLUP法である．

1.6.4 動物育種の成果

すでに述べたように，20世紀の動物育種は遺伝学の発展とともに歩んできた．特に，1970年代から実用化されたBLUP法が家畜の改良に大きな貢献を果たした．この貢献には，凍結精液を用いた人工授精技術の普及と高速で多量のデータが扱えるコンピュータの出現が果たした役割も大きい．

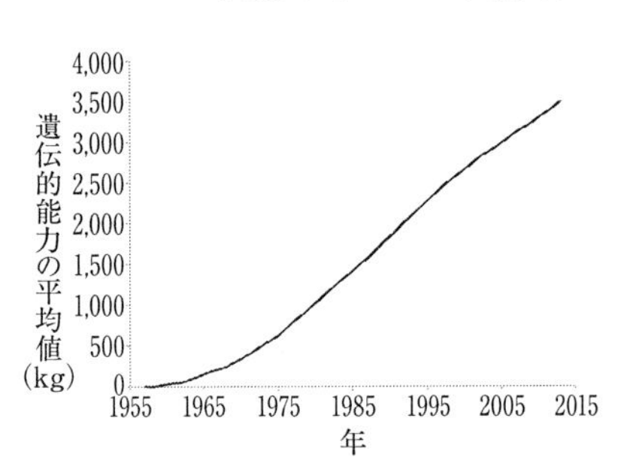

図1.5 アメリカにおけるホルスタイン種，1957年から2013年の間の，年間乳生産量の遺伝的能力（育種価）の平均値の推移（データはCouncil on Dairy Cattle Breedingより）

20世紀半ば以降の改良成果の一例として，アメリカにおけるホルスタイン種について，1957〜2013年の年間乳生産量の遺伝的能力（育種価）の平均値の推移を，図1.5に示した．1960年代は遺伝的改良量が小さいが，BLUP法による選抜が導入された1970年以降には急速に増加し，2013年までの遺伝的改良量は3,000 kgに達している．人類がウシを家畜化して乳を利用し始めたのは約5,000年前といわれ，当時の年間乳生産量は300〜400 kgであったと想定される．現在のアメリカのホルスタイン種の年間乳生産量は10,000 kgを超えているが，これは家畜化以来，飼養管理技術の改善など環境要因による増加も含めて達成されたものである．そして，この増加の約30%がBLUP法による選抜が導入されて以降の40数年間になされたことになる．

ベイクウェルは，優れた個体を親として選び，それらの間で交配を行うことを繰り返して，優れた改良成果を上げた．ベイクウェルが行った育種のプロセスは現代でも変わることなく実践されているが，遺伝学の発展とともに親の選び方（選抜手法）はより洗練されたものになった．今後も，遺伝学の新しい成果を取り入れながら，動物育種の技術はさらに発展し，家畜の遺伝的改良にはいっそうの進展が見込まれる．

［**野村哲郎**］

● 1.7　21世紀における家畜生産と動物育種の役割 ○

21世紀の半ばには世界の人口は90億人に達すると予測されている．そのため，世界の食料生産は，30年後には現在の水準から70%の増産が必要と試算されている．利用可能な1人あたりの耕地面積や水，その他の資源の利用上の厳しい制約を考慮に入れると，必要な増産量のうちの80%は生産性の向上によって達成される必要がある．世界における肉の生産に限ってみても，20年後には現在の1.5倍以上が必要となる（図1.6）．

生乳・乳製品や生肉・肉製品は，多くの必須栄養素の供給源であり，優れた栄養食品であることから，人類の生存と健康な生活の維持の上で重要な食物である．また，牛乳や乳製品の動物性タンパク質は，植物性タンパク質に比べて必須アミノ酸のバランスの点で優れており，栄養面で高品質であることも知られている．

したがって，今後の家畜生産が世界の食料供給において果たさなければならない役

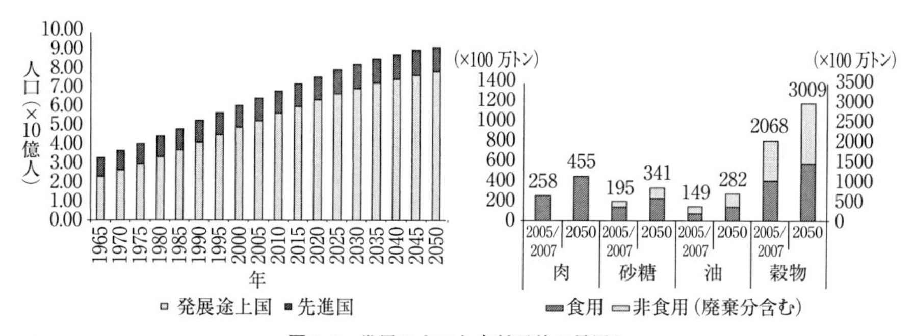

図1.6　世界の人口と食料需給の見通し

（左：データはPopulation Division of the Department of Economic and Social Affairs of the United Nations Secretariat (2007)より，右：FAO (2012)）

割は極めて大きい．生産コストの低減と環境負荷の軽減を達成しつつ，安全・安心な畜産物の効率的増産を実現させていくことが必要であり，そのためには家畜の生産性の遺伝的改良が重要な役割を果たすと期待されている．

家畜の遺伝的改良は，これまでも畜産物の生産性の向上に大きく貢献してきた．例を挙げれば枚挙に暇がないが，例えばブロイラー系統などのニワトリの飼料利用効率や発育の向上に果たしてきた寄与の程度は，飼養面での改善の寄与が15%であるのに対して，遺伝的改良は85%に上るといわれている（Cheema *et al*., 2003）．また，現代の乳牛の生乳生産は，単位乳量あたりでは60年前の雌牛の頭数の40%に過ぎない数で実現されており，60年前のウシでは代謝エネルギーの要求量の65%が維持に，35%が乳合成に利用されていたのに対し，今日ではこれらの値が逆転している．しかも，飼料摂取量，水および土地の利用規模の点でも，60年前の概ね20%以下のレベルで達成されており，廃棄物の排出量も今日では当時の20%程度にすぎない．このような生産効率の向上と環境負荷の相対的低減に対し，家畜の能力評価と選抜育種による遺伝的改良が果たしてきた貢献度は非常に大きい．

したがって，家畜における生産効率の遺伝的改良をさらに推進していくことは，21世紀における今後の食料，しかも栄養の質の高い食料の増産要求に応え，環境問題などにも着実に対処していく上で，極めて重要な道である．今後の動物育種は，特に飼料の利用効率の改良，作物生産に適さない未利用地における放牧適性などの改良，気候変動に対する強健性の改良，家畜自身の健康と福祉に関連した形質の改良などを通じ，また家畜による食品由来病原性細菌の保因の低減のための育種などを通じて，21世紀における「持続的な畜産の発展」に大きく貢献することになるだろう．

21世紀は生命科学の時代であり，20世紀後半からはES細胞の樹立に続くiPS細胞の樹立など，多くの画期的な基礎科学の成果が生まれている．また，生命科学は工学分野をはじめとする他の様々な分野とも協働し，新たな時代の科学と文化が創造されつつある．生命科学においては，特に動物ゲノム科学（genomics）の進展が著しく，トランスクリプトーム解析，プロテオミクス，メタボロミクスなどのゲノム機能科学（functional genomics）も急速に発達している．さらに，家畜においても，従来の表現型の情報に加えて，ゲノム科学やゲノム機能科学に由来する膨大な量の「ビッグデータ」が徐々に利用可能となりつつあり，それらの数値解析法や統計遺伝学的解析法の進展にも目覚ましいものがある．

21世紀における今後の動物育種には，これらの基礎科学と新技術をも駆使し，食料問題，地球温暖化をはじめとする環境問題，エネルギー問題などに総合的に対応した家畜生産を発展させていく上で，大きな貢献が期待されている．そこでは，限られた飼料資源の効率的な有効利用と持続的でよりオーガニックな畜産の実現を目指し，家畜遺伝資源の遺伝的多様性の維持とそれらの効果的な利用のほか，家畜の健康と倫

理にも配慮したより高度かつ健全な育種改良の推進が求められている．［**祝前博明**］

文　献

Capper, J. L., Cady, R. A. and Bauman, D. E.: The environmental impact of dairy production: 1944 compared with 2007. *J. Anim. Sci.*, **87**: 2160-2167 (2009).

Cheema, M. A., Qureshi, M. A. and Havenstein, G. B.: A comparison of the immune response of a 2001 commercial broiler with a 1957 randombred broiler strain when fed representative 1957 and 2001 broiler diets. *Poultry Sci.*, **82**: 1519-1529 (2003).

Council on Dairy Cattle Breeding：https://www.cdcb.us/eval.htm

FAO: State of Food and Agriculture — Livestock in the Balance. FAO (2009).

FAO: World Agriculture: Towards 2030/2050 — Interim Report. FAO (2012).

鋳方貞亮：日本古代家畜史．河出書房 (1945)．

National Research Council: Towards Sustainable Agricultural Systems in the 21st Century. pp.150-160, The National Academies Press (2010).

野澤　謙：家畜化と集団遺伝学．日本畜産学会報，**46**：549-557 (1975)．

佐々木清綱（田先威和夫監修）：家畜の定義（畜産大事典）．養賢堂 (1966)．

正田陽一編：品種改良の世界史，家畜編．悠書館 (2010)．

Steinfeld, H. and Gerber, P.: Livestock production and the global environment: Consume less or produce better? *Proc. Natl. Acad. Sci. USA*, **107**: 18237-18238 (2010).

在来家畜研究会編：アジアの在来家畜．名古屋大学出版会 (2009)．

2 形質と遺伝

● 2.1　染色体の構造と核型 ○

染色体（chromosome）とは，真核生物の核内に存在する構造体の1つであり，DNA（デオキシリボ核酸）とタンパク質からなる．染色体は遺伝子の担体であり，生物がもつ遺伝情報の保存やその伝達を担っている．染色体を構成する核酸であるDNAは，その塩基配列によって遺伝情報を保存し，細胞分裂の際には，DNA複製により複製された遺伝情報を染色体の分離という形でそれぞれの細胞に分配し，情報を伝達している．染色体は，分裂間期には明確な構造としては認められないが，前中期および中期では凝縮し，光学顕微鏡によっても観察できる構造体となる．染色体という名前は酢酸カーミンなどの塩基性色素によく染まり，他の細胞内構造と区別されることに由来し，chromosomeはギリシャ語で「色」を意味するchromaと「物体すべて」を意味するsomaに由来している．染色体の形態や数は生物種によって固有であり，各動物の染色体数の例を表2.1に示す．ウシでは2n=60，ブタでは2n=38であり，ニワトリでは2n=78で10対の大型染色体と29対の微小染色体より構成されている．なお，ここで2nとは二倍体（diploid）の細胞の染色体数を意味する．

DNAとタンパク質からなる染色体の構造を図2.1に示す．染色体は主として，DNAと塩基性タンパク質で特異的な八量体を形成するヒストンおよび非ヒストンタンパク質からなる，高度に編成された構造体である．中期染色体（metaphase chromosome）では，まず1本の長いDNA分子が1次コイル（超らせん）構造をとり，それがヒストンタンパク質に巻きつくことでクロマチン（chromatin）のコア粒子であるヌクレオソーム（nucleosome）を形成する．さらにヌクレオソームが密に並んで約30 nmの太さのクロマチン繊維をつくり，このクロマチン繊維がループを形成して折りたたまれ，太く短い中期の染色体を形成している．

細胞分裂中期の染色体像を，染色体の大きさ，動原体の位置などの形態によって整理したものを核型（karyotype）という（図2.2）．染色体の形態は，動原体（kinetochore）の位置によって，中部動原体（メタセントリック）型，次中部動原体（サブメタセントリック）型，次端部動原体（サブテロセントリック）型，アクロセントリック型および端部動原体（テロセントリック）型の5つに分類されている（図2.3）．次中部動原体型や次端部動原体型のように染色体が動原体を中心として2つに分かれ

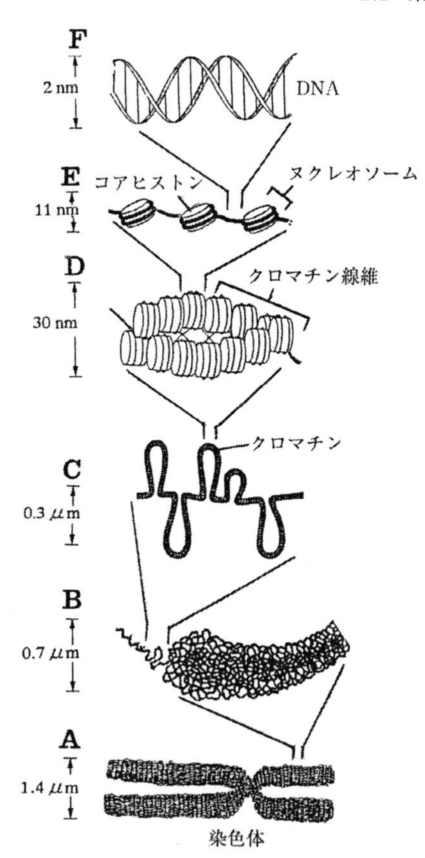

図 2.1 染色体の構造（東條ほか，2007）
A：有糸分裂期の染色体，B：凝縮した染色体の一部，C：染色体の一部がほどけた状態，D：ヌクレオソームで構成されたクロマチン線維，E：ヒストンと DNA で構成されたヌクレオソーム，F：DNA の二重らせん．

表 2.1 各種動物の染色体数（東條ほか，2007）

動物種	染色体数（2n）
ヒ　ト	46
チンパンジー	48
ウ　シ	60
ヒツジ	54
ウ　マ	64
ブ　タ	38
イ　ヌ	78
ネ　コ	38
マウス	40
ラット	42
ニワトリ	78
イモリ	24
コ　イ	100
メダカ	48
キイロショウジョウバエ	8
オホーツクヤドカリ	254
ウマノカイチュウ	2

る場合，長い部分は長腕，短い部分は短腕と呼ばれる．また核型の分析においては，分染法あるいはバンド染色という，特定の塩基配列に結合したときに蛍光を発する色素などを用いた染色法により，染色体を縞模様に染め分けることで各染色体を正確に同定することが可能である．分染法では AT 塩基対に富む DNA 領域と，GC 塩基対に富む DNA 領域が異なったバンドとして染色され，区別することができる（図 2.4）．

● 2.2 染 色 体 異 常 ○

染色体異常とは，染色体自体の構造異常およびその異常に伴う障害をいい，染色体の数が変わる倍数性（polyploidy）や異数性（aneuploidy），染色体の構造に変化を生じる転座（translocation），欠失（deletion），重複（duplication），逆位（inversion）などが知られている．倍数性とは，正常では二倍体である染色体の総数が三倍

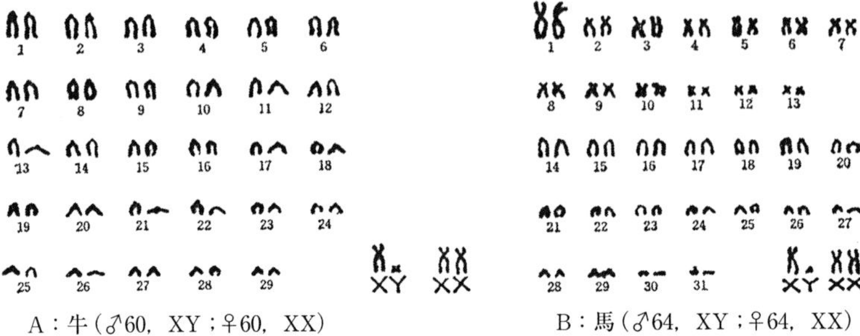

図 2.2 染色体の核型（石川原図：小笠ほか，2014）

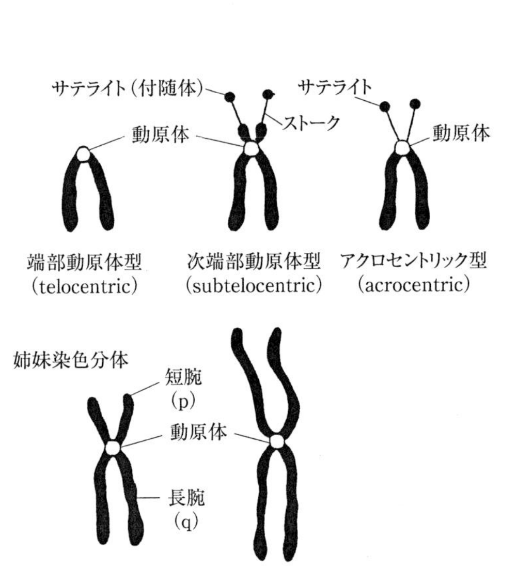

図 2.3 染色体の形態（東條ほか，2007 を改変）
マウスやウシの染色体は端部動原体型，アクロセントリック型であるが，ヒトの染色体はそれ以外の 3 種類の染色体で構成されている．

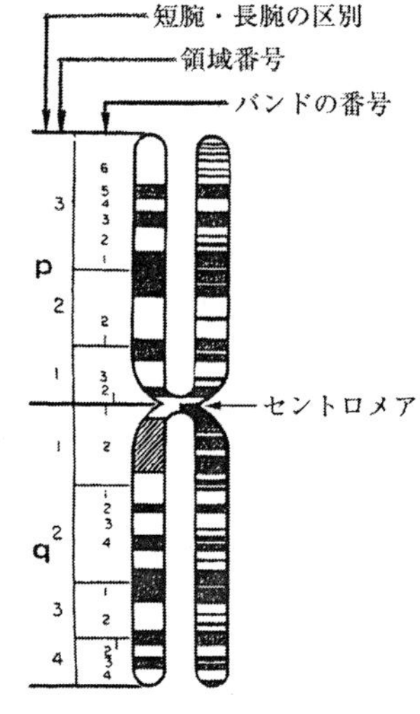

図 2.4 染色体分染法（東條ほか，2007）
ヒトの第 1 染色体の異なった染色法によるバンド模様を示している．姉妹染色分体 (sister chromatid) の左側が分裂中期の染色体を染めたもので，右側が分裂前期に染めたもの（実際は，中期の染色体に比べ，前期のものがはるかに長く，細い）．黒い部位はキナクリンマスタード（Q-バンド）およびギムザ（G-バンド）で染色される領域．白い部位は逆ギムザ染色法によりギムザで染色されない領域．斜線部位はヘテロクロマチンとよばれる染色が一定でない領域．

体（triploid）や四倍体（tetraploid）になるような染色体数の変化であるが，このような染色体数の大きな変化は高等動物では通常致死的である．異数性は，一部の染色体のみの数が変わる変化であり，2本ある相同染色体の数が1本に減る場合をモノソミー（monosomy），3本となる場合をトリソミー（trisomy）という．染色体の構造異常としては，染色体の一部が失われる欠失，染色体の一部が過剰に存在する重複，染色体の一部の方向が逆転する逆位，染色体の一部が他の染色体の一部と入れ替わる転座などがある（図2.5）．

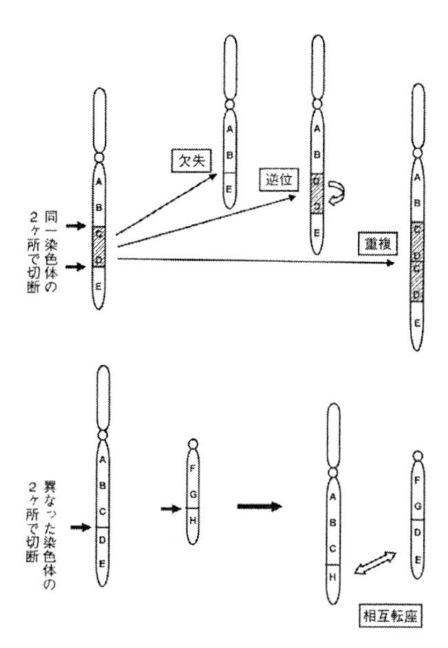

図2.5　染色体異常（東條ほか，2007）
同一染色体の異なった2ヶ所で切断が生じ，両端の断片が結合した場合には間の断片が失われた染色体が形成される（欠失）．また，中央の断片がもとと異なった両端の断片と結合すると，中央の断片の向きが逆転することになる（逆位）．さらに，その部分が倍化する場合もある（重複）．また，異なった2本の非相同染色体で切断が生じ，互いに相手を換えて結合すると相互転座が生じる．

染色体異常の多くは繁殖障害と密接に関連している．染色体異常による繁殖障害の例として，染色体の形態に異常があり相対的不妊症を示すもの（転座，逆位や欠失など），染色体数の増減があり絶対的不妊症を示すもの（トリソミーなどの異数性）などがある．染色体の形態異常ではウシに認められる1/29転座（*t*（1q 29q））が代表的な例である（図2.6）．ウシの染色体は，性染色体を除いたすべての常染色体がアクロセントリック型である．この例では1番染色体と29番染色体が動原体部位で融合し，次中部動原体型の染色体が新たに形成されており，このような転座をロバートソン型転座（Robertsonian translocation）という．1/29転座はヨーロッパの品種では～数%の頻度で観察されており，ウシで知られている染色体異常の中で最も高率である．不妊ではないが，減数分裂における相同染色体の対合と分離の異常によると考えられる妊性の低下が報告されている．

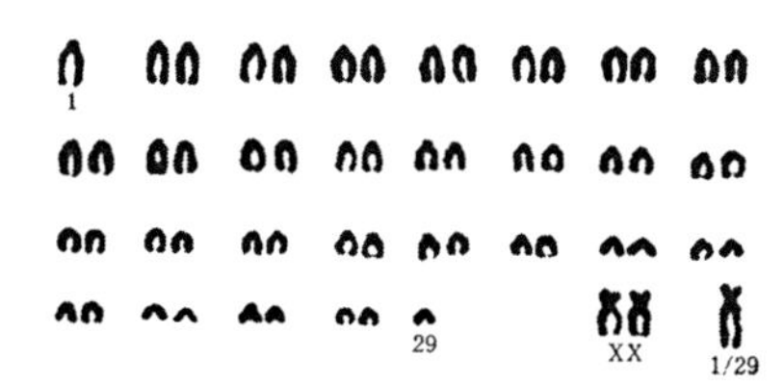

図2.6　ウシにおける染色体異常の例（Deas ほか原図：小笠ほか，2014）

染色体の数的異常としては，ヒトにおいて第21番染色体がトリソミーになって生じるダウン症の他，性染色体が数的異常となるクラインフェルター症候群（2n+

XXY）やターナー症候群（2n+XO）などが知られている．トリソミーなどの染色体の異数性は個体の発生に重篤な影響を与え，そのほとんどが致死的である．ヒトでは早期流産胎児の多くに染色体数の異常が認められ，異数性は早期流産の主要な要因と考えられている．またウシの2n/3nモザイク症例の場合，ある組織細胞は2nで正常であるが，一部の組織細胞のすべての染色体が3nの三倍体になっている．多くの細胞が2nであるために生存が可能であったと思われ，この個体は外見は雄であるが子宮も膣も有する間性で不妊であった．

● 2.3　染色体ゲノムと染色体外ゲノム ○

一般に，ゲノム（genome）とは染色体上に存在する遺伝情報のすべてを表す概念であり染色体ゲノムとも呼ばれるが，細胞小器官であるミトコンドリアおよび葉緑体も独自のDNAをもち，これらは染色体外ゲノムと称される．細胞内において酸素呼吸によるエネルギー生産の場となっているミトコンドリアは，1細胞あたり数百の規模で存在し，それぞれがミトコンドリアDNAと呼ばれる，哺乳類では約16 kbの環状DNAをもっている．ミトコンドリアDNAには呼吸酵素の遺伝子の他，ミトコンドリアに特異的なtRNAやrRNAの遺伝子が存在する．染色体ゲノムの遺伝子が，性染色体の遺伝子を除いては，父親と母親から均等に子に伝わるメンデル遺伝の様式をとるのに対し，ミトコンドリアDNAは母性遺伝の様式をとる．すなわち，卵と精子の受精に際して，精子由来のミトコンドリアDNAは排除され，受精卵は卵に由来するミトコンドリアDNAだけをもつことになる．こういった母親からのみ子に伝わる母性遺伝の性質を利用して，ミトコンドリアDNAは母方の遺伝的系譜をたどるためのマーカーとして集団遺伝学的研究によく用いられている．特にDループと呼ばれる配列には，集団中の個体間での変異が多数存在するため，母系の系譜をたどるのに有用である．一方，Y染色体は父親から男子のみに伝わるため，父方の遺伝的系譜をたどるためのマーカーとして用いられる．

● 2.4　染色体と遺伝子 ○

生物がその生物に特有の形態と生理的機能をもつためには，それらの形質を決定する様々な情報が必要であり，情報および形質はある世代からその次の世代へ伝達し受け継がれるため，各世代でその生物種特有の一定した特徴が再現される．このように子が親に似る現象が遺伝であり，これらの情報を世代から世代へ運ぶものが遺伝子（gene）である．この用語はギリシャ語のgen（生み出す）に由来し，1909年に植物学者ヨハンセン（Johannsen, W. L.）が用いたのが最初とされている．また，遺伝子は細胞分裂ごとに複製され，個体の発生，成長の過程でもそれらの情報は細胞から細胞へ受け継がれる．一方，種の類似性が引き継がれていくうちに変異（variation）も生じる．子の外形などの表現型は両親や兄弟姉妹とはいくらか異なり，個体間の変異が存在する．こうした変異を発見し，われわれの生活を豊かにするような望ましい形質をうまく活用できるように動物や植物を選りすぐることが，農業の始まりから行われてきた．このような選抜が育種の根幹である．

遺伝を決定する因子の存在と遺伝の法則は，1866 年にメンデル（Mendel, G. J., 1822～1884）によりエンドウを用いた交雑実験の結果として『雑種植物の研究』で発表された．当時はこの論文の価値が全く認められなかったが，1900 年にド・フリース（de Vries, H. M., 1848～1935），コレンス（Correns, C. E., 1864～1933），チェルマック（Tschermak, E., 1871～1962）らがそれぞれ独自にメンデルの論文と同じ法則を再発見した．その後サットン（Sutton, W. S., 1876～1916）は，減数分裂に伴い相同染色体が分離して配偶子（gamete）に入る挙動が，メンデルが考えた遺伝子の動きと一致していることに気づき，遺伝子は染色体上に存在しているという染色体説（chromosome theory）を 1903 年に提唱した．さらに 1926 年，モーガン（Morgan, T. H., 1866～1945）はキイロショウジョウバエを用いて特定の形質に関わる遺伝子の間の組換え頻度を調べ，「遺伝子は染色体上に線上に一定の配列で存在する」と提唱した．これは遺伝子説と呼ばれている．モーガンは，組換え頻度は染色体上の遺伝子間の距離に比例すると考え，遺伝子の配列順序と距離を表す遺伝子地図（genetic map）あるいは連鎖地図（linkage map）を作製した．個々の遺伝子は，遺伝子地図上の特定の位置に遺伝子座（locus，複数は loci）として存在する．同一の遺伝子座に異なった複数の遺伝子がある場合，それらは対立遺伝子（アリル，allele）と呼ばれている．

● 2.5　配偶子形成と減数分裂 ○

動物の生殖には，無性生殖（asexual reproduction）と有性生殖（sexual reproduction）の 2 つの主要な様式があるが，多くの動物においては親から子への形質の遺伝は有性生殖に基づいている．生物にとって性は生殖に不可欠ではないが，ウシ，ブタ，ニワトリなどの家畜・家禽は有性生殖の様式をとり，減数分裂により生じた単相体の配偶子が受精により融合して形成された複相体の接合体（zygote）である受精卵によって子孫を作り出している．配偶子である卵と精子が形成される過程で遺伝学的に最も重要な過程は減数分裂であり，その過程は雌雄で若干の違いはあるが，染色体数が半減した半数体の配偶子を形成するという点は同じである．雌雄ともに配偶子のもとになる細胞は，個体の発生初期に体細胞から分離して生殖腺に移動する．これ

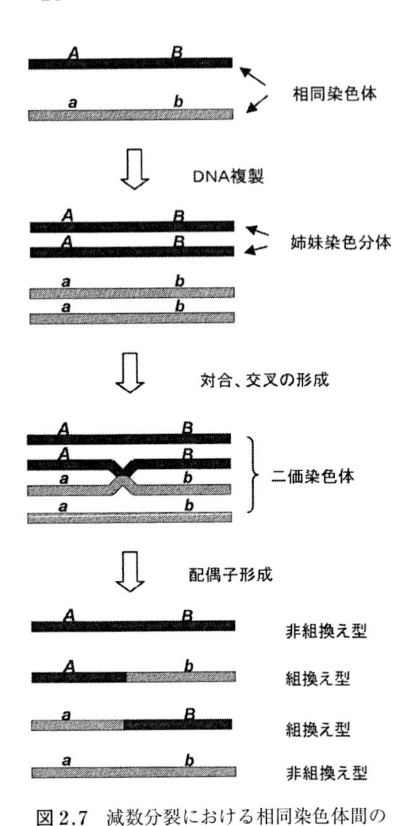

図2.7 減数分裂における相同染色体間の交叉（東條ほか，2007）
減数分裂の過程で，染色分体の間で1回交叉が生じると，組換え型染色体をもった2つの配偶子と，非組換え型染色体をもった2つの配偶子が形成される．

は始原生殖細胞（primordial germ cell）と呼ばれ，将来卵巣になる雌の生殖腺の環境下では卵に，精巣になる雄の生殖腺の環境下では精子へと分化する．哺乳類では2n＋XXが雌，2n＋XYが雄であり，Y染色体をもつ場合に雄となるが，より正確にはY染色体上にある*SRY*遺伝子が精巣を決定し，したがって個体の性を決定する機能を担っている（第4章参照）．卵と精子は子宮内で出会ったとき，精子の先体反応により卵の透明体を通り抜け，融合へと導かれる．その結果，半数体である精子と卵は融合して二倍体の個体を生み出す受精卵となる．このように，二倍体の個体から半数体の配偶子が形成され，雄と雌の配偶子が受精して新たな二倍体の個体がつくられることで世代が進行していくことが，遺伝という現象の基礎となる．

一般に細胞分裂には，体細胞分裂（mitosis，有糸分裂とも称される）と減数分裂（meiosis）の2つがある．体細胞分裂では父親由来染色体と母親由来染色体のいずれも2つに分かれ，それぞれの娘細胞に伝達される．一方，生殖細胞から精子や卵などの配偶子が形成される過程では減数分裂が行われる．減数分裂では，体細胞分裂とは異なり，分裂に先立つ1回のDNA複製に対し2回の連続した分裂が起こることにより，染色体数が半減した配偶子が形成される．減数分裂の過程は，減数分裂第一分裂前期，中期，後期，終期，第二分裂前期，中期，後期，終期よりなるが，最も大きな特徴は第一分裂前期で相同染色体が対合することである．二倍体の細胞から減数分裂により半数体の配偶子を形成するためには，対となっている相同染色体を正確に認識し，それぞれを配偶子に分配する必要がある．このような染色体の分配に不可欠な過程が相同染色体の対合である．後述の連鎖と組換えを考える上で重要なことは，対合に前後して相同染色体間の交叉が生じることである．交叉は，相同染色体の間で染色体の一部が交換することであり，その結果，交叉の両側で父親由来の染色体と母親由来の染色体の組合せが変わることになる．なお，対合するそれぞれの相同染色体は2本の姉妹染色分体より構成されるため，対合の結果4つの染色分体よりなる二価染色体が形成される．交叉は染色分体の間で起こるため，相同染色体の間の1回の交叉により，組換えを生じた染色分体2本と組換えをもたない染色分体2本が生じる（図2.7）．このような交叉は，キアズマと呼ばれる染色分体の間の構造として観察することができる．

● 2.6　連鎖と遺伝的組換え ○

同じ染色体上で2つの遺伝子座が近接して存在する場合，減数分裂においてこれら遺伝子座の対立遺伝子は1つの染色体としてともに配偶子に分配されることで，親と同じ組合せの対立遺伝子が子に伝達する確率が高くなる．このような現象を連鎖（linkage）という．一方，2つの遺伝子座の間で交叉が生じた場合には対立遺伝子の組合せが変わり，組換え型の配偶子となる．組換えの起こりやすさ（頻度）は組換え価（recombination value）で表現され，すべての配偶子に占める組換え型の配偶子数の割合として求められる．

連鎖地図は，連鎖の程度を相対的な距離として直線上に表したものである．連鎖地図上に載せることができる遺伝子は，対立遺伝子として変異をもたなくてはならない．つまり，集団を構成する個体間で異なる型が存在しなくてはならない．このような変異をもつ遺伝子として，従来は毛色などの特定の形質の遺伝子やタンパク質多型などの生化学的遺伝子，血液型が連鎖地図の作製に用いられてきたが，最近ではDNA配列の変異を直接検出するDNAマーカーが主流になっている．なお，同一染色体上での近接遺伝子座の対立遺伝子の組合せをハプロタイプ（haplotype）といい，近接した遺伝子座のハプロタイプはその間で組換えが起こる可能性が低いことから，世代を通じて保存される傾向にある．このような集団中で保存されたハプロタイプを構成する対立遺伝子は，連鎖不平衡（linkage disequlibrium，LD）の関係にあるという．

連鎖地図は，遺伝子やDNAマーカーが連鎖する割合から計算し作製される．染色体上でより近接した遺伝子座間では組換えが起きにくいため，組換え頻度が低く，地図上でもその距離が短くなる．同じ染色体上にあってもその距離が遠い場合には，異なる染色体に存在する場合と同様の低い組換え頻度となり連鎖は検出されないこととなる．したがって，観察された組換え価からそれら遺伝子座間の染色体上の相対的距離が推定可能となり，また組換え価の大小を比較することで染色体上の遺伝子座の配列順序も推定でき，直線上の特定の位置に各遺伝子座が配置された連鎖地図が作製される．遺伝子座の数が増えるに伴い，各遺伝子座間の連鎖は徐々に連結され，最終的

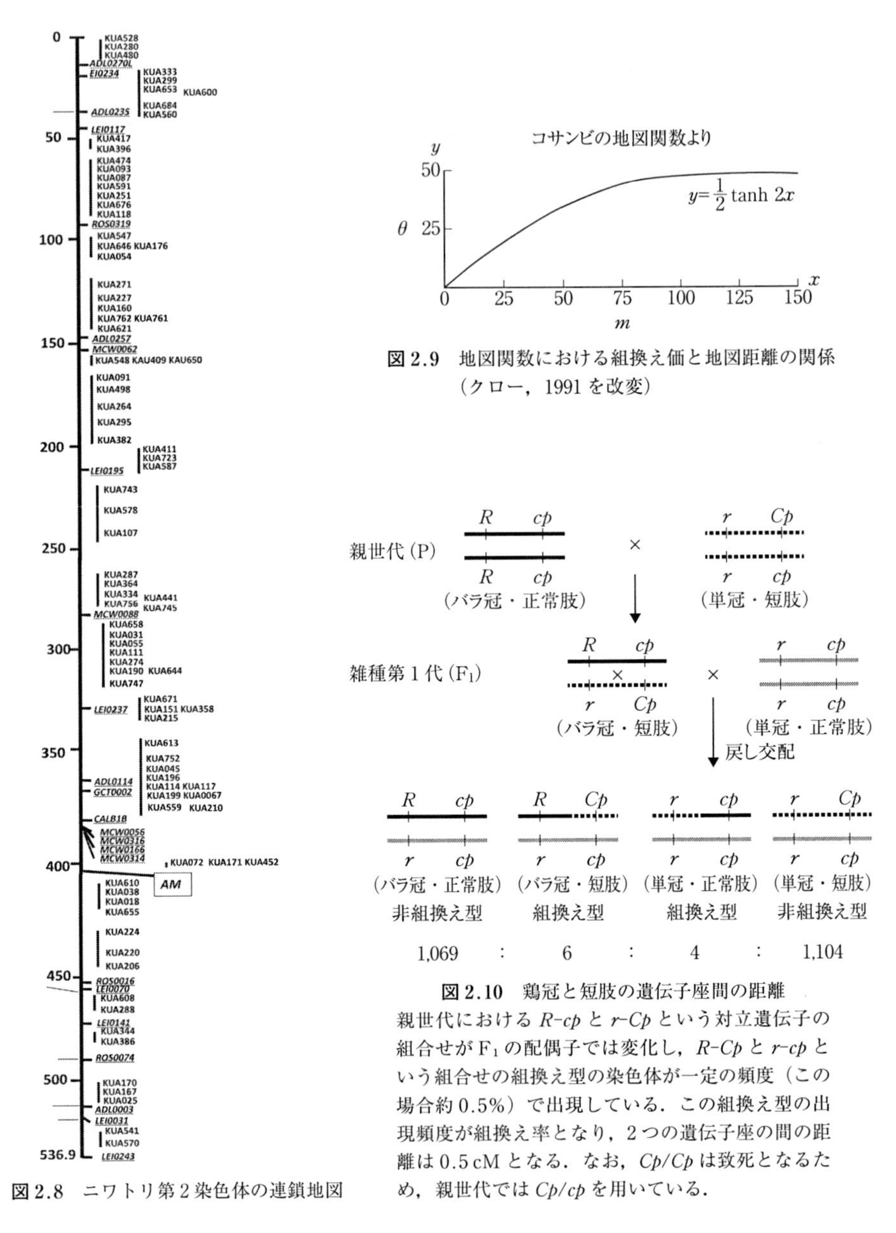

図 2.8 ニワトリ第2染色体の連鎖地図

図 2.9 地図関数における組換え価と地図距離の関係（クロー，1991 を改変）

図 2.10 鶏冠と短肢の遺伝子座間の距離
親世代における R-cp と r-Cp という対立遺伝子の組合せが F_1 の配偶子では変化し，R-Cp と r-cp という組合せの組換え型の染色体が一定の頻度（この場合約 0.5%）で出現している．この組換え型の出現頻度が組換え率となり，2つの遺伝子座の間の距離は 0.5 cM となる．なお，Cp/Cp は致死となるため，親世代では Cp/cp を用いている．

には染色体の数だけ連鎖地図が作製される．例としてニワトリ第2染色体の連鎖地図を図 2.8 に示した．

組換え価は，上述のように組換えの程度を表す単位であり，ある一対の遺伝子座について減数分裂時に組換えの起こる頻度と定義することができる．図 2.7 に示したように，交叉は 2 本の姉妹染色分体からなる相同染色体が対合して形成された，4 本の染色分体からなる二価染色体のうちの 2 本の染色分体の間で起こることから，1 回の交叉が起こると，2 本の組換え型染色体と 2 本の非組換え型染色体ができる．したがって組換え価 θ は通常 0〜50％の値をとり，次式で計算できる．なお，組換え価 1％を地図上の 1 単位とし 1 センチモルガン（cM）という．

$$\theta\,(\%) = \frac{(\text{組換え型の個体数})}{(\text{非組換え型の個体数}) + (\text{組換え型の個体数})} \times 100$$

染色体上での遺伝子座間の距離は基本的に組換え価に対応することになるが，2 つの遺伝子座がある程度離れている場合にはその間で 2 回以上の交叉が生じる多重交叉の影響が無視できなくなる．さらに，近接した遺伝子座間の多重交叉を抑制する干渉（interference）という現象が起こることも知られている．これらの影響を考慮して，組換え価から連鎖地図上の距離を求めるために，地図関数が用いられている．一般には $m=1/4\{\ln(1+2\theta)-\ln(1-2\theta)\}$（$m$ は地図距離，θ は組換え率）で表されるコサンビの地図関数が使われることが多い．図 2.9 にコサンビの地図関数で求めた距離と組換え価の関係を示した．

ニワトリの短肢と鶏冠の遺伝子座を例に組換え価を求めてみると，以下のようになる．短肢（遺伝子 *Cp*）は正常肢（*cp*）に対して優性，バラ冠（*R*）は単冠（*r*）に対して優性である．ちなみに，短肢の遺伝子はホモ接合体で致死効果をもつことが知られており，多面発現の例である．ここで，バラ冠・正常肢の系統と単冠・短肢の系統を交雑した後，短肢の F_1 に単冠・正常肢の系統を交雑した例を考えてみる（図 2.10）．独立の法則に従えば，バラ冠・短肢，バラ冠・正常肢，単冠・短肢，単冠・正常肢の表現型の組合せをもつ個体が同数得られることが予測される．ところが，得られた子の表現型は，バラ冠・正常肢 1,069 羽，単冠・短肢 1,104 羽，バラ冠・短肢 6 羽，単冠・正常肢 4 羽だった．交雑に用いた親と同じ表現型の組合せを示す個体が多く出現したことは，両形質を支配する遺伝子が同一染色体上にあることを示す．さらに，2 種類の新しい組合せ，すなわち組換え体も観察された．以上の知見から，両遺伝子座間の組換え価 θ は，$(6+4)/(1069+1104+4+6)\times100=0.46$，約 0.5％と計算される．したがって，鶏冠と短肢の遺伝子座間の距離は 0.5 cM となる．なお，この程度の短い距離であれば地図関数による補正は必要なく，組換え価をそのまま地図距離とみなすことができる．

● 2.7 家畜・家禽の能力と経済形質 ○

形質（trait，character）とは，生物が生涯にわたって表現するすべての形態的性質（角の有無など），生理的性質（血圧，血糖値など），生化学的性質（酵素活性，酵素型など），解剖学的性質（脊椎の数，体構成など）などをいう．それらについて観察された属性が不連続でいくつかのタイプに分類される場合，その属性は表現型（phenotype）と呼ばれている．また，属性が測定値あるいは数値として得られ，連続的である場合には，その属性は表現型値（phenotypic value）と呼ばれている．

動物生産とは，動物が表現する種々の形質を利用して，人類に必要なものを生産することである．したがって，家畜・家禽に要求される繁殖能力，哺育能力，強健性，飼料利用能力および生産能力などには，それぞれいくつかの形質が関与している．これら家畜の能力に関与している形質を，家畜の経済価値と重要な関わりをもつ形質という意味で経済形質（economic trait）と呼ぶ．また，受胎率，分娩間隔や一腹産子数など，形質の発現がある性に限られている形質もあり，これは限性形質と呼ばれる．さらに枝肉重量や肉質など，通常屠畜しないと測定できないような形質もある．

家畜・家禽以外の飼育動物では，実験動物の場合には家畜・家禽と同様に繁殖性，発育性，強健性なども重要であるが，遺伝的均一性が最も重要な形質であり，さらにある特定の疾病を高発現する系統，例えば高血圧自然発症ラットのような疾患モデル系統では，これらの疾病の発現が求められるなど独特の形質も関与している．また，伴侶動物の場合は外貌的特徴や温順性，さらには学習能力などが重要な形質になる．

● 2.8 遺伝と環境 ○

変異とは，生物をいろいろな形質について観察あるいは測定したときに，個体ごとに見られる差異のことである．たとえ同じ両親から生まれた子でも，多くの点で違いがあり，全く区別のつかないような個体は2つとない．このように形質について見られる個体間の変異は，生物の大きな特徴である．さらに，一卵性多子やクローン動物のような遺伝的に均一な個体間でも，表現型が全く同じになるとは限らない．これは，遺伝的要因の他に環境的要因により形質が影響を受けるためである．形質の発現の過程では，遺伝的要因の違いが影響する場合と環境的要因の違いが影響する場合があるが，一般的には両者が影響している．前者の差により生じる変異は遺伝的変異（genetic variation，hereditary variation）であり，後者の差により生じる変異は環境変異（environmental variation）である．したがって，生物個体の形質は

$$P=G+E \quad \text{（表現型値＝遺伝子型値＋環境偏差）}$$

で表される（詳細は第6章参照）．

家畜の生産性の向上をはかるということは，このような形質の変異を望ましい方向にもっていくことである．したがって，遺伝と環境の両方をいかに制御するかが重要なカギとなる．遺伝の部分に対する制御とは動物のもつ遺伝的能力そのものを変えて

いくことであり，これが育種改良である．一方，環境を制御し，動物のもつ能力を十分発揮させるのが家畜の飼養や管理であり，その技術は動物生産の中で重要な位置を占めている．

● 2.9　質的形質と量的形質 ○

種々の形質について変異の様子を調べてみると，その属性がいくつかのグループに明確に区分される場合と，値として表現され，明確に区分することができない場合とがあることがわかる．例えば，ヒトのABO式血液型について見ると，属性としてA型，B型，AB型およびO型があり，このいずれかに明確に区分される．すなわち，各個体のABO式血液型は4つの属性に分類され，したがってその分布は不連続である．ところが，身長のような形質の場合は個体ごとに違った値をとり，厳密には1つとして同じ値をとることはない．さらに，多くの個体について測定すれば，個体と個体との間が埋められ，互いに連続した分布を示し，さらに中央値前後のところの個体が増えていくであろうことは容易に想像できる．

このように，形質によっては不連続な分布を示し，また他の形質では連続分布を示す．前者のように不連続に分布する形質，例えば毛色，角の有無，血液型などを質的形質（qualitative trait）という．後者のように連続分布する形質，例えば体重，乳量，卵重などを量的形質（quantitative trait）という．また閾値形質の属性は不連続であるが，その背後に連続部分を仮定しているので，一般に量的形質の範疇に入るとみなされている．

質的形質は，一般に単一あるいはごく少数の遺伝子座の遺伝子の支配を受けている．したがって，1つの遺伝子座が当該形質の発現に決定的な役割を果たすことになるので，このような遺伝子座の遺伝子をメジャージーン（主働遺伝子，major gene）という．この形質に見られる変異は，該当遺伝子のDNA上に生じた変化，すなわち突然変異に起因するものと考えられ，ウシの無角や筋肥大症，ヒツジの多胎性などのように生産上好ましい属性もある．しかし，多くの場合は特定の遺伝子の機能が失われる結果，生存上あるいは生産上不利な属性を生じる．その代表的なものが遺伝性疾患である．質的形質の場合は，表現型によりはっきり個体を区別することができるので，どのような表現型のものがどのような割合で出現するかを調査することにより，当該形質の遺伝様式を明らかにすることができる．これまでに調べられている質的形質は，多くの場合メンデルの法則に従う．また，連鎖解析を行うことにより，連鎖地図上の位置が明らかにできる．

量的形質は多数の遺伝子座上の対立遺伝子により支配されており，1つ1つの遺伝子の効果が小さく（このような遺伝子をポリジーン（polygene）という），かつこれらの遺伝子の効果に環境効果が加わることから，連続変異を示す．このような量的形質の場合，その属性を明確にグループ化することが難しく，度数による解析が困難である．したがって，量的形質の遺伝を考える場合，質的形質の場合とは違った理論や方法が必要になる．量的形質を取り扱う遺伝学を量的遺伝学と呼ぶ．動物における経済的に重要な形質のほとんどは量的形質であり，ゆえに量的遺伝学は遺伝学の中でも非常に重要な分野となっている（第6章参照）．　［**西堀正英**］

文　献

J. F. クロー著，木村資生・太田朋子共訳：クロー 遺伝学概説．培風館（1991）．
小笠　晃・金田義宏・百目鬼郁男監修：動物臨床繁殖学．朝倉書店（2014）．
東條英昭・佐々木義之・国枝哲夫編：応用動物遺伝学．朝倉書店（2007）．

3 遺伝子とその機能

● 3.1 遺伝子とゲノムDNA ○

3.1.1 遺伝子の実体としてのDNA

前章で述べたように，メンデルによってその概念が提起された遺伝的形質を規定する因子は，その後ヨハンセンによって遺伝子と名づけられた．20世紀に入るとサットンやモーガンらにより遺伝子は細胞の核に存在する染色体上にあることが示されたが，遺伝物質としての遺伝子の実体は20世紀の前半までは不明であった．

当時，遺伝物質の条件を満たすものとしては，タンパク質か核酸（DNAあるいはRNA）が考えられたため，どちらが遺伝物質であるのか明らかにするための一連の実験が行われた．グリフィス（Griffith, F.）は肺炎双球菌の中で，マウスに投与したときに致死的な作用をもつS型株ともたないR型株を用い，R型株単独，あるいは熱処理により殺菌されたS型株をマウスに接種しても致死作用をもたないのに対し，両者を一緒に接種するとS型株と同様の致死作用をもち，さらに死んだマウスからはS型株が検出されたことから，死んだS型株がもつ何らかの物質により，R型株からS型株に形質が変化したことを明らかにした．このように，ある物質により生物の遺伝的形質が変化することを形質転換（transformation）というが，それを引き起こす物質が遺伝物質ということになる．ついでアベリー（Avery, O. T.）らは，死んだS型株をDNA分解酵素で処理するとR型株からS型株への形質転換を起こさなくなるが，タンパク質分解酵素ではそのような変化が見られなかったことから，形質転換を引き起こす遺伝物質はタンパク質ではなくDNAであることを明らかにした．

一方，ハーシー（Hershey, A. D.）とチェイス（Chase, M. C.）はバクテリオファージを用いた実験により，遺伝物質がDNAであることを明らかにした．細菌に感染するウイルスであるT_2ファージのDNAを放射性のリン（^{32}P）で，タンパク質を放射性のイオウ（^{35}S）で標識した後，大腸菌に感染させたところ，^{35}Sで標識されたタンパク質の大部分は細菌外部に留まるのに対し，^{32}Pで標識されたDNAは細菌の内部に入り，さらに細菌内で増殖し放出されたファージにも^{32}Pで標識されたDNAが検出された．DNAが細菌の中に入り次世代のファージを形成したことを明らかにしたこの実験結果も，遺伝子の実体がタンパク質ではなくDNAであることを示している．

以上のように遺伝子の実体がDNAであることは明らかになったが，DNAの分子

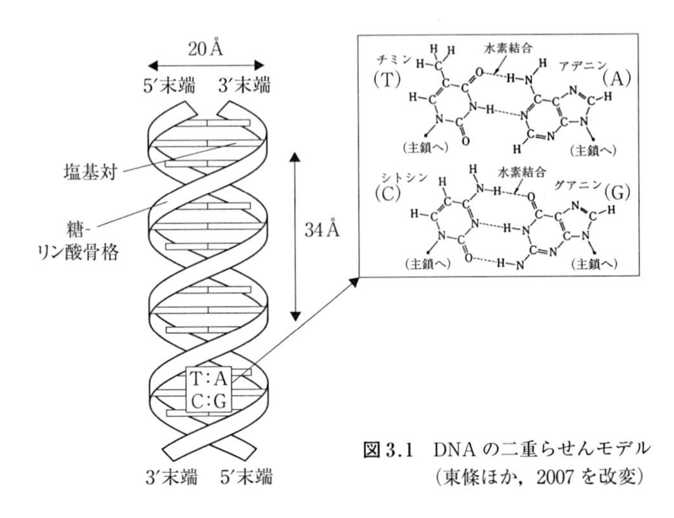

図 3.1　DNA の二重らせんモデル
（東條ほか，2007 を改変）

はどのような構造で，どのようにして遺伝子として機能しているかを明らかにしたのはワトソン（Watson, J. D.）とクリック（Crick, F. H. C.）であった．彼らは，① DNA は塩基（アデニン，グアニン，シトシン，チミン），糖（デオキシリボース），リン酸からなるヌクレオチドが重合したポリヌクレオチド鎖よりなる，② X 線回折による結晶構造の結果から DNA の分子はらせん状の構造をとる，③ DNA を構成する塩基の量比が，アデニン（A）とチミン（T），グアニン（G）とシトシン（C）で等量となっている（シャルガフの規則），との事実から推測して，2 本のヌクレオチド鎖がらせん状になった DNA の分子構造のモデル（二重らせんモデル）を提唱した（図 3.1）．このモデルでは，糖とリン酸からなる 2 本のヌクレオチド鎖の骨格が外側に，塩基が内側にある形でらせん状に配置し，直径は約 20Å，らせんのピッチは 34Å となっている．らせんの内側に配置する塩基は，それぞれのヌクレオチド鎖の A と T が 2 つの水素結合で，G と C が 3 つの水素結合で互いにつながっている．なお，DNA の複製や RNA への転写の際には，この塩基間の水素結合が一時的に離れ二本鎖が解離するが，A：T と G：C の比が解離のしやすさに影響を与え，G：C が A：T に比べて多いほど二本鎖は解離しにくくなる．

五炭糖であるデオキシリボースの 1′ 部位にプリン塩基（A，G）あるいはピリミジン塩基（C，T）が結合したものをヌクレオシド（nucleoside），さらに 5′ にリン酸が結合したものをヌクレオチド（nucleotide）という（図 3.2）．各塩基に対応するヌクレオシド，ヌクレオチドの名称を表 3.1 に示した．ヌクレオチドを単位として，5′ と 3′ の部位でリン酸結合し重合したものがポリヌクレオチド鎖となる．したがって，ポリヌクレオチド鎖の一方の末端は 5′ 端，他方の末端は 3′ 端となり，ヌクレオチド鎖は極性（方向性）をもつことになる．二重らせんモデルでは，2 本のヌクレオチド鎖

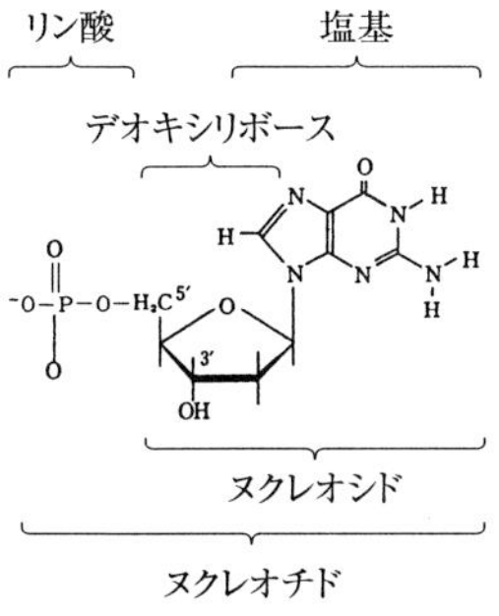

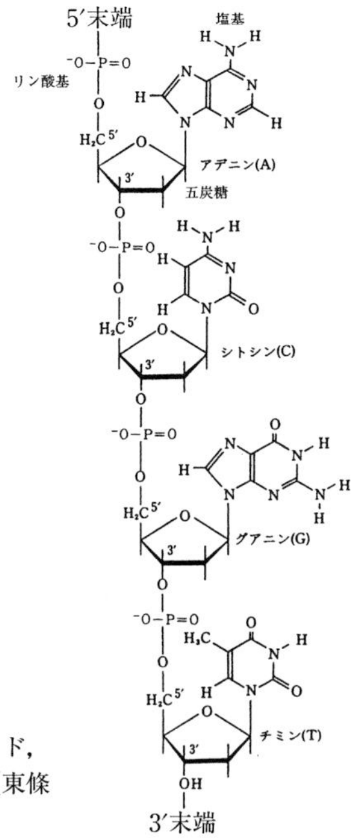

図 3.2　ヌクレオシド，ヌクレオチド，ポリヌクレオチドの構造（東條ほか，2007 を改変）

表 3.1　塩基，ヌクレオシド，ヌクレオチドの名称

塩基	ヌクレオシド	ヌクレオチド
シトシン（ピリミジン）	デオキシシチジン	デオキシシチジン-5′-リン酸
チミン（ピリミジン）	デオキシチミジン	デオキシチミジン-5′-リン酸
アデニン（プリン）	デオキシアデノシン	デオキシアデノシン-5′-リン酸
グアニン（プリン）	デオキシグアノシン	デオキシグアノシン-5′-リン酸

はそれぞれ逆向きとなった逆平行の関係にあることに注意が必要である（図 3.1）．このようなプリン塩基とピリミジン塩基が対となって結合し，2 本のヌクレオチド鎖が逆平行の関係にある DNA の構造は，遺伝情報を正確に複製して次世代に伝えるともに，RNA やタンパク質を介して遺伝形質を発現するという，DNA の遺伝子としての機能に不可欠のものである．なお，RNA では五炭糖がリボースであり，リボースとデオキシリボースの違いは 2′ 部位の炭素に結合しているのが水酸基か水素かの違いだけであるが，DNA と RNA では安定性などの性質に大きな違いがある．

3.1.2　ゲノムとゲノムサイズ

ゲノムとは，生物にとって必須な最小限の 1 組の染色体セットと古典的には定義されてきた．すなわち，二倍体であれば 2 組のゲノムをもち，その配偶子は 1 組のゲノ

表 3.2 各種生物のゲノムサイズ
(ハートル・ジョーンズ, 2005 を改変)

生物種	ゲノムサイズ
(ウイルス)	1 kb〜2 Mb
細　菌	100 kb〜10 Mb
真　菌	10 Mb〜1 Gb
昆虫類	100 Mb〜10 Gb
両生類	1 Gb〜100 Gb
哺乳類	2 Gb〜3 Gb
植　物	100 Mb〜100 Gb

kb=1,000 bp, Mb=1,000,000 bp,
Gb=1,000,000,000 bp.

ムをもつことになる.

しかし, 分子生物学の発展に伴い, その定義は生物がもつ核酸の塩基配列としての遺伝情報という意味に変わっている. 多くの生物のゲノムを構成する核酸はDNAであるが, 一部のウイルスやウイロイドのゲノムはRNAから構成されている. したがって, ゲノムの大きさ(ゲノムサイズ)とは, それぞれの生物のゲノムのDNAあるいはRNAがどれだけの数のヌクレオチドから構成されているかを意味する. 表3.2に各種動物のゲノムサイズを示したが, これを見ると高等で複雑な生物になるに従いゲノムサイズは大きくなる傾向があることがわかる. しかし, 両生類のゲノムサイズが哺乳類より大きいことなど, 必ずしもゲノムサイズと生物の複雑さとが対応しているわけではない. これをC値のパラドックスといい, ゲノムDNAには必ずしもその生物にとって必要な遺伝情報としての塩基配列だけが含まれているわけではないことによる. 多くの生物のゲノムDNAでは, 遺伝子としての機能をもたない塩基配列の方がむしろ多く, その結果としてゲノムサイズが遺伝情報として必要とされるよりはるかに多い塩基配列をもつ. ちなみに, ヒトを含む多くの哺乳類ではゲノムサイズは約 3×10^9 bp, すなわち30億塩基対前後である.

3.1.3 ゲノムの構造

哺乳類のゲノムのうち, コード配列(coding sequence)という実際にタンパク質に翻訳される配列は1.5%程度であり, それ以外の遺伝子発現を調整する領域などを含めても, タンパク質として発現する機能的遺伝子は全ゲノムのうちの5%以下と考えられている. それ以外にもリボゾームRNA(rRNA), 転移RNA(tRNA)あるいは核内低分子RNAなど機能的RNA塩基配列を指定する遺伝子も存在し, これらを含めた機能的遺伝子の数は哺乳類では3万程度といわれている. それ以外の配列の多くは特定の機能をもたない「無駄な」配列であるが, そこにはいくつかの特徴的構造をもった配列も数多く存在し, それらの配列がゲノムの中でどのようにしてできたかを考えると, なぜゲノムには無駄な配列が多いかの理由もわかってくる.

a. 反復配列と偽遺伝子

哺乳類のゲノム全体の半分程度は, 反復配列(repetitive sequence)と呼ばれる配列である. 反復配列は同じパターンが何回も繰り返している配列であり, 縦列反復配列と散在性反復配列に分けられる. 縦列反復配列は, 数bp〜数百bpを単位とした配列が互いに隣接して多数回繰り返している配列で，セントロメアという染色体の動原体付近に存在するサテライト DNA などが知られている．このような単純な縦列反復配列は，DNA 複製に際して鋳型鎖と新生鎖の間のずれによって反復の回数に変化が生じやすくなり，その結果ゲノムの中で増幅したものと考えられている．なお，DNA 多型マーカーとして広く用いられているマイクロサテライトマーカー（microsatellite marker）の名前はこのサテライト DNA に由来し，短い配列の繰り返しからなる反復配列である．

一方，散在性反復配列はゲノム中にランダムに存在している数十〜数千 bp を単位とした反復配列である．一般にレトロトランスポゾン（retrotransposon）といわれ，内在性レトロウイルス（endogenous retrovirus），LINE（long interspersed nuclear element），SINE（short interspersed nuclear element）などに分けられる．内在性レトロウイルスは RNA ウイルスであるレトロウイルスと同様の配列をもち，生殖細胞のゲノム内に挿入されたウイルスの DNA が，宿主のゲノム内で増殖を繰り返して形成されたものと考えられている．すなわち，内在性レトロウイルスの DNA が RNA に転写され，さらに RNA を鋳型にして DNA を合成する逆転写酵素により DNA となったものが，再びゲノム DNA の別の場所に挿入されることで新たな内在性レトロウイルスが形成される，ということを繰り返し，宿主のゲノム中で自己のコピーを増やしていった配列と考えられている（図 3.3）．LINE，SINE も同様の機構によりゲノム中にコピーを増やした配列であるが，内在性レトロウイルスにみられる LTR（long terminal repeat）という配列はもたない．生物進化の過程で，これらの配列は増殖し，例えばヒトのゲノム中ではレトロトランスポゾンに由来する配列がゲノム全体の半分近くを占めている．

また哺乳類のゲノム中には，特定の遺伝子と極めて類似した配列をもつが，遺伝子としての機能をもたない配列も多数存在する．このような配列を偽遺伝子（pseudogene）といい，機能的な遺伝子と同様にエクソンとイントロンの構造をもつものと，イントロンが失われ mRNA のような構造をもつものがある．前者は後述する多重遺伝子族のクラスターのように，遺伝子重複により生じた遺伝子が機能を失ったものと考えられ，後者はレトロトランスポゾンと同様に，特定の遺伝子の mRNA が逆転写

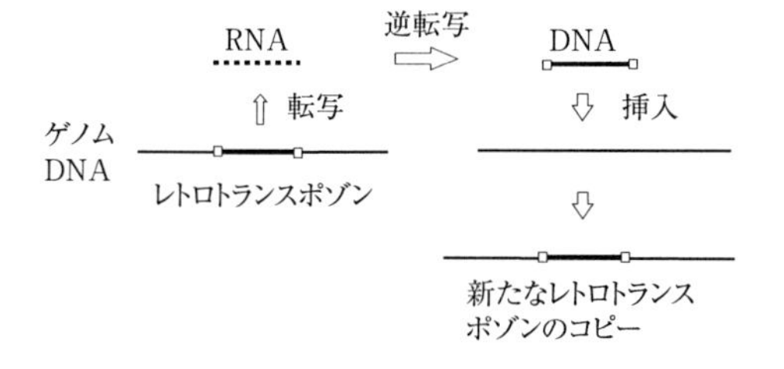

図 3.3　レトロトランスポゾンの転移によるコピー数の増加

ゲノム DNA 中に存在する散在性反復配列であるレトロトランスポゾンは，RNA に転写された後，逆転写酵素により DNA に逆転写され，ゲノム中の他の場所に挿入することを繰り返して，コピー数を増やしてきた．

されてDNAとなった後にゲノム中に挿入されたものと考えられている．

b. 多重遺伝子族

同じあるいは類似した機能をもつ遺伝子が多数ゲノム中に存在する場合，これらの遺伝子を多重遺伝子族（multi gene family）という．多重遺伝子族はゲノム中の特定の領域に近接して存在することが多く，このように類似した遺伝子が多数近接して存在する領域を遺伝子クラスターという．例えばrRNA遺伝子では，多くの生物において同じ配列からなる遺伝子が多数存在する．これは，細胞に必要とされる大量のrRNAを供給するには，多数の遺伝子のコピーが必要なためだと考えられている．

一方，類似しているがそれぞれ固有の機能をもった多重遺伝子族について，ヒトのグロビン遺伝子を例に説明する．グロビンはヘモグロビンを構成するタンパク質で，大きくαグロビンとβグロビンに分けられ，αグロビン2つとβグロビン2つよりなる四量体として構成される．図3.4上に示すように，αグロビン遺伝子族はヒトの第16染色体にクラスターを形成し3つの遺伝子が，βグロビン遺伝子族はヒトの第11染色体にクラスターを形成し5つの遺伝子が存在しており，またこれらの機能的な遺伝子とともにいくつかの偽遺伝子も存在している．

これらのαおよびβグロビン多重遺伝子族を構成する各遺伝子の機能的な違いは何であろうか．哺乳類の発生過程では，胎盤が十分に形成されるまでの胚期，子宮内で胎盤を介して母胎とガス交換を行う胎児期，自立的に呼吸を行う出生後の各時期に対応する形で，図3.4下に示すように，異なったグロビン遺伝子が発現している．こ

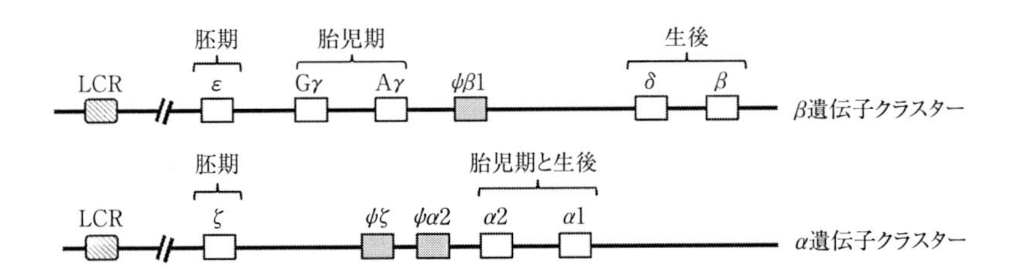

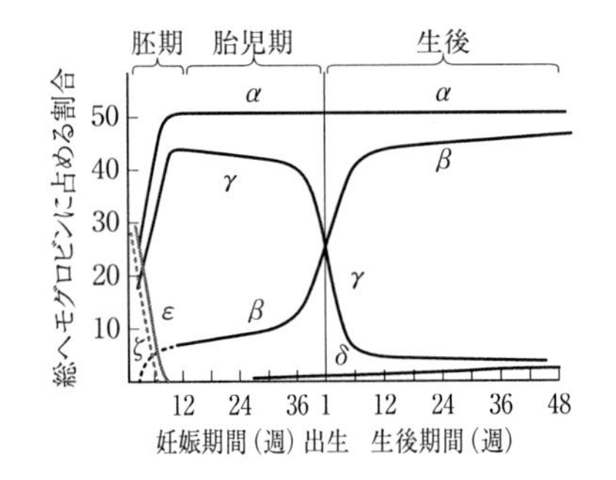

図3.4 グロビン遺伝子クラスターと発生時期特異的な遺伝子発現

（下図はStamatoyannopoulos *et al.*, 2000より改変）

図中のψがついているものは偽遺伝子である．一連の遺伝子は上流に存在するLCRによって発現が調節されている．

れは，それぞれの時期で個体は異なった酸素分圧下におかれ，ヘモグロビンが効率的に酸素運搬を行うのに必要とされる酸素解離曲線が異なるからである．したがって，α グロビン遺伝子クラスター，β グロビン遺伝子クラスターではそれぞれ，個体の発生段階に特異的な発現調節が行われ，胚期には ζ および ε 遺伝子，胎児期には $\alpha1$，$\alpha2$ および $G\gamma$，$A\gamma$ 遺伝子，出生後は $\alpha1$，$\alpha2$ および δ，β 遺伝子が主に発現し，必要なヘモグロビンを供給している．このように多重遺伝子族では，類似するが異なった機能をもつ遺伝子が，異なった発生段階や異なった臓器などに対応して発現している場合が多い．なお，グロビン遺伝子の発生段階特異的発現は，近傍に存在する LCR（locus controling region）という制御領域により調節されている．

● 3.2　DNA 複製 ○

生物が遺伝情報を正確に次世代に伝えるためには，DNA は細胞分裂に際して正確に複製され，分配されなければならない．DNA の複製の様式は，二本鎖の DNA のうち 1 本のヌクレオチド鎖を鋳型として，新たなヌクレオチド鎖が新生される半保存的複製（semiconservative replication）である．メッセルソン（Meselson, M. S.）とスタール（Stahl, F. W.）は密度勾配遠心法により，DNA の複製が半保存的に行われることを明らかにした．彼らは，通常の窒素（^{14}N）より重い窒素の同位体（^{15}N）を含む培地中で大腸菌を培養した後，^{14}N のみを含む培地に移して数世代培養し，各世代の大腸菌から DNA を取り出して，塩化セシウムの密度勾配中での超高速遠心により密度の違いによる異なったバンドとして分離した．その結果，図 3.5 に示すよう

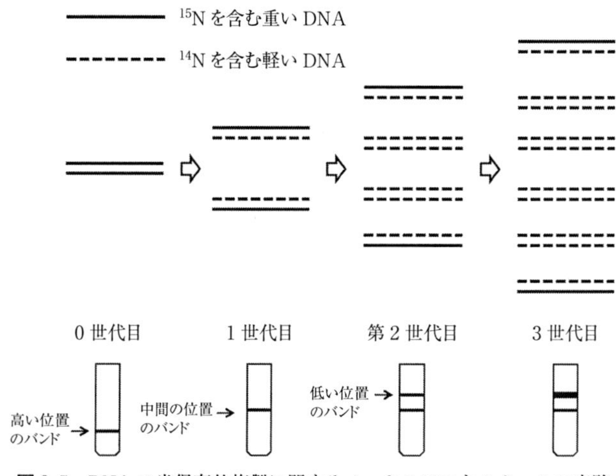

図 3.5　DNA の半保存的複製に関するメッセルソンとスタールの実験

に，^{14}N の培地に移す前の DNA は高い位置のバンドのみが検出されたのに対し，^{14}N の培地に移した後の1世代目は中間の位置のバンドが検出され，さらに2世代目には中間のバンドとともに低い位置のバンドが検出された．これらの結果から，片方のポリヌクレオチド鎖を鋳型鎖として，新生鎖が形成されることで，0世代目は二本鎖とも ^{15}N を含むヌクレオチド鎖よりなる重い DNA であるのに対し，培地を移した後の1世代目は ^{15}N を含む鋳型鎖と ^{14}N よりなる新生鎖により構成される中間の重さの DNA が形成され，2世代目以降も同様の複製を繰り返すことで，中間の重さと軽い DNA が形成されたと考えられ，DNA の複製様式が半保存的であることが示された．

それでは，このような半保存的な DNA 複製は具体的にどのように行われているのであろうか．複製は複製開始点（origin）という特定の場所から開始され，順次両側に進行していく．複製が行われている箇所を複製フォーク（replication fork）といい，複数の複製開始点から進行した複製フォークが隣同士出会うことで全体にわたる複製は完了する．図3.6に示すように，複製フォークではまず DNA ヘリカーゼ（DNA helicase）により二本鎖 DNA のらせん構造が巻き戻され，一本鎖に解離していく．次に，形成された各一本鎖 DNA を鋳型鎖として DNA ポリメラーゼ（DNA polymerase）により新たな新生鎖が形成されれば，1つの二本鎖から2つの二本鎖が形成され，DNA は複製されることになる．

ここで注意しなければならないのは，DNA の二本鎖は片方が 5′→3′ の方向であれば他方は 3′←5′ の方向となる逆平行の関係にあること，そして DNA ポリメラーゼは 5′→3′ の方向にしか新生鎖の伸長を行えないことである．したがって，解離したポリヌクレオチド鎖のうち 5′→3′ の方向にあるものが鋳型鎖となった場合は，新たにつくられる新生鎖の 5′→3′ の複製方向と複製フォークの進行方向が一致するため，複製フォークの進行に伴って新生鎖が順次形成されていく．このように，複製フォークの進行方向と DNA ポリメラーゼの進行方向が一致する方を，リーディング鎖（leadig strand）という．しかし，リーディング鎖と反対側のポリヌクレオチド鎖（これをラギング鎖（lagging strand）という）の場合は，複製フォークの進行方向と DNA ポリメラーゼの進行方向が一致しないため，複製様式は複雑になる．ラギング鎖では，複製フォークの進行に伴って逆向きに DNA ポリメラーゼによる新生鎖の合成が進むため，岡崎フラグメント（Okazaki fragment）と呼ばれる短い断片が不連続に形成されることになる．

DNA ポリメラーゼは完全な一本鎖を鋳型として新生鎖を合成することはできず，図のように必ず部分的に二本鎖となった部分を足がかりとして，その 3′ 末端にヌクレオチドを重合して二本鎖を形成していく．したがってラギング鎖では，個々の岡崎フラグメントが形成されるにあたって部分的に二本鎖の場所が必要となる．この部分的二本鎖は，完全な一本鎖を鋳型として新生鎖を合成することができる RNA ポリメ

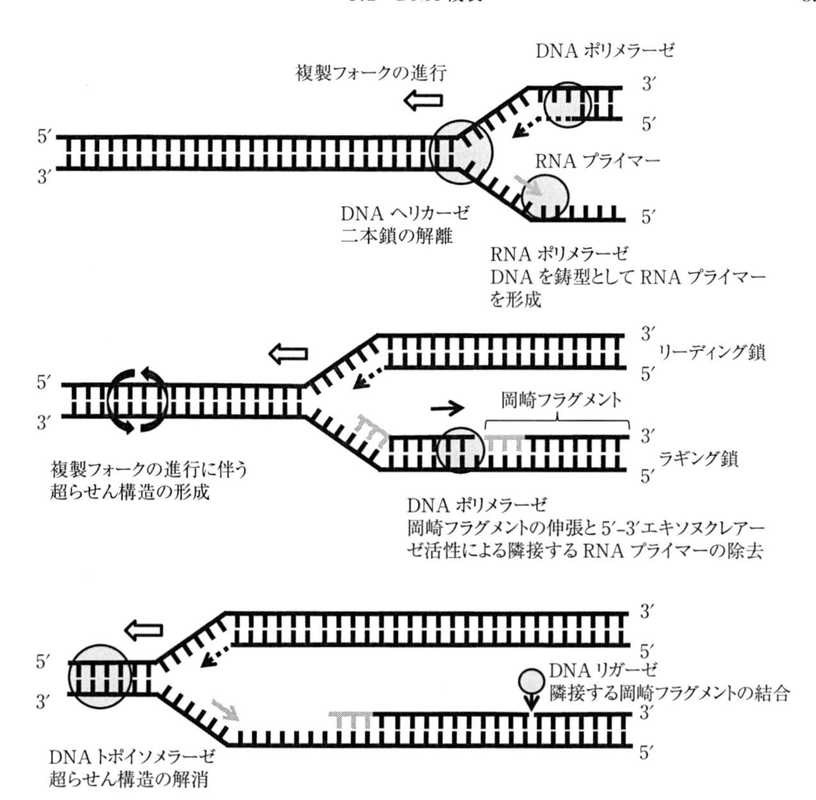

図 3.6　複製フォークにおける DNA 複製の進行

複製フォークでは，DNA ヘリカーゼにより二本鎖が解離する．リーディング鎖では，複製フォークの進行方向に沿って新生鎖が連続的に形成され，ラギング鎖では，反対方向に岡崎フラグメントが不連続的に形成されるが，最終的に DNA リガーゼによって岡崎フラグメントは連結され，DNA 複製は完了する．

ラーゼ（RNA polymerase）により行われる．図 3.6 のように，まず RNA ポリメラーゼにより岡崎フラグメントの合成が開始され，その後この RNA の末端から DNA ポリメラーゼにより岡崎フラグメントが伸長されていく．その結果できる二本鎖 DNA の中に部分的に存在する RNA は，その後除去されて DNA に置き換えられ，それぞれの岡崎フラグメントが DNA リガーゼ（DNA ligase）によって互いに結合されてラギング鎖が完成する．なお，DNA ヘリカーゼがらせん構造を巻き戻しながら複製フォークが進行すると，残った二本鎖 DNA はより強くらせんを形成した超らせん構造をとり，DNA 分子の立体構造に大きな変化を引き起こすことになる．この超らせん構造は，DNA トポイソメラーゼ（DNA topoisomerase）という酵素により解消される．以上のように，複製フォークにおける DNA の複製は多くの酵素が関わる

表 3.3 DNA 複製に関わる酵素

酵素名	DNA 複製における機能	機能
DNA ヘリカーゼ	DNA 二本鎖の解離	二重らせんの巻き戻し
DNA トポイソメラーゼ	DNA 鎖の切断と再結合	超らせん構造の解消
RNA ポリメラーゼ	DNA を鋳型とした RNA 合成	RNA プライマーの合成
DNA ポリメラーゼ	5′→3′ DNA ポリメラーゼ活性	複製の進行
	5′→3′ エクソヌクレアーゼ活性	プライマーの除去
	3′→5′ エクソヌクレアーゼ活性	複製ミスの校正
DNA リガーゼ	DNA 鎖の末端結合	岡崎フラグメントの結合

複雑な反応である．これらの酵素とその機能を表 3.3 にまとめた．

● 3.3 変異と多型 ○

遺伝情報が次世代に正確に伝えられることは，生物が生物として成り立つために不可欠なことである．一方で長い年月をかけて，遺伝情報が少しずつ変化してきたからこそ，生物は進化してきた．したがって，DNA の複製は極めて正確に行われるとともに，まれには複製の誤りやその他の要因によって変化することも必要である．この節では，DNA 複製の正確さや安定性がどのように確保されているか，また DNA の変化（変異）がどのように発生するかについて解説する．

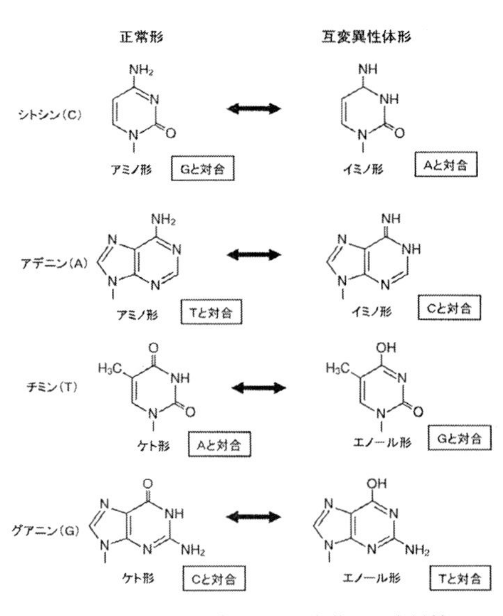

図 3.7 プリンおよびピリミジン塩基の互変異性シフト（東條ほか，2007）

3.3.1 DNA 複製時の誤りとその修復

DNA 複製時の誤りは主に塩基の誤対合によって生じる．DNA は，鋳型鎖の塩基に対して A：T，G：C の相補的な塩基が対合することで複製されるが，DNA 複製の過程ではその組合せとは異なった誤対合がまれに発生する．その主な要因は塩基に生じる互変異性体（tautomer）である．図 3.7 のように，A，G，C，T の各塩基は正常形であるアミノ形，ケト形とともに，まれに互変異性体であるイミノ形，エノール形をとることがある．これらの互変異性体形はAとC，GとTの対合を形成するため，DNA複製中に互変異性体が生じると，複製されたDNAにはA：CあるいはT：Gという誤対合が生じることになる．

このような誤対合が修復されないまま次のDNA複製が行われると，図3.8のようにA：Tの対合からG：Cの対合あるいはその逆の塩基置換，すなわち突然変異（mutation）を引き起こすことになる．なお，互変異性体により生じた突然変異は，AからGのようにプリン塩基の間，CからTのようにピリミジン塩基の間での塩基置換となる．こういったプリン塩基同士，ピリミジン塩基同士の塩基置換をトランジション（塩基転移，transition）といい，AまたはGとCまたはTのようにプリン塩基とピリミジン塩基の間の塩基置換をトランスバーション（塩基転換，transversion）という．

互変異性体による誤対合は，DNA複製中にかなりの頻度で生じていると考えられるが，多くは突然変異として固定されることはない．これは，誤対合の多くは主に2つの機構により修復されるからである．1つは複製過程でのDNAポリメラーゼによる校正（proofreading）であり，もう1つは複製後のミスマッチ修復（mismatch repair）である．多くのDNAポリメラーゼは，5′→3′の方向にヌクレオチドを重合させるポリメラーゼ活性とともに，逆の反応である3′→5′の方向にヌクレオチドを除去する3′→5′エクソヌクレアーゼ活性をもっている．DNA複製中に誤対合が起こると，その結果生じるDNA分子の構造のゆがみをDNAポリメラーゼが認識し，3′→5′エクソヌクレアーゼ活性により誤対合したヌクレオチドを除去して，新たに正しい

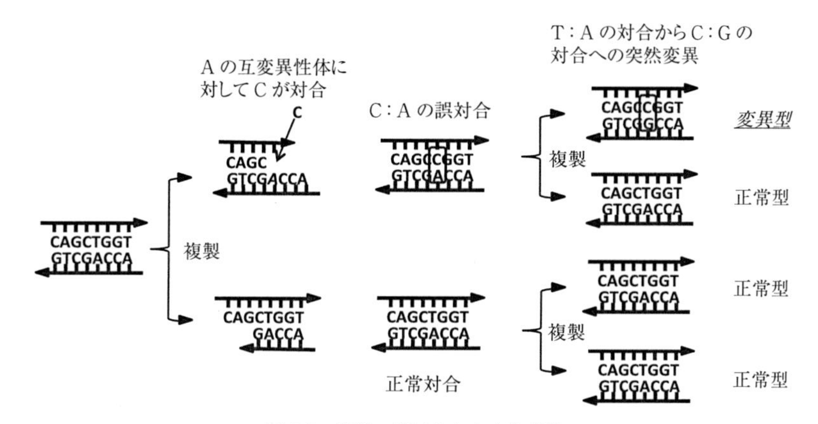

図3.8 塩基の誤対合から突然変異

DNA複製中に鋳型鎖のAに互変異性体が生じると，新生鎖にはCが取り込まれ，誤対合が生じる．もう1回DNA複製を経ると，最終的にもとのT：Aの対合がC：Gの対合に変化した突然変異が生じることになる．

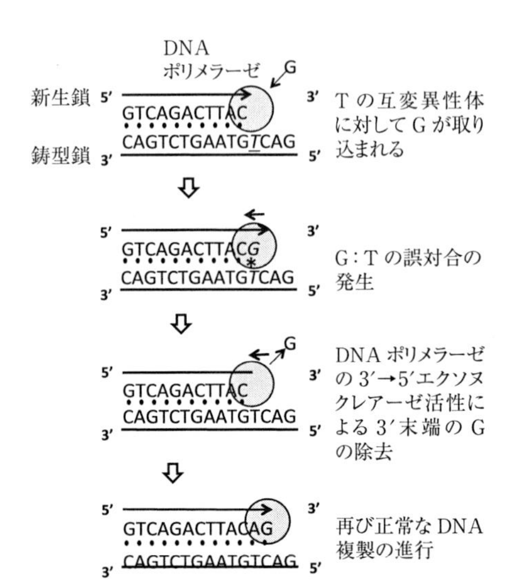

図3.9　校正による DNA 複製時の誤対合の修復
DNA 複製時に生じた互変異性体などにより誤対合が発生した場合には，DNA ポリメラーゼの 3′→5′ エクソヌクレアーゼ活性により誤対合を除去し，新たに正常な対合を形成する．

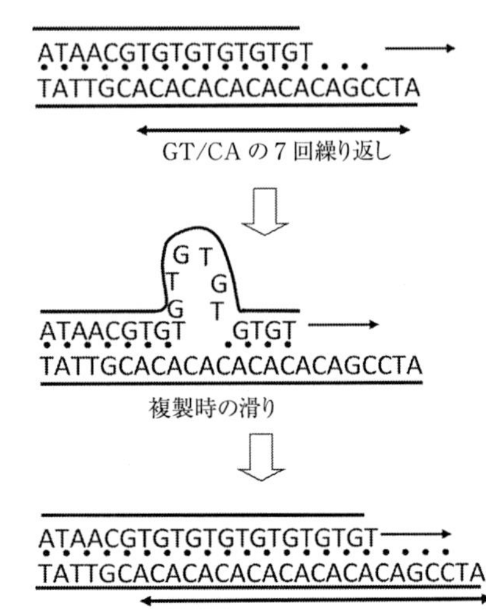

図3.10　DNA 複製時の鋳型鎖と新生鎖のずれ（東條ほか，2007 を改変）

ヌクレオチドを重合させる．このような DNA ポリメラーゼのもつ校正機能により，互変異性体により生じる誤対合の多くは修復される（図 3.9）．

校正によって修復されなかった誤対合は，複製後にミスマッチ修復機能により修復される．この機構では，ミスマッチ（誤対合）している塩基を含むヌクレオチドがエンドヌクレアーゼにより除去され，再度 DNA ポリメラーゼにより二本鎖が形成されて誤対合が修復される．なお，ミスマッチ修復にあたっては，誤対合しているどちらの塩基が正しいか，すなわちどちらが鋳型鎖でどちらが新生鎖であるかが認識されることが必要であるが，これは例えば大腸菌では鋳型鎖のみにメチル化されたシトシンがあることで解決される．

これらの校正やミスマッチ修復によっても除かれなかった誤対合が，最終的に突然変異となる．また DNA 複製に際しては，鋳型鎖と新生鎖がずれて配置することにより誤対合が発生する場合もある（図 3.10）．この場合，片方の一本鎖に比べてもう一方の一本鎖が余剰あるいは不足した塩基をもつことで，塩基の挿入あるいは欠失を引き起こす．このような変異は図のように短い同じ配列が繰り返すような単純反復配列で生じやすく，サテライト DNA のような単純配列で変更が発生しやすい原因となる．

3.3.2 DNAの損傷

DNA複製時の誤りだけでなく，紫外線，電離放射線，変異原性物質などの環境的因子により生じるDNAの損傷によっても突然変異は発生する．例えば，紫外線照射によりDNA分子中の隣り合うチミンの間で架橋が形成されチミン二量体（thymine dimer）が生じる．X線，γ線などの電離放射線は直接的に，あるいは水分子の電離により生じた活性酸素により間接的に，DNAの二本鎖を切断する．

化学物質では，塩基類似体はDNA複製において通常の塩基に替わってDNA分子中に取り込まれる．例えばチミン類似体のブロモウラシル（BrdU）はアデニンと対合する形でDNA分子中に取り込まれるが，互変異性体を生じやすいため，誤対合による塩基置換が発生する可能性が高くなる．また，亜硝酸やアルキル化剤などは塩基修飾により突然変異を誘発する．例として，シトシンに亜硝酸が作用するとアミノ基がケト基に置換してウラシルに変わり，G：CからA：T（U）への塩基置換を引き起こす．さらに，アクリジン色素のようにDNAの塩基対の間に挿入されるインターカレーターはDNAの分子構造にゆがみを生じさせ，複製時に塩基の挿入や欠失を引き起こす．

このようにして生じたDNAの損傷は，突然変異を引き起こす要因になるが，細胞はそれを修復する機構を備えている．例えば紫外線により生じたチミン二量体は，エンドヌクレアーゼが近傍に一本鎖の切断箇所をつくり，そこからDNAポリメラーゼがチミン二量体を含むヌクレオチドを除去して新たに二本鎖を形成することで，損傷は修復される．この修復に関わる遺伝子が突然変異により機能を失うと，色素乾皮症という紫外線に高感受性の遺伝性疾患となる．また，放射線によるDNA二本鎖切断は非相同末端結合（non-homologous end joining，NHEJ）や相同組換え（homologous recombination，HR）という機構により，切断されたDNAが再結合することで修復される．NHEJはDNAの切断により生じた2つのDNA末端をつなげる比較的単純な修復機構であるが，複数箇所の切断が同時に起きた場合などでは，正確な修復が困難となる．一方HRでは，すでに複製された相同的な配列を鋳型として用いることで，より正確な修復が可能である．

3.3.3 突然変異の種類

以上のような複製時の誤りや損傷により，塩基置換，挿入，欠失などの塩基配列の変化が発生するが，ゲノムのDNAでは実際に遺伝子として機能している部分はわずかであり，それ以外の部分で塩基配列の変化が起こっても個体の形質には影響しない場合が多い．したがって，実際に遺伝子として機能している部分に起きた変化のみが突然変異として個体の形質の変化を引き起こすことになる．

遺伝子としてのDNAの塩基配列はmRNAに転写され，タンパク質に翻訳されるが，翻訳にあたっては3つの塩基がコドンとして1つのアミノ酸に対応している(3.4.2項で後述)．したがって突然変異によりコドンの塩基配列が変化すれば，多くの場合その遺伝子によってつくられるタンパク質のアミノ酸配列の変化につながり，その機能に影響を与え，個体の形質の変化を引き起こす．例えば，哺乳類の毛や皮膚の色はメラニンという色素によるが，チロシナーゼというメラニン合成に関わる酵素の遺伝子に突然変異が生じて機能しなくなると，メラニンが合成されずに全身白色のアルビノとなる（第4章参照）．

しかし，実際には1つのアミノ酸に複数のコドンが対応している場合が多いことから，塩基配列の変化がアミノ酸配列の変化につながらないことも多い．例えば，CAAというコドンはグルタミンに対応しているが（表3.4参照），3番目の塩基（A）がGに変化しCAGというコドンになっても，対応するアミノ酸は同じくグルタミンでありアミノ酸配列は変化しない．このような塩基置換を同義置換（synonymous substitution）あるいはサイレント変異（silent mutation）という（図3.11）．

一方，アミノ酸配列の変化につながる塩基置換は非同義置換（non-synonymous substitution）という（図3.11）．例えば，CGCはアルギニンに対応しているが，この2番目の塩基がAに置換した場合は，CACはヒスチジンに対応し，アミノ酸配列はアルギニンからヒスチジンに変化する．このようなアミノ酸置換を引き起こす突然変異をミスセンス変異（missense mutation）という．さらに，グルタミンのコドンであるCAGの1番目の塩基がTに変化した場合，コドンはTAGの終止コドンである．このような突然変異をナンセンス変異（nonsense mutation）という．ミスセンス変異が特定の1つのアミノ酸の変化だけであるのに対し，ナンセンス変異の場合，

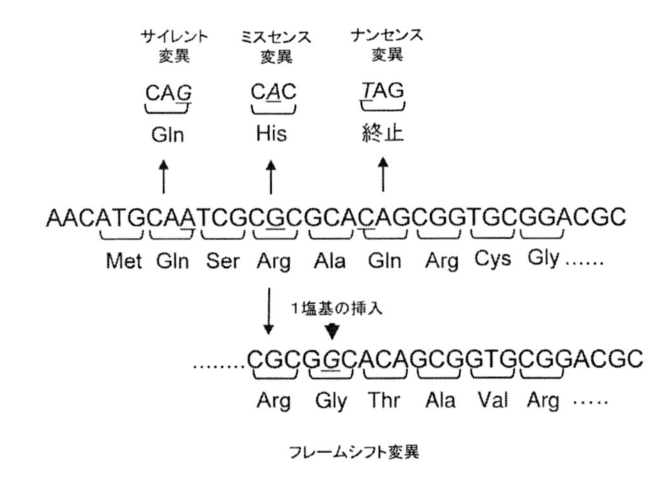

図3.11　突然変異の種類（東條ほか，2007）

終止コドンが出現した部位より下流のアミノ酸配列がすべて失われ，多くの場合は機能が完全に失われる．

塩基の挿入や欠失を引き起こす突然変異は，図 3.11 に示すように変異の部位からコドンの読み枠がずれるフレームシフト変異となり，その下流のアミノ酸配列は完全に変わってしまうため，機能が失われる場合が多い．また，スプライシングドナーサイトやアクセプターサイトのような mRNA のスプライシングに必要な配列や，プロモーターやエンハンサーのような遺伝子発現を調整している配列（図 3.12 参照）に突然変異が生じた場合にも，遺伝子の機能に影響を与えることがある．このように，遺伝子に生じた突然変異は多くの場合，その機能を完全に喪失させるか，低下させることになる．そうした変異を機能喪失型変異（loss-of-function mutation）あるいは機能低下型変異（hypomorphic mutation）という．

一方，まれにではあるが突然変異により遺伝子の機能が亢進したり，新たな機能を獲得する場合も知られている．例えば，第 4 章で述べるウシの毛色に関する E 遺伝子座の E^D 対立遺伝子は，ミスセンス変異により色素細胞刺激ホルモンの受容体が常に活性化した状態（機能亢進）となるため，野生型と比べてより濃い毛色となる．このような変異を機能獲得型変異（gain-of-function mutation）あるいは機能亢進型変異（hypermorphic mutation）という．なお，機能獲得型変異は E^D 対立遺伝子のように優性の形質となる場合が多く，逆に機能喪失型変異の場合は劣性の形質となる場合が多い．

3.3.4 DNA 多型マーカーと変異の検出

集団中に存在する遺伝的変異のうち，個体の生存性や繁殖性などに影響を与えず自然選択や人為選択の対象とならないなどの理由により，集団中にある一定の頻度以上で存在するような変異は遺伝的多型と呼ばれている．遺伝的多型には，毛色などの個体の表現型の違いとなって現れるものもあれば，個体の表現型には現れない，血液型やタンパク質のアミノ酸配列の違いといったものもあり，さらにゲノム上の DNA の塩基配列上の違いも含まれる．このような遺伝的多型は，後述の連鎖地図の作成やマーカーアシスト選抜，あるいは家畜の親子鑑定や，法医学における個人の同定のための多型マーカーとして利用されている．

近年では，DNA の塩基配列の変異を直接検出する，DNA 多型マーカーが広く用いられている．DNA 多型マーカーには一塩基の置換による SNP（一塩基多型，single nucleotide polymorphism）と，単純反復配列の反復回数の違いによるマイクロサテライトマーカーが主に用いられている．SNP は RFLP（制限酵素断片長多型）という，特定の塩基配列で DNA を切断する制限酵素（restriction enzyme）を用いた方法などにより検出可能であるが，最近では DNA マイクロアレイと呼ばれる自動化された機器により，同時に数千～数万のSNPを検出することも可能となっている．また，マイクロサテライトマーカーは図3.10に示したように反復の回数に変異が生じやすく，その違いをPCR法により増幅される断片の長さの違いとして検出するものである．

● 3.4　遺伝子の発現と機能 ○

生物における遺伝情報の流れは基本的にDNA→RNA→タンパク質であり，DNAの塩基配列として記録されている遺伝情報がタンパク質の構造を決定し，それが個体の表現型を規定する．DNAの塩基配列がRNAに写しとられることを転写（transcription）といい，そのRNAの配列から特定のアミノ酸配列をもつタンパク質がつくられる過程を翻訳（translation）という．これらのRNAには，転移RNA（transfer RNA，tRNA），リボゾームRNA（ribosomal RNA，rRNA）や，他の遺伝子の発現調節に重要な役割を果たしているマイクロRNA（micro RNA，miRNA）などがあり，非コードRNA（non-coding RNA）と総称される．転写，翻訳の過程により，DNAの塩基配列としての遺伝情報が個体の形質として現れることが遺伝子の発現となる．

3.4.1　遺伝子の転写と転写後の修飾

遺伝子発現の最初のステップは，DNAの塩基配列がRNAへ写しとられる転写である．転写の過程は真核生物と原核生物では異なる点が多いが，ここでは真核生物を中心に説明する．転写はRNAポリメラーゼにより行われるが，まずどこから始まりどこで終わるかが決まらなければならない．転写が始まる部位を転写開始点といい，この部位の上流（5′側）にはプロモーターと呼ばれる配列が存在し，ここにRNAポリメラーゼ複合体が結合することで転写が始まる（図3.12）．プロモーターに結合したRNAポリメラーゼは転写開始点から，DNAの配列に相補的なRNAのヌクレオチド鎖を合成していく．なお，DNAの二本鎖のうちRNAに転写されるのは片方だけであり，そちらをアンチセンス鎖（antisense strand），もう一方をセンス鎖（sense strand）といい，アンチセンス鎖を鋳型としてセンス鎖と同じ配列をもつRNAが転写される．このようにして必要な部位がRNAに転写された後，RNAポリメラーゼがDNAから離れて転写が終了し，mRNA前駆体となる．

mRNA前駆体は，5′端へのキャップ構造の付加，3′端へのポリA構造の付加（ポリアデニル化，polyadenylation），スプライシング（splicing）によるイントロンの除去，という主に3つの修飾（プロセシング）を経て成熟したmRNAとなる．5′キャップ構造はRNAの5′端にメチル化されたグアニン塩基が結合したもので，またポリアデニル化は，RNA ポリメラーゼによって転写された mRNA 前駆体がポリアデニル化シグナルという配列の部位で切断され，数十～200 bp 程度のアデニンが連続して付加される過程であり，どちらも mRNA の核から細胞質への移行，細胞質における安定性，効率的な翻訳などに必要とされる．スプライシングは，転写された mRNA 前駆体からイントロンに対応する領域が除去される過程である．

真核生物の遺伝子は図 3.12 に示すように，一般的に複数のエクソン（exon）およびイントロン（intron）から構成されている．イントロンの両端にはスプライシングドナーサイトおよびアクセプターサイトと呼ばれる GT および AG の配列が存在し，これがエクソンとイントロンの境界を指定している．核において転写された mRNA 前駆体が細胞質に移行する過程で，イントロンの両端が切断され隣接するエクソン同士が結合することでイントロンが除去される．なお，原核生物の遺伝子にイントロンは存在せず，スプライシングは真核生物に固有に見られる現象である．これらのプロセシングの過程を経てできた成熟 mRNA は，5′ 端にキャップ構造をもち，その後いくつかのエクソンが連結した領域が続き，3′ 端にポリ A があるという構造をもつが，その中は翻訳領域（coding region）と非翻訳領域（non-coding region）に分けられ

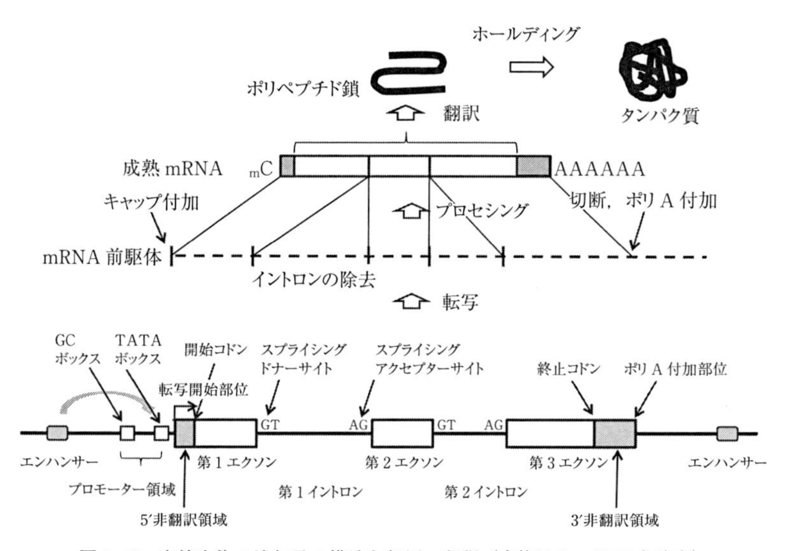

図 3.12　真核生物の遺伝子の構造と転写，翻訳（東條ほか，2007 を改変）
mRNA への転写は TATA ボックスのすぐ下流にある転写開始部位から始まり，ポリ A 付加部位で切断されてポリ A が付加される．転写された RNA はスプライシングドナーサイト，アクセプターサイトに挟まれたイントロンの除去，5′ 端にキャップ構造，3′ 端にポリ A の付加などのプロセシングを受けて成熟 mRNA となる．開始コドンから終止コドンの間がタンパク質に翻訳される．エンハンサーは，プロモーターに働きかけることで転写を促進する．

る．塩基配列のアミノ酸配列への翻訳は mRNA の 5′ 側に存在する翻訳開始部位（開始コドン）から始まり，3′ 側に存在する翻訳終結部位（終止コドン）で終わる．したがって，翻訳開始部位の 5′ 側と翻訳終結部位の 3′ 側はタンパク質のアミノ酸配列に対応せず，これらの領域をそれぞれ 5′ 非翻訳領域，3′ 非翻訳領域といい，その間が翻訳領域となる．

なお，1つの遺伝子からスプライシングの違いにより異なったエクソンが組合され，異なったアミノ酸配列をもつ複数のタンパク質が1つの遺伝子からできている場合も知られており，これを選択的スプライシング（alternative splicing）という．

3.4.2 翻訳とタンパク質の合成

mRNA の塩基配列から，対応するアミノ酸配列をもつタンパク質を生成する過程が翻訳である．翻訳は mRNA 上の翻訳開始部位より始まり，次々にアミノ酸が重合する形で伸長し，翻訳終結部位で終わる．翻訳においては，mRNA の3つの塩基が1つのアミノ酸に対応し，コドン表（表 3.4）にまとめられる．3塩基の組合せが 4×4×4 で 64 通りになるのに対し，アミノ酸は 20 種類であるため，1つのアミノ酸に対して複数のコドンが存在する（縮重）ことになる．これらのコドンのうち，AUG はメチオニンのコドンであるとともに翻訳の開始部位となる開始コドン（initiation codon）であり，UAA，UAG，UGA は翻訳の終結部位となる終止コドン（termination codon）である．

翻訳は，大サブユニットと小サブユニットから構成されるリボゾームにおいて，mRNA に tRNA などが結合することで進行する．図 3.13 に示すように，tRNA は mRNA のコドンに対応する3塩基からなるアンチコドンをもち，それぞれのアンチコドンに対応するアミノ酸が結合してアミノアシル tRNA（aminoacyl-tRNA）となる．翻訳は，まずメチオニンと結合したアミノアシル tRNA がリボゾームの小サブユニットに結合した上で，mRNA の 5′ 端に結合して 3′ 方向に移動する過程で，最初に現れた AUG の配列を開始コドンとして認識し，そこに大サブユニットが会合してリボゾームが形成されて開始される．リボゾームには，A 部位，P 部位，E 部位という3つの tRNA が結合する部位が隣接して存在している．開始コドンから始まった翻訳の過程では，リボゾームが mRNA 上を 5′ から 3′ に向けて移動しながら，コドンに対応するアンチコドンをもったアミノアシル tRNA が会合し，ペプチド結合によってアミノ酸が次々結合することでペプチド鎖が伸長していく．まず A 部位でアミノアシル tRNA が対応する mRNA のコドンに結合するが，隣接した P 部位にはすでに生成されているペプチド鎖の C 末端のアミノ酸と結合した tRNA（ペプチジル tRNA）が存在していることから，A 部位のアミノアシル tRNA のアミノ酸がこの C 末端のアミノ酸に結合することでペプチド鎖が伸長する．引き続き，リボゾームが1

表 3.4 mRNA の 3 塩基とアミノ酸の対応（コドン表）

2 番目の塩基

1番目の塩基（5′側）	U	C	A	C	3番目の塩基（3′側）
U	UUU フェニルアラニン(Phe)	UCU セリン(Ser)	UAU チロシン(Tyr)	UGU システイン(Cys)	U
	UUC	UCC	UAC	UGC	C
	UUA ロイシン(Leu)	UCA	UAA 終止	UGA 終止	A
	UUG	UCG	UAG	UGG トリプトファン(Trp)	G
C	CUU ロイシン(Leu)	CCU プロリン(Pro)	CAU ヒスチジン(His)	CGU アルギニン(Arg)	U
	CUC	CCC	CAC	CGC	C
	CUA	CCA	CAA グルタミン(Gln)	CGA	A
	CUG	CCG	CAG	CGG	G
A	AUU イソロイシン(Ile)	ACU トレオニン(Thr)	AAU アスパラギン(Asn)	AGU セリン(Ser)	U
	AUC	ACC	AAC	AGC	C
	AUA	ACA	AAA リジン(Lys)	AGA アルギニン(Arg)	A
	AUG メチオニン(開始)(Met)	ACG	AAG	AGG	G
G	GUU バリン(Val)	GCU アラニン(Ala)	GAU アスパラギン酸(Asp)	GUU グリシン(Gly)	U
	GUC	GCC	GAC	GUC	C
	GUA	GCA	GAA グルタミン酸(Glu)	GUA	A
	GUG	GCG	GAG	GUG	G

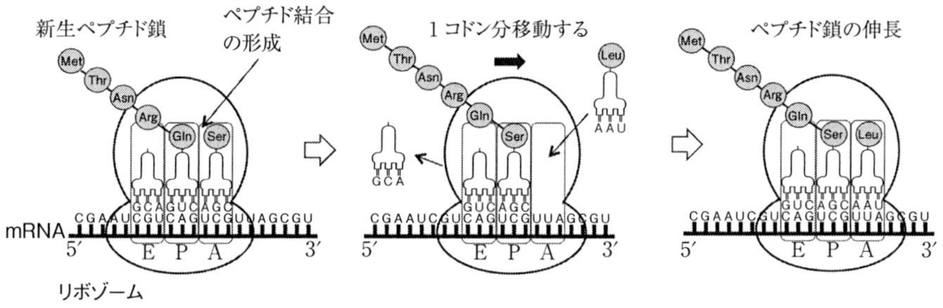

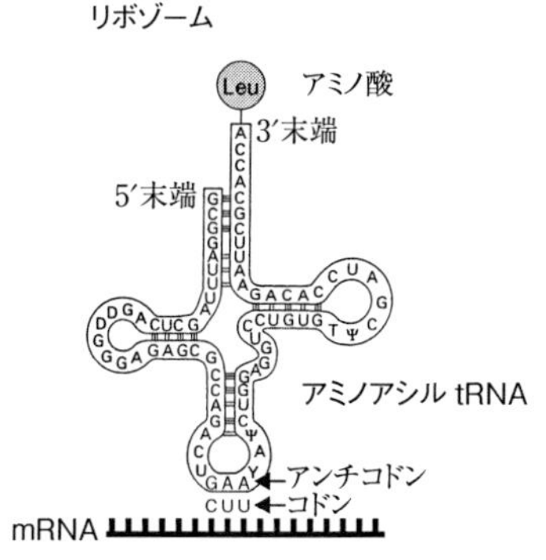

図 3.13 リボゾームにおける翻訳

リボゾームは mRNA 上を 5′ から 3′ 方向へ移動しながら，次々にコドンに対応するアンチコドンをもったアミノアシル tRNA を A 部位に取り込み，P 部位にあるペプチド鎖の C 末端にペプチド結合によりアミノ酸を結合させる．その後，アミノ酸と解離した P 部位の tRNA は E 部位に移り，リボゾームから離れる．この過程を繰り返すことで，ペプチド鎖が伸長し，タンパク質が形成される．

コドン分ずれ，P部位にあったペプチジル tRNA はE部位に移り，tRNA はペプチド鎖と解離し，A部位で新たに形成されたペプチジル tRNA はP部位に移り，A部位では新たに対応するアンチコドンをもつアミノアシル tRNA が mRNA に結合する．以上のような過程を繰り返すことで，ペプチド鎖が伸長し，最後にリボゾームが mRNA 上の終止コドンに出会うと，対応するアミノアシル tRNA が存在しないためA部位には終結因子が結合して，リボゾームが大小二つのサブユニットに解離することで翻訳は終了する．

このようにして生成されたポリペプチド鎖は，その後いくつかの過程を経て機能的なタンパク質となる．まずポリペプチド鎖は，そのアミノ酸配列に応じた特定の立体構造をとることが必要である．このような立体構造の形成はフォールディングと呼ばれ，分子シャペロンと呼ばれる介在タンパク質が必要とされる場合もあり，また近接したシステイン残基の間でジスルフィド結合が形成されることが必要な場合もある．一方ペプチド鎖には，プロテアーゼによりその一部が除去されることで機能的な分子となるものもある．例えば細胞外に分泌される分泌型タンパク質では，細胞膜の通過に際してN末端のシグナル配列という疎水性のアミノ酸からなる配列が除去されることが必要であり，ペプチドホルモンなどでは，生成されたペプチド鎖の一部分だけが切り出されて低分子のペプチドとして機能する．

3.4.3 遺伝子発現の調節

遺伝子が正常に機能するためには，必要なときに必要な場所で発現することが重要であり，それらが厳密に制御されていない限り，正常な個体の発生や生理機能の維持は不可能である．遺伝子発現の調節は主に遺伝子が転写される段階で行われるが，それ以外にも，mRNA の安定性，翻訳の効率など様々な段階で調節されている．

遺伝子の周辺にはプロモーター（promoter），エンハンサー（enhancer）などの，その遺伝子の発現を調節する配列が存在している（図 3.12 参照）．プロモーターは転写開始に必要な配列であり，ここに RNA ポリメラーゼが複合体を形成して結合することで，mRNA の転写が開始される．プロモーターには，一般的に TATA ボックスという配列が転写開始部位のすぐ上流に存在して転写開始部位を決めているほか，GC ボックスなどの転写の促進に関与しているいくつかの配列も存在している．このプロモーターからの転写量を調節しているのがエンハンサーであり，プロモーターが遺伝子の 5′ 側に隣接しているのに対し，エンハンサーは遺伝子の上流だけでなく，下流や遺伝子からかなり離れた場所に存在することもある．エンハンサーに種々の転写活性化因子が結合することで遺伝子発現が促進されるが，エンハンサーによる転写の調節は，遺伝子発現の時間的，空間的制御にとって重要である．すなわち，特定の発生段階や生理的状態に応じて活性化因子がエンハンサーに結合することで，必要なときにだけ特定の遺伝子の発現を促進することが可能となる.

一方,真核生物における遺伝子発現の抑制には,遺伝子周辺のクロマチン構造の変化が伴うことが多い.例えば,クロマチンを構成している主要なタンパク質であるヒストンの特定のアミノ酸残基が脱アセチル化されたりメチル化されたりすると,クロマチン構造が変化して,転写活性因子などがDNAに結合することが妨げられ,遺伝子発現が抑制されることになる.また,DNA分子中のシトシン塩基がメチル化されるDNAメチル化によってもクロマチンの構造は変化し,遺伝子の発現は抑制される.なお,DNAのメチル化やヒストンの修飾の状態は,DNA複製と細胞分裂に際して新生鎖のクロマチンおよび娘細胞にも伝わり,同様の遺伝子発現の制御が維持される.したがって,塩基配列の情報によらずに遺伝子の機能が次世代の細胞に伝わることから,このようなクロマチン構造の修飾による遺伝子発現の調節はエピジェネティック(epigenetic)な制御といわれ,細胞の分化に伴う遺伝子発現のパターンの変化などでは重要な役割を果たしている.

転写後の遺伝子発現の調節には,スプライシングにおける調節,翻訳における調節などが知られているが,特に注目されているのは短鎖RNAの1つであるmiRNAによる遺伝子発現の調節である.すなわち,ある遺伝子の一部に相同的な配列をもつ二本鎖RNAが当該遺伝子のmRNAに結合することで,そのmRNAの分解や翻訳の抑制を行うRNA干渉(RNAi)という現象が知られている.このようなmiRNAによる遺伝子機能の抑制は,哺乳類の発生過程における遺伝子発現の制御などに関与していることが明らかにされている.また,実験的に標的とする特定の遺伝子と相同の配列をもつRNAを細胞内に導入することで,その遺伝子の発現を人為的に抑制する方法としても用いられている. [**国枝哲夫**]

文 献

Brown, T. A. 著,村松正實・木南 凌監訳:ゲノム 第3版.メディカル・サイエンス・インターナショナル(2007).

D. L. ハートル・E. W. ジョーンズ共著,布山喜章・石和貞男監訳:エッセンシャル遺伝学.培風館(2005).

Stamatoyannopoulos, G., Majerus, P. W., Perlmutter, R. M. and Varmus, H.(eds.):The Molecular Basis of Blood Disease, 3rd Edition. Saunders(2000).

R. H. タマリン著,木村資生監訳:タマリン遺伝学上・下.培風館(1988).

東條英昭・佐々木義之・国枝哲夫編:応用動物遺伝学.朝倉書店(2007).

Watson, J. D., Baker, T. A., Bell, S. P., Gann, A., Levine, M. and Losick, R. 著,中村桂子監訳:ワトソン遺伝子の分子生物学.東京電機大学出版局(2010).

4 質的形質とその遺伝

質的形質とは，例えば角の有無やヒトのABO式血液型のように表現型で明確に区分できる，不連続的な分布を示す形質をいう（第2章参照）．質的形質には，角の有無のような形態的特徴や毛色のように品種などの特徴を表すものや，血液型やDNA多型のように親子判定や個体識別の手段として利用されてきたものがあり，単一あるいは少数の遺伝子に支配され，個体のもつ遺伝的背景や環境条件による影響を受けにくいという特徴がある．したがって，メンデルの法則に代表される特定の形質の遺伝様式は主に質的形質を用いて明らかにされており，遺伝の理解や研究における重要性は現在も全く変わらない．本章では，そのような質的形質の様々な遺伝様式について述べた後，代表的な例を示す．

● 4.1 メンデルの法則とその拡張 ○

4.1.1 メンデルの法則

1866年にメンデルは，エンドウの交雑実験から遺伝の基本法則である優劣の法則，独立の法則および分離の法則を発見した．これらを総称してメンデルの法則という．メンデルの法則の基本的な原理は，①形質の遺伝は遺伝子によって決定される，②遺伝子はペアで存在する，③遺伝子のペアは配偶子形成時に分かれてどちらか1つが次世代の各個体に伝えられる，ということである．

ここではウシの形質を例にして説明する．ウシには黒色の個体と褐色の個体がいるが，この被毛色は黒毛和種や褐毛和種といった品種の特徴に関わる重要な質的形質である．例えば，毛色に関して純系（ある形質について同じ表現型をもつもの同士を交配して得られた子どもがすべて同じ表現型を示す場合，これらを純系であるという）の黒毛和種（遺伝子型 *BB*）と褐毛和種（*bb*）を交雑すると，その雑種第1代（first filial generation，F_1）の遺伝子型は *Bb* となり，表現型は黒になる．このように F_1 に現れる形質（黒）を優性（dominant），現れない形質（褐色）を劣性（recessive）といい，この遺伝様式は優劣の法則（low of dominance）として説明される．なお，遺伝子型の *B* や *b* などは black の B に由来し，一般に遺伝子記号はイタリック体で，優性形質の対立遺伝子を大文字，劣性形質の対立遺伝子を小文字で表記する．また，*BB* 型や *bb* 型をホモ（同型）接合体（homozygote），*Bb* 型をヘテロ（異型）接合体（heterozygote）という．優劣関係のある形質の場合，例えば *BB* 型と *Bb* 型の個体はどちらも優性形質を表すため，ホモ型とヘテロ型を表現型で区別できないという特徴がある．

F_1同士を交配した雑種第２代（F_2）は，F_1で現れなかった劣性形質が再び出現し，優性形質と劣性形質が３：１の割合となる．これは分離の法則（law of segregation）として説明され，*Bb*型のF_1では*B*と*b*をもつ配偶子がそれぞれ等しい頻度でつくられ，それらが無作為に組合されるため，F_2の遺伝子型の比率が*BB*：*Bb*：*bb*＝１：２：１に分離することによる．これらの分離比は表4.1のようなパネットスクエア（Punnett square）と呼ばれる表を描くと理解しやすくなる．

表4.1　ウシの毛色に関するパネットスクエア

雄＼雌	*B*	*b*
B	*BB* 黒	*Bb* 黒
b	*Bb* 黒	*bb* 褐色

上記の２法則は１つの質的形質の遺伝に関するものだが，独立の法則（law of independence）は，複数の質的形質が互いに独立に遺伝する様式を示す法則である．ここでは，ウシの被毛色と角性（角の有無）の２種類の質的形質で考える．角性も個体の扱いやすさだけでなく，例えば無角和種といった品種の特徴にも関わる重要な質的形質である．ウシでは無角が有角に対して優性であり，無角を*P*，有角を*p*で表す．この２つの形質について純系の黒で無角の無角和種（*BBPP*）と褐色で有角の日本短角種（*bbpp*）を交雑すると，それぞれが*BP*と*bp*の配偶子を生産するため，F_1の遺伝子型は*BbPp*，表現型は黒・無角となる．次に，F_1の配偶子は，*BP*：*Bp*：*bP*：*bp*＝１：１：１：１で生産され，それらの交配で得られるF_2の被毛色と角性は表4.2のように描かれる．すなわち，F_2では遺伝子型が９種類得られ，表現型は黒・無角：黒・有角：褐・無角：褐・有角＝9：３：３：１の比率で現れることが期待される．このような２種類の遺伝子を交雑することを２遺伝子雑種（両性雑種，dihybrid cross）という．

また，２遺伝子雑種の表現型の分離比は，（３黒＋１褐）×（３無角＋１有角）の式を

表4.2　２遺伝子雑種におけるF_2の遺伝子型と表現型の分離

雄＼雌	*BP*	*Bp*	*bP*	*bp*
BP	*BBPP* 黒・無角	*BBPp* 黒・無角	*BbPP* 黒・無角	*BbPp* 黒・無角
Bp	*BBPp* 黒・無角	*BBpp* 黒・有角	*BbPp* 黒・無角	*Bbpp* 黒・有角
bP	*BbPP* 黒・無角	*BbPp* 黒・無角	*bbPP* 褐・無角	*bbPp* 褐・無角
bp	*BbPp* 黒・無角	*Bbpp* 黒・有角	*bbPp* 褐・無角	*bbpp* 褐・有角

展開することでも導かれるように，各形質が独立に（自由に）遺伝し，それぞれが3：1に分離することによって生じる．したがって，独立の法則は厳密には各形質の遺伝子の間に連鎖（第2章参照）がなく，それぞれが異なる染色体上に位置するときに成り立つ．なお，これまで述べてきた分離比の観察値が理論比と一致するかどうかを調べるには，カイ二乗（χ^2）検定を用いるとよい（詳細は統計学の他書を参照）．

4.1.2 メンデルの法則の拡張

ここまで述べてきたメンデルの法則は，今日でもその根本は厳然として生きている．しかし，現在ではこれらの法則に完全には合致しない例外が知られている．そういった例外についても，メンデルの法則の解釈を拡張することで説明できる．

優劣の法則の例外としては，不完全優性，共優性，超優性などが知られている．不完全優性（incomplete dominance，partial dominance）とは，ヘテロ接合体の表現型が両ホモ接合体の中間的な表現型を示す場合を指す．例えば，キンギョソウという花の色には赤（*II*）と白（*ii*）があるが，これらを交雑すると，F_1は中間型のピンク色（*Ii*）になる．また，F_1を自家受粉してF_2を得ると，表現型の分離比は，赤：ピンク：白=1：2：1となる．また，ニワトリのオルニチントランスカルバミラーゼ（OTC）という酵素には，高い活性を示す*HH*型とほとんど活性のない*NN*型の遺伝子型があるが，ヘテロ接合体*HN*型はそれらの中間程度の酵素活性を示す．不完全優性はOTCのように，表現型が連続的である場合によく観察される．

共優性（codominance）は不完全優性と似ているが，ヘテロ接合体の表現型が両ホモ接合体の表現型をあわせもつ場合を指す．例えば，ウシのショートホーン種の被毛色には赤毛と白毛があるが，これらを交雑すると，F_1の毛色は全身に赤い毛と白い毛が混在する粕毛という毛色になる．この他にも，タンパク質の分子の違いによるタンパク質多型やDNAの塩基配列の違いによるDNA多型の遺伝様式も共優性が一般的である．図4.1に，電気泳動で観察されるニホンウズラの卵白リゾチームのタンパク質多型とDNA多型を示す．卵白リゾチームは電気泳動により特定の位置のバンドとして観察されるが，*FF*型と*SS*型の表現型は異なった位置のバンドとして観察され，ヘテロ接合体の*FS*型は*F*と*S*の両方のバンドが観察される．

超優性（overdominance）はまれな遺伝様式ではあるが，ヘテロ接合体の表現型がどちらの対立遺伝子のホモ接合体の表現型をも超える場合を指す．例えばヒツジの筋肉肥大に関わるキャリピージ（callipyge）という形質は，両ホモ接合体では特に異常を示さないが，ヘテロ接合体のみ筋肉肥大を呈し，超優性を示すことが知られている．

また，後述する伴性遺伝は雌雄の違いにより形質の分離比が異なってくるため，分離の法則には従わない．さらに，メンデルの法則では1つの遺伝子座の対立遺伝子は優性と劣性の2つであったが，ヒトのABO式血液型の場合のA，B，Oのように同

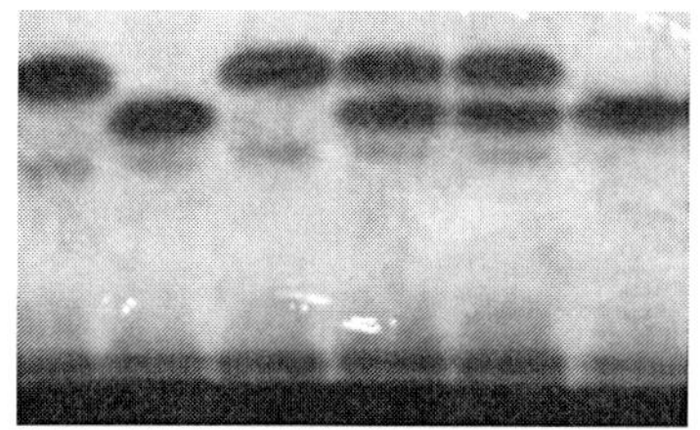

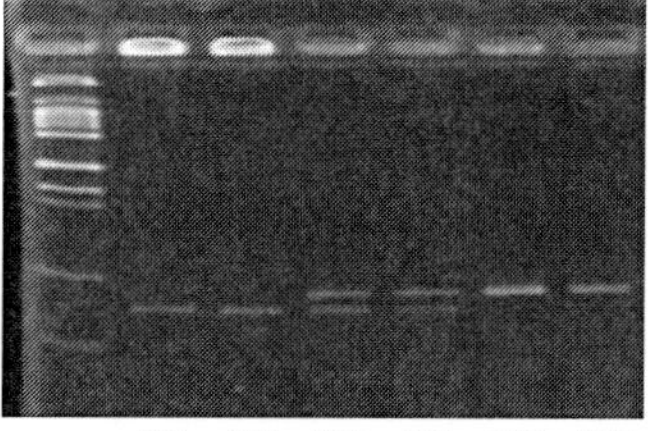

図 4.1　電気泳動法によって得られるニホンウズラの卵白リゾチームのタンパク質多型（左）と DNA 多型（右）
それぞれ下に見えるバンドが *S*，上に見えるバンドが *F* に対応している．

一の遺伝子座に対立遺伝子が 2 つ以上存在する場合も現在では数多く知られており，これを複対立遺伝子（multiple allelomorphs）という．

独立の法則は，厳密には異なる形質を支配している遺伝子座が異なる染色体上にある場合に成り立つ．しかし，2 つの遺伝子座が同一染色体上にある場合は，独立の法則に従わないことがある．このとき，これらの遺伝子座は連鎖しているという．これは同一染色体上では 2 つの対立遺伝子が互いにつながっており，それらがセットで遺伝する傾向があるためであり，その結果，これらの遺伝子座に支配される形質の組合せの分離比は独立の法則とは異なったものとなる（詳細は第 2 章を参照）．

● 4.2　性に関する遺伝 ○

4.2.1　性の決定と性染色体

哺乳類や鳥類は，性染色体の組合せによって遺伝的に性が決まる．性染色体の構成は，哺乳類で雄 XY，雌 XX，鳥類で雄 ZZ，雌 ZW であり，哺乳類と鳥類では組合せが逆である．また，X 染色体と Y 染色体はもともと同じ祖先染色体から進化したと考えられており，両者の間には相同性の高い領域，すなわち偽常染色体領域（pseudo autosomal region，PAR）が存在し，この領域で対合や組換えが行われる．哺乳類では Y 染色体が存在する場合に雄となるが，より正確には Y 染色体上の *SRY* 遺伝子が性決定因子である．これは，XX をもつマウスの初期胚に *SRY* 遺伝子を導入すると雄になったことから確認された．*SRY* の機能は他の遺伝子の転写制御であり，初期胚における *SRY* の発現は性決定のスイッチとなり，未分化の生殖腺を精巣へと分化させる．他方，*SRY* の発現がない場合，生殖腺は卵巣に分化する．

性染色体に含まれる遺伝子数は，大きく異なることが知られている．例えば，ヒトの Y 染色体には *SRY* を含む 50 種類ほどの遺伝子しか存在しないが，X 染色体には個体の生存に必要な遺伝子を含む 1,000 種類ほどが存在している．その結果，X 染色体を2本もつ雌では1本しかもたない雄に比べてこれらの遺伝子が2倍存在することになる．哺乳類のような高等生物では遺伝子間の発現量のバランスが重要であるが，このような多くの遺伝子の数が異なると，遺伝子の発現量の違いとなり個体の発生や生理機能に重大な影響を及ぼす可能性がある．そこで，哺乳類の雌では2本のX染色体のうち，どちらか1本が性染色質（sex chromatin）あるいはバー小体（Barr body）という構造をとることで不活性化され，遺伝子が発現しなくなる．この現象はライオニゼーション（lyonization）と呼ばれ，雌におけるX染色体上の遺伝子の過剰発現を抑制する，遺伝子量補償のための機構だと考えられている．実際，X染色体が不活性化されなかった場合には重篤な発達遅延を引き起こす例が知られている．不活性化には *Xist* RNAというタンパク質の情報をもたないノンコーディングRNAが関与する．なお，鳥類で性染色体の不活性化は確認されていない．

X染色体の不活性化は胚発生の初期に行われ，大半の哺乳類において母方由来と父方由来のX染色体のどちらが不活性化されるかは，各細胞でランダムに決定されるが，一度どちらかが不活性化されると，その細胞に由来する細胞では同じX染色体の不活性化が維持される．したがって，X染色体上の遺伝子型がヘテロ接合体の場合，体の部位ごとに異なった対立遺伝子が発現するモザイク状態になる．この代表例が三毛猫の毛色である．ネコの黒色とオレンジ色の毛色は，X染色体上の対立遺伝子によって支配されている．三毛猫は通常雌にしか見られないが，これはXXのどちらか一方に黒色の対立遺伝子，もう一方にオレンジ色の対立遺伝子が存在する場合に，体の一部ではライオニゼーションによって黒色の対立遺伝子をもつX染色体が不活性化されるためオレンジ色が発現し，他の部分では逆に黒色が発現するためである．性染色体構成がXYでX染色体を1本しかもたない雄では，黒かオレンジの対立遺伝子のどちらかしかもつことができないため，基本的には三毛猫が得られない．なお，白色の遺伝子は常染色体上にあり，雌雄による発現の差はない．ごくまれに雄でも三毛猫が見られることがあるが，これは性染色体の構成がXXY型（クラインフェルター症候群，第2章参照）となった場合であり，雄であってもX染色体を2本もっているために不活性化が起こった結果である．しかし，第2章で述べたように，染色体異常により雄の三毛猫は不妊になる．

4.2.2 間　　性

間性（intersex）は，本来の遺伝的に決められた性が対立する性の方向に歪められた性分化異常で，クラインフェルター症候群のような性染色体の異数性によるもの，性決定遺伝子である *SRY* 遺伝子の異常によるもの，アンドロゲン不応症のように性ホルモン受容体の異常によるものなど，いくつかの原因が知られている．

家畜ではフリーマーチン（freemartin）が最もよく見られる間性である．ウシの異性双子（多胎児）には，フリーマーチンと呼ばれる間性の不妊雌牛が約 90％の高頻度で現れ，雌性生殖器は正常に見えるものや雌雄両性の内部生殖器をもつ場合もあり，その程度は様々である．他方，雄牛の生殖器は形態的には正常であるが繁殖能力に劣る場合がある．フリーマーチンはウシにおいて高頻度で発生するが，ヒツジなど他の家畜種でも低頻度で発生する．ホルモンが原因で起こるとされ，具体的には，母胎内における雌雄双子間の尿漿膜の融合と互いの血管の吻合（血管吻合）により，雌胎仔が雄の性ホルモン様物質の影響を受け，生殖腺の発育抑制と雄化が起きるためと考えられている．この物質は，可溶性 H-Y 抗原（soluble H-Y antigen）として発見された，精巣から分泌され雄型の生殖器の分化を促すミュラー管抑制物質あるいは抗ミュラー管ホルモンである．さらに，尿漿膜の融合と血管吻合のため互いの造血細胞が交換され，異性双子は XX の細胞と XY の細胞の両方をもつ XX/XY キメラが生涯維持される．この現象はフリーマーチン個体の診断に利用されている．

4.2.3　伴性遺伝

伴性遺伝（sex-linked inheritance）とは性染色体上の遺伝子に支配される形質の遺伝様式をいうが，一般には X 染色体や Z 染色体上の遺伝子によって支配されるものを指す．これは，Y 染色体には性決定以外の遺伝子はほとんど含まれないのに対し，X 染色体や Z 染色体は性決定には関係しないが，生存上重要であったり形質に関わる遺伝子が多数含まれているためである．例えば，ニワトリの横班と呼ばれる優性羽装形質は Z 染色体上の対立遺伝子 B に支配される．横斑プリマスロックの雌（Z^BW）と黒色ミノルカの雄（Z^bZ^b）を交雑すると，F_1 の雄は Z^BZ^b で横班，雌は Z^bW で全身黒色となる．このように F_1 の雌雄の羽装は両親のそれと反対になるが，その遺伝形式を十文字遺伝（criss-cross inheritance）と呼び，伴性遺伝の特徴とされる．このニワトリの横斑羽装は，ヒナの雌雄識別にも活用されている．

また，伴性遺伝における劣性形質は雌雄での発現頻度が異なる点が特徴である．なぜなら，X あるいは Z 染色体上に劣性形質に関する遺伝子が存在する場合，XY，ZW 個体では必ず発現するが，XX，ZZ 個体ではホモ接合体にならないと発現しないためである．例えば，ヒトの赤緑色覚異常は X 染色体上の遺伝子が原因であるが，発症率は北欧系人種の男性では約 8％なのに対し，女性では約 0.5％である．

4.2.4　限性遺伝

限性遺伝（sex-limited inheritance）は，いずれか一方の性に限定して出現する形質の遺伝様式である．哺乳類では Y 染色体，鳥類では W 染色体が一方の性のみに存在するため，これらの染色体上に存在する遺伝子は限性遺伝する．簡単な例として，哺乳類では XY 個体が雄，鳥類では ZW 個体が雌となるのも限性遺伝の一種である．

限性遺伝は性染色体に関する遺伝なので，伴性遺伝に含められることがある．

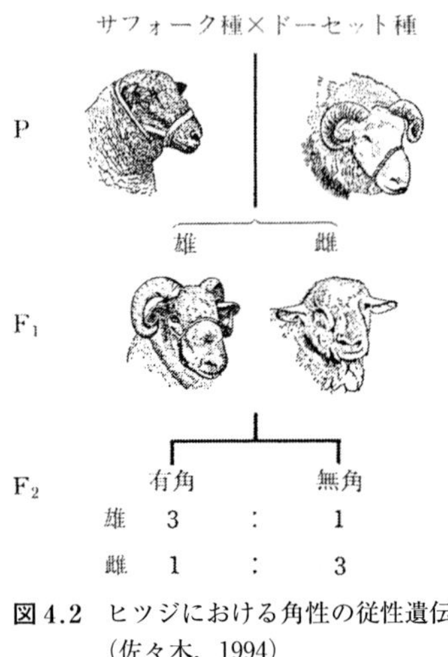

図4.2 ヒツジにおける角性の従性遺伝（佐々木，1994）

4.2.5 従性遺伝

従性遺伝（sex-influenced inheritance）は，同一の遺伝子型であるにもかかわらず雌雄で表現型が異なり，雌雄二型（sexual dimorphism）を示す遺伝様式である．これは，形質を支配する遺伝子は常染色体上にあるが，形質の優劣関係が雌雄で異なる場合に見られる．代表的な例はヒツジの角性である（図4.2）．ヒツジは，品種により雌雄ともに無角のもの，雌雄ともに有角のもの，雄が有角で雌が無角のものに分けられる．このうち，サフォーク種は雌雄ともに無角であり，ドーセット種は雌雄ともに有角である．これらを品種間交雑した F_1 は雄が有角，雌が無角となり，F_2 では雄が有角：無角＝3：1に分離するが，雌では1：3と比率が逆転する．この現象は，角性を支配する遺伝子は常染色体上にあるが，雌雄で優劣関係が逆転し，ヘテロ接合体が雄で有角，雌で無角となるために生じる．その他，従性遺伝はヒトの若はげやヤギの毛髯（もうぜん）でも見られる．雌雄で表現型に差が生じる原因は，性による体質やホルモンなどの生理活性の相違によるものと考えられている．

4.2.6 母性遺伝

母性遺伝（母系遺伝，maternal inheritance）とは，母親由来の遺伝子が卵細胞質を通じて子どもに移行することで，母から子に形質が伝わる遺伝様式である．例えば，動物細胞に含まれる細胞内小器官のミトコンドリアDNA上に存在する遺伝子は母性遺伝を示す（第2章参照）．ヒトではミトコンドリア遺伝子の変異に起因する遺伝病が母性遺伝の例として知られている．また，母親の核内の遺伝子によって産出された物質が卵細胞中に貯留し，子どもの形質として発現する場合も母性遺伝となる（遅滞遺伝）．

● 4.3 外部形態の遺伝 ○

4.3.1 外部形態

動物の外部形態については様々なものが質的形質として知られており，これらを選抜利用した品種や系統が存在する．一部では原因遺伝子や変異が同定されており，それらの情報はOnline Mendelian Inheritance in Animals（OMIA）というウェブサイトで公開されている．

例えば，動物の矮性（dwarf）は小型の体型のまま成熟する形質であり，四肢の短小が顕著である場合が多い．各種の動物で遺伝性の矮性が報告されているが，特にイヌなどの伴侶動物では品種の特性として固定されているものも多い．ニワトリでは矮性が伴性の遺伝子 *dw* によって支配されているが，原因は成長ホルモン受容体（GHR）の欠損である．イヌでは原因変異としてインスリン様成長因子Ｉ（IGF1）の変異が報告されている．ウシでもデキスター種など矮性を示す品種が知られている．

他方，筋肥大症は筋肉のみが増大化する形質であり，これも各種動物で報告されている．ウシではダブルマッスル（豚尻，図4.3）という劣性形質が多くの品種で報告されており，ミオスタチンという筋肉発達の抑制に関わる遺伝子の変異により筋肉の過形成が引き起こされることが原因である．ミオスタチン遺伝子の変異は，ヒツジ，イヌ，ウマ，ヒトでも筋の発達に関わる形質として報告されている．その他，ヒツジでは前述のキャリピージと呼ばれる筋肥大症も存在し，遺伝形式は超優性を示す．この原因変異はミオスタチン遺伝子とは異なるDNA領域に存在する．

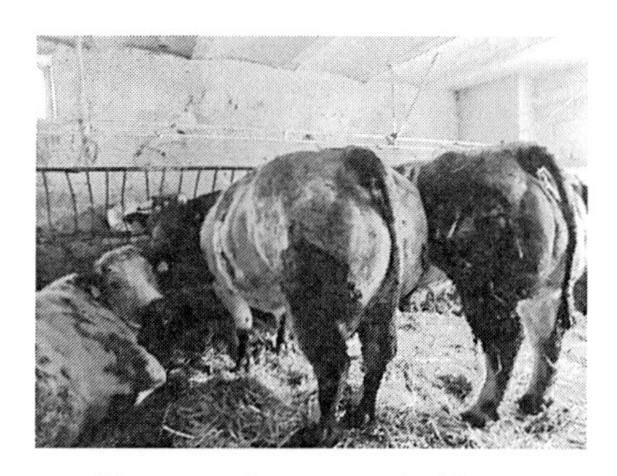

図 4.3　ダブルマッスルを示すウシ

ニワトリの肉冠（鶏冠）には，クルミ冠，バラ冠，エンドウ冠，単冠（野生型）の4種類の代表的な冠型がある（図4.4）．単冠が野生型で，エンドウ冠とバラ冠の2遺伝子座の対立遺伝子の組合せにより，エンドウ冠，バラ冠あるいはクルミ冠が発現する．エンドウ冠とバラ冠がそれぞれ単冠に対して優性であり，エンドウ冠とバラ冠の両方の対立遺伝子をもった個体は，両遺伝子座の相互作用でクルミ冠になる．このように，異なる遺伝子座が互いの作用を補足して表現型を決定する遺伝子を補足遺伝子（complementary gene）という．なお，エンドウ冠とバラ冠の原因は，どちらも肉冠形成時の転写因子（エンドウ冠で *SOX5* 遺伝子，バラ冠で *MNR2* 遺伝子）の異所性発現であるとの報告がある．

図 4.4　ニワトリの冠型（増井・柏原，1970）

4.3.2　毛色と羽色

毛色や羽色は，色素細胞（melanocyte）で合成されるメラニンの量と種類に依存する．メラニンには，黒色～黒褐色のユーメラニン（eumelanin）と赤褐色～黄色のフェオメラニン（pheomelanin）の2種類があり，黒毛はユーメラニン，赤毛はフェオメラニンの含量が高い．両色素はどちらもチロシンから図4.5に示す経路で合成される．毛色についても原因遺伝子変異の同定が進んでおり，前述のOMIA上で確認することができる．

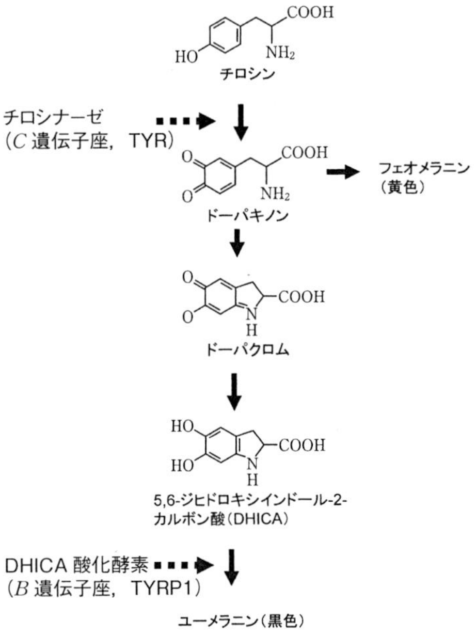

図4.5　チロシンからメラニン色素の合成経路
（東條ほか，2007を改変）

哺乳類のメラニン合成に関与する遺伝子座としては，主にアグーチ（*A*），黒（*B*），着色（*C*）と拡張（*E*）の4遺伝子座が古くから知られている．このうち，*C*遺伝子座の産物はチロシナーゼ（TYR）であり，劣性ホモの*cc*型は全身白色のアルビノ（albino）になる．この原因は*cc*型でTYR活性が失われてメラニン色素が産生できなくなるためであり，実際にウシ・ネコ・ニワトリなど様々な動物で*TYR*遺伝子内の変異がアルビノの原因であることが報告されている．なお，TYR活性が高いとユーメラニン合成を導き，低いとフェオメラニンの合成を導く．

*B*遺伝子座の産物は，ユーメラニンの産生に関わる酵素の機能をもつチロシナーゼ関連タンパク質1（TYRP1）である．*B*遺伝子座では対立遺伝子*B*による黒色の形質が対立遺伝子*b*による褐色の形質に対して優性であり，*bb*型の個体はこの酵素が欠損することでユーメラニンが合成されず褐色となる．ウシ・ヒツジ・ヤギなどで，*TYRP1*遺伝子の変異と毛色との関係が報告されている．なお，*B*遺伝子座の形質は*C*遺伝子座が*cc*型となり白色となったときには表現型に現れない．これは図4.5を見てもわかるように，メラニン合成の一連の反応系の最初にあるTYRが欠損した場合，その後のTYRP1の作用は現れないためである．このような現象をエピスタシス（上位性効果，epistasis）という．

E 遺伝子座の産物はメラニン細胞刺激ホルモン受容体（melanocyte stimulating hormone receptor，MSHR もしくは MC1R）であり，メラニン細胞内の TYR 活性の調節に関わる．すなわち，野生型である E 遺伝子由来の MSHR は機能的な受容体となり，メラニン細胞刺激ホルモン（αMSH）と結合することで色素細胞を刺激することができる．その結果，TYR 活性が高くなり，黒色のユーメラニンを産生させる．他方，e 遺伝子由来の MSHR は受容体機能を失った結果，TYR の低活性から黄色のフェオメラニンを産生させる．

A 遺伝子座は 1 本の毛の中のユーメラニンの量と分布を支配しており，野生型の A 遺伝子をもつと，黒色遺伝子 E をもっていても，毛の先端と毛根部分だけが黒くその他の部分は褐色の野生色になる．他方，劣性ホモの aa 型は毛全体に色素が一様に分布し，黒色などの単一色になる．多くの動物の野生型は，$A_E_$型（_にはどの対立遺伝子が入ってもよい）でくすんだ褐色となる．A 遺伝子座の産物はアグーチタンパク質（agouti signaling protein，ASIP）と呼ばれる MSHR のアンタゴニスト，つまり受容体と結合して機能を抑制するタンパク質であり，ユーメラニンの量を制限できる機能をもつ．

以下では，それぞれの家畜種の毛色・羽色について述べる．

a. ウ　シ

ウシの黒色は，E 遺伝子座の影響である．ウシでは E 遺伝子座に 3 種類の対立遺伝子（E^D，E^+，e）があり，E^D 対立遺伝子から翻訳される MSHR はミスセンス変異により MSH の結合なしでも常に活性化された状態となり，この遺伝子をもつ個体（$E^D\_$）は A 遺伝子座の影響を受けずに濃い黒色になる．E^+ 遺伝子の産物が通常の MSHR であり，毛色は黒褐色となる上，さらに A 遺伝子座の影響で変化する．e 遺伝子の産物は不活性型の MSHR となり，ホモ型の個体（ee）は赤褐色になる．*Dilution*（D）遺伝子はウシの毛色を希釈する効果をもつが，この原因はプレメラノソームタンパク質（PMEL）遺伝子の変異である．ショートホーン種の粕毛は赤毛と白毛の共優性であることは前述したが，この原因は色素細胞の移動・増殖に関わる KIT ligand（KITLG）のミスセンス変異である．

b. ブ　タ

ブタの白色，黒斑や白色帯状斑などの斑紋の原因には，色素細胞の移動・増殖に関係する *KIT* 遺伝子（I 遺伝子座）の 3 つの変異が関わっている．大ヨークシャー種やランドレース種の白色（I），ハンプシャー種の白色帯状斑（I^{Be}），黒斑（I^P）は単色（i）に対して優性であり，その原因は *KIT* 遺伝子およびその周辺に生じたいくつかの DNA の重複であるとされている．

c. ニワトリ

白色レグホン種に特徴的な優性白色（I）は，E 遺伝子座や B 遺伝子座の発現を抑制するエピスタシス効果をもつ．*II* 型では羽色が白になり，*ii* 型では有色の羽色が発現する．ヘテロ型（*Ii*）では白色の中に黒や茶色の刺毛が見られる場合があり，不完全優性の一例である．*I* 座位は *PMEL17* という色素細胞の発達に関わる遺伝子で，その遺伝子内の9塩基の挿入が原因と考えられている．白色プリマスロック種などで見られる劣性白色（*c*）は *C_* 型で羽色が発現するが，*cc* 型では発現が抑制され，白色になる．この原因は *TYR* 遺伝子のイントロンへの内在性レトロウイルス配列の挿入である．

E 遺伝子座の産物は他の動物と同様に MSHR であるが，ニワトリでは6種類の複対立遺伝子が存在し，黒色や赤笹といった様々な羽色や羽装の発現に関わる．横斑プリマスロック種などで見られる横班模様は優性の *B* 遺伝子に支配され，伴性遺伝する．この *B* 遺伝子は，Z染色体上にあるがん抑制遺伝子として知られる *CDKN2B* 遺伝子の変異が原因である．伴性遺伝する羽装には白笹もあるが，それには銀色遺伝子（*S*）が関与し，Z染色体上の *SLC45A2* 遺伝子の変異である．

● 4.4　免疫学的形質の遺伝 ○

4.4.1　血　液　型

ランドシュタイナー（Landsteiner, K.）は，異なるヒトの血液を混ぜると血液の凝集が起こる場合と起こらない場合があり，それによって4種類の血液型（blood group）に分類できることを発見した．これがきっかけとなって，ヒトだけでなく様々な家畜種でも血液型が明らかとなった．

一般的に，血液型とはヒトの ABO 式血液型に代表されるように，赤血球膜の表面に存在する抗原の型の違いによって区別される赤血球抗原型を指す．それらは特定の抗血清（ガンマグロブリンを含む血清）との間で凝集や溶血反応を示すことで検出され，通常複対立遺伝子をもち，共優性遺伝をする．なお血液型には，血清抗原型（血清アロタイプ），白血球抗原型，血液中のタンパク質・酵素型を含める場合もある．表4.3に，各家畜の赤血球抗原型に基づく血液型システムとその赤血球抗原数，および対立遺伝子数についてまとめた．システムとは遺伝学的には遺伝子座のことであり，例えばウシでは赤血球抗原型で11システムが存在し，93種類の抗原（血液型因子，blood factor）が分類されている．表からわかるとおり，ウシのB・C，ウマのD，ブタのEの各システムには，多数の抗原が関与した多数の複対立遺伝子が存在する．その理由は，これらのシステムが単一の遺伝子座ではなく，抗原を決定する複数の遺伝子座が密接に連鎖した形で構成されているからだと考えられている．さらに，これらのシステムでは複数の抗原がまとまって対立遺伝子のように遺伝する場合があり，このような抗原のグループをフェノグループ（phenogroup）と呼ぶ．

表 4.3　各種動物における血液型因子数と対立遺伝子数

ウ　シ			ウ　マ			ブ　タ			ニワトリ	
システム	赤血球抗原数	遺伝子数	システム	赤血球抗原数	遺伝子数	システム	赤血球抗原数	遺伝子数	システム	遺伝子数
A	5	10	A	7	12	A	2	2	A	> 10
B	48	> 300	C	1	2	B	2	2	B	> 30
C	15	> 50	D	14	25	C	1	2	C	> 7
F	6	5	K	1	2	D	2	2	D	> 5
J	1	4	P	4	8	E	18	17	E	> 10
L	1	2	Q	3	5	F	4	4	H	3
M	3	3	U	1	2	G	2	2	I	5
S	10	15				H	5	7	J	2
Z	1	2				I	2	2	K	3
R′	2	2				J	2	2	L	2
T′	1	2				K	7	7	P	> 7
						L	13	6	R	2
						M	13	19		
						N	3	3		
						O	2	2		

血液型の多くは複対立遺伝子をもち共優性の遺伝様式を示すので，遺伝標識としての利用価値が高く，わが国では1960年代からウシやウマなど大家畜の血統登録において個体識別や親子判定の目的で実用されてきた．またウシの双子は血液キメラになるため，血液型は双子個体の一卵性・二卵性の卵性判定やフリーマーチンの判定にも応用されてきた．しかしDNA解析技術の進展により，ウシの個体識別・親子判定はDNA多型による方法に置換され，わが国の血液型による検査は2009年で終了した．

4.4.2　組織適合性

他者からの皮膚や臓器などの組織の移植は通常拒絶され，組織片が生着しないことはよく知られている．他方，同一個体内や一卵性双生児間の移植，あるいは近交系マウスの同系移植では移植組織が容易に生着することも知られている．つまり，移植組織の生着の可否には遺伝的な因子が強く関わっている．これを組織適合抗原といい，最も強く拒絶に関わるものとして主要組織適合性遺伝子複合体（major histocompatibility complex，MHC）が発見された．MHCは魚類から哺乳類まで脊椎動物で広く認められる細胞表面に存在する細胞膜貫通型の糖タンパク質で，クラスⅠとクラスⅡという機能の異なる2種類の分子からなる．哺乳類ではクラスⅠ分子は赤血球以外のすべての細胞で発現して組織適合性などに関与し，クラスⅡ分子はマクロファージなどの免疫系の食細胞で発現して細菌や寄生虫などに対する免疫応答に関与する．ヒトのMHCはHLA（human leukocyte antigen），ウシではBoLA（bovine leukocyte antigen)，ブタではSLA（swine leukocyte antigen）と呼ばれる．

MHCは，ウシでは23番染色体，マウスでは17番染色体といった1つの染色体上に座乗する多数の遺伝子群からの産物であり，ヒトでは数万種類の型があるといわれるように，顕著な多型性を示す点が特徴である．これらが2個体間で不適合な場合に拒絶反応を引き起こす．またMHCの型は，例えばニワトリのマレック病やウシの白血病のような感染症に対する抵抗性や感受性に関係することが報告されており，抵抗性を有する系統の作出にも利用されている．ただし，MHCの型は経済形質に影響する場合があることも知られているので，その点にも配慮することが必要である．

● 4.5 遺伝性疾患 ○

家畜では生産性向上のために選抜や人為的な交配が積極的に行われてきた．その結果，生産性は向上したが，従来隠れていた遺伝性疾患が顕在化し，生産上多大な損失

表4.4　家畜および伴侶動物で原因遺伝子まで解明された遺伝性疾患

動物種	疾患名	主な症状	原因遺伝子
ウシ ホルスタイン種	白血球粘着不全症(BLAD)	重度免疫不全，粘膜潰瘍，肺炎，腸炎などの持続性の細菌感染症	*CD18*
	複合脊椎形成不全症(CVM)	椎骨の欠損，融合などの重度の脊椎形成異常，多くは胎生致死	*SLC35A3*
ウシ 黒毛和種	尿細管形成不全症(CL16)	腎臓の低形成による重度の腎不全，慢性の下痢，成長不良	*CL16*
	チェディアック・ヒガシ症候群(CHS)	毛色の淡色化，眼底の色素欠乏，軽度の血液凝固不全	*LYST*
	第XIII因子欠乏症(F13)	顕著な出血傾向，生後の臍帯動脈からの持続的出血	*F13*
ウマ	致死性白斑症候群(LWS)	腸閉塞を起こし，巨大結腸症により死亡．毛色は全身白色	*EDNRB*
	周期性四肢麻痺症(HYPP)	ストレスをきっかけとした筋麻痺，痙攣などの発作	*SCN4A*
ブタ	ブタストレス症候群(PSS)	ストレスによる発作性の筋硬直，フケ肉の原因	*RYR1*
イヌ	フォンウィルブランド病(vWF)	比較的軽度の出血傾向，手術時などの止血不良	*vWF*
	コリー眼異常(CEA)	眼底における血管，脈絡膜の異常，重度の視力低下	*NHEJ1*
ネコ	多発性囊胞腎(PKD)	腎臓の囊胞形成，加齢に伴う腎不全	*PKD1*
	肥大型心筋症(HCM)	心不全に起因する呼吸困難，肺水腫，血栓形成による後肢の麻痺	*MYBPC3*

を与えた例も出てきている．このような遺伝性疾患（遺伝病）を集団中から排除，あるいはモニタリングすることは生産性向上のために必要である．

遺伝性疾患とは遺伝子の突然変異により発症する疾患で，原因遺伝子と遺伝様式から単一遺伝子病，多因子性遺伝病，ミトコンドリア遺伝病，体細胞遺伝病に分類される．家畜では主に常染色体劣性の遺伝様式を示す単一遺伝子病について原因遺伝子と変異が特定されており，それらの情報は前述のOMIAに記載されている．

家畜の主な遺伝性疾患と原因遺伝子を表4.4にまとめた．疾患の原因遺伝子の変異には，塩基置換（ナンセンス変異・ミスセンス変異），欠失あるいは挿入，反復配列の増幅，フレームシフト変異，スプライシングの異常など様々な原因がある．原因変異が特定された単一遺伝子病については，遺伝子型検査により正常遺伝子と変異遺伝子をヘテロ型で維持する個体（キャリア）を特定し，その情報を種畜選抜や交配に活用することで，疾患発生の予防だけでなく，集団中の変異遺伝子の遺伝子頻度も効率的に減少させることができる．現在，わが国では表に示した遺伝性疾患で遺伝子型検査が実用化されている．特に肉用牛では，種雄牛で遺伝子型が検査され，変異遺伝子の保有状況の公表や選抜への利用が実施されており，生産性の向上に貢献している．

● 4.6 質的形質に関わる遺伝子の決定 ○

本章の最初でも述べたが，質的形質は1つあるいは少数の遺伝子によって支配される．そのため，質的形質はその原因となる遺伝子の同定が比較的容易であり，様々な家畜種で毛色，血液型，単一遺伝子病などの多数の原因遺伝子が同定されている．例えばOMIAにおいては，イヌで218種類，ウシで133種類，ブタで31種類，ニワトリで44種類の質的形質に関する原因遺伝子の情報が公開されている（2017年2月現在）．

形質を支配する未知の原因遺伝子を同定する方法には，ファンクショナルクローニング（functional cloning）法とポジショナルクローニング（positional cloning）法の2種類がある．ファンクショナルクローニング法は，簡単にいえば，原因遺伝子に関する手がかりが得られた場合に利用される方法である．具体的には，当該形質の生理学的あるいは生化学的な機能解析から形質に関連する可能性のある機能の変化を明らかにした後，その機能に関わる遺伝子の中から原因遺伝子や変異を同定する，あるいはヒトやマウスなどの先行研究の遺伝子情報を利用して，目的形質の原因遺伝子を同定する手法である．例えば，ウシのシトルリン血症では症状として血液中のシトルリン濃度の上昇とアルギニン濃度の減少が見られるため，尿素サイクルの酵素であるアルギニノコハク酸合成酵素（*ASS*）遺伝子が原因として想定され，研究の結果，*ASS*遺伝子のナンセンス変異が原因であることが明らかになった．また，ウシのダブルマッスル（4.3節参照）の原因遺伝子であるミオスタチン遺伝子は，先行研究のノックアウトマウスの研究結果をきっかけに同定された.

ポシショナルクローニング法は，ファンクショナルクローニング法で原因遺伝子の同定が困難な場合に，遺伝子の染色体上の位置から同定する手法である．具体的には，特定の形質をもつ個体ともたない個体が存在する家系を用い，染色体上の位置情報が明らかな多数のDNAマーカーを使って，形質とマーカーとの連鎖関係を明らかにすることで原因遺伝子の染色体上の位置を正確に決定し，原因遺伝子や変異を特定する手法である．また，特定の家系に限定することなく，広く集団中で特定の形質をもつ個体ともたない個体をランダムにサンプリングし，DNAマーカーの遺伝子型との関連を調べることで原因遺伝子の染色体上の位置を特定する関連解析（association study）という方法も用いられている．DNAマーカーには，以前はマイクロサテライトがよく利用されていたが，最近では一度の解析で数千〜数十万か所の一塩基多型（SNP）の遺伝子型を決定できるSNPチップが利用されている（第3章参照）．さらに，様々な家畜種のゲノム情報の整備や膨大な塩基配列を一度で読み取ることができる次世代シークエンサー（NGS）などの解析技術も利用され，効率的な原因遺伝子の特定に貢献している.

［下桐　猛］

文　献

動物遺伝育種学事典編集委員会編：動物遺伝育種学事典．朝倉書店（2001）.
広岡博之編：ウシの科学．朝倉書店（2013）.
KEGG Pathway Database：http://www.genome.jp/kegg/pathway.html
増井　清・柏原孝夫：動物遺伝学 改訂第2版．金原出版（1970）.
水間　豊・猪　貴義・岡田育穂編：新家畜育種学．朝倉書店（1996）.
Online Mendelian Inheritance in Animals（OMIA）：http://omia.angis.org.au/home/
佐々木義之：動物の遺伝と育種．朝倉書店（1994）.
正田陽一監修：世界家畜品種事典．東洋書林（2006）.
東條英昭・佐々木義之・国枝哲夫編：応用動物遺伝学．朝倉書店（2007）.

5 集団の遺伝的構成とその変化

集団遺伝学（population genetics）における集団（population）とは，有性生殖によって個体間に遺伝子の流動が起こる個体群を指す．自然集団の場合には，通常，集団とは種（species）あるいは種内の個体群を意味する．一方，育種集団の場合には，用途，原産地，外貌上の特徴などにより分類された品種（breed），さらに特定の目的をもって隔離された系統，選抜実験群などが集団として扱われる．

集団を構成する個体間の遺伝子の伝達には，メンデルの遺伝法則が当てはまる．しかし，集団全体としての遺伝的構成および世代から世代へのその変化をとらえるには集団遺伝学の知識が必要である．本章では集団遺伝学の基本的な概念を説明する．

● 5.1　遺伝子型頻度と遺伝子頻度 ○

ある遺伝子座に関して集団の遺伝的構成を表すものとして，遺伝子型頻度（genotypic frequency）および遺伝子頻度（gene frequency）がある．遺伝子型頻度は各遺伝子型に属する個体数の全個体数に対する割合と定義され，遺伝子頻度はある遺伝子座について各対立遺伝子数の全遺伝子数に対する割合と定義される．各個体の遺伝子型は繁殖の際に減数分裂の段階で分かれ，次世代では配偶子の組合せによる新しい遺伝子型が形成される．つまり，遺伝子型はその世代限りのものであるが，遺伝子は世代から世代へと受け継がれる．このことから，集団の遺伝的構成を表すには遺伝子型頻度より遺伝子頻度の方が好ましいことが多い．

常染色体上にある遺伝子座Aを取り上げ，そこに2つの対立遺伝子 A_1 と A_2 が存在するものとしよう．ここで二倍体の動物を考えた場合，A_1A_1，A_1A_2 および A_2A_2 の3種類の遺伝子型が存在することになる．また，1つの遺伝子座には2個の遺伝子が存在しているので，N 個体からなる集団には $2N$ 個の遺伝子がある．遺伝子頻度および遺伝子型頻度を，表5.1のように表記する．遺伝子頻度および遺伝子型頻度には $p+q=1$，$P+H+Q=1$ の関係が成り立つ．

遺伝子型 A_1A_1，A_1A_2 および A_2A_2 の集団中での個体数を N_{11}，N_{12} および N_{22} としよう．すると，全個体数は $N=N_{11}+N_{12}+N_{22}$ となる．A_1 遺伝子は遺伝子型 A_1A_1 の個体には2個，遺伝子型 A_1A_2 の個体には1個あるので，集団中の A_1 遺伝子の総数は $2N_{11}+N_{12}$ である．また，集団中の A_1 と A_2 遺伝子の総数は $2N$ であるから，A_1 遺伝子の頻度 p は

表 5.1　遺伝子頻度および遺伝子型頻度の表記例

	遺伝子		遺伝子型		
	A_1	A_2	A_1A_1	A_1A_2	A_2A_2
頻度	p	q	P	H	Q

表 5.2　アイスランドのエスキモーの MN 式血液型についての調査結果

MM 型	MN 型	NN 型	総数
233	385	129	747

$$p=\frac{2N_{11}+N_{12}}{2N}=\frac{N_{11}}{N}+\frac{N_{12}}{2N}$$

であり，同様に A_2 遺伝子の頻度 q は

$$q=\frac{2N_{22}+N_{12}}{2N}=\frac{N_{22}}{N}+\frac{N_{12}}{2N}$$

である．したがって，遺伝子頻度と遺伝子型頻度の間には

$$\begin{aligned} p&=P+\frac{1}{2}H \\ q&=Q+\frac{1}{2}H \end{aligned} \tag{5.1}$$

の関係が成り立つ．一般に，ある遺伝子の頻度は，その遺伝子のホモ接合体の頻度とヘテロ接合体の頻度の半分の和として遺伝子型頻度と関係づけられる．この関係は，対立遺伝子が3つ以上の場合でも遺伝子頻度と遺伝子型頻度の間に常に成り立つ．

具体的な例を見てみよう．表5.2は，アイスランドに住むエスキモーのMN式血液型についての調査結果である．MN式血液型の場合，表現型と遺伝子型は一致するので，例えば表現型がMM型である人の遺伝子型はMMである．MMの遺伝子型頻度 P_{MM} はMM型の全調査人数に対する割合として以下のように求められる．

$$P_{MM}=\frac{233}{747}=0.312$$

同様にMNおよびNNの遺伝子型頻度（P_{MN} および P_{NN}）は，$P_{MN}=0.515$ および $P_{NN}=0.173$ である．

次にMおよびN遺伝子の頻度（p_M および p_N）は，式（5.1）より

$$p_M=P_{MM}+\frac{1}{2}P_{MN}=0.312+\frac{0.515}{2}=0.570$$

$$p_N=P_{NN}+\frac{1}{2}P_{MN}=0.173+\frac{0.515}{2}=0.430$$

として得られる．

● 5.2　ハーディー・ワインベルグの法則とその応用 ○

5.2.1　ハーディー・ワインベルグの法則

1908年にイギリスの数学者ハーディ（Hardy, G. F.）とドイツの医者ワインベルグ

(Weinberg, W.) がそれぞれ独立に発見した，集団の遺伝的な構成に関する基本的な法則は，後にハーディー・ワインベルグの法則（Hardy-Weinberg law）と呼ばれるようになった．ハーディー・ワインベルグの法則は，「任意交配（無作為交配，random mating）が行われている十分に大きな集団で，移住，突然変異，選択（選抜）がなければ，遺伝子頻度および遺伝子型頻度は世代を超えて常に一定であり，遺伝子型頻度は遺伝子頻度により決まる」と要約される．この法則は，以下のように世代を追って遺伝子型頻度および遺伝子頻度を導くことで証明できる．

＜ステップ1＞　親世代の遺伝子頻度および遺伝子型頻度を表5.1のように表すとする．この世代において A_1 遺伝子をもつ配偶子と A_2 遺伝子をもつ配偶子がつくられる．A_1A_1 個体は A_1 配偶子のみを，A_1A_2 個体は A_1 配偶子と A_2 配偶子を等しく生産するので，生産された配偶子の集合（配偶子プール）の中での A_1 配偶子の頻度は $P+(1/2)H$ となり，これは式（5.1）で示されるように親世代の A_1 遺伝子の頻度 p に等しい．同様に，A_2 配偶子の配偶子プールの中での頻度も，$Q+(1/2)H$ となり親世代の遺伝子頻度 q と等しい．

＜ステップ2＞　任意交配ではこれらの配偶子がランダムに結合され，子世代が形成される（図5.1）．図5.1の結果を整理すると，子世代の遺伝子型頻度は

$$A_1A_1 : p^2,\ A_1A_2 : 2pq,\ A_2A_2 : q^2$$

となる．

＜ステップ3＞　上記の遺伝子型頻度から，子世代の A_1 および A_2 遺伝子の頻度（それぞれ，p' および q'）は式（5.1）より以下のように求められる．

$$p' = p^2 + \frac{1}{2} \times 2pq = p(p+q) = p$$

$$q' = q^2 + \frac{1}{2} \times 2pq = q(q+p) = q$$

したがって，子世代の遺伝子頻度は親世代の遺伝子頻度に等しく，遺伝子頻度が世代を超えて一定に保たれることがわかる．

また，上記の結果は，ある世代内で A_1 および A_2 遺伝子の頻度が p および q なら，その世代の遺伝子型頻度が，

$$A_1A_1 : p^2,\ A_1A_2 : 2pq,\ A_2A_2 : q^2$$

であることを示している．遺伝子頻度が世代を超えて一定に保たれるので，遺伝子型頻度も世代を超えて上記の頻度で一定に保たれることがわかる．

この法則のもとで遺伝子頻度と遺伝子型頻度が一定値に保たれている集団を，ハーディー・ワインベルグ平衡（Hardy-Weinberg equilibrium）に達しているという．注目すべき性質として，集団がハーディー・ワインベルグ平衡に達していなくても，雌雄同体の生物あるいは雌雄異体の生物でも雌雄で遺伝子頻度に差がなければ，わず

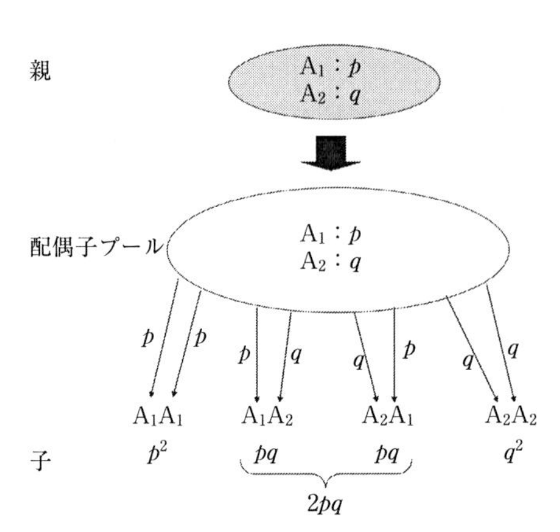

図 5.1　配偶子プールからの子世代の形成

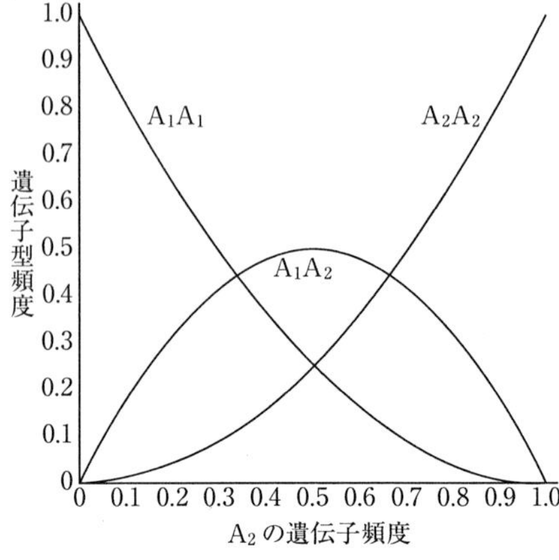

図 5.2　ハーディー・ワインベルグ平衡に達した集団における2つの対立遺伝子の遺伝子頻度と遺伝子型頻度の関係

か1世代の任意交配で集団がハーディー・ワインベルグ平衡に達する点が挙げられる．もし遺伝子頻度が雌雄で異なる場合には，1世代の任意交配によって次世代で雌雄の遺伝子頻度が等しくなり，さらにもう1世代の任意交配で集団はハーディー・ワインベルグ平衡に達する．このように短期間で達成される平衡は，自然界のほとんどの平衡状態が長い年月をかけて徐々に達成されるのとは対照的である．

ハーディー・ワインベルグ平衡に達した集団における遺伝子頻度と遺伝子型頻度の関係を図5.2に示した．この図から，ハーディー・ワインベルグ平衡に達した集団について2つのことが指摘できる．

①2つの対立遺伝子がある集団では，ヘテロ接合体の頻度は0.5を超えない．ヘテロ接合体の頻度が0.5となるのは，2つの対立遺伝子の頻度が等しいときである．

②頻度が低い遺伝子は，そのほとんどがヘテロ接合体に含まれる．このことは，後述するように頻度が低い遺伝子が劣性遺伝子のときに重要になる．

5.2.2　集団がハーディー・ワインベルグ平衡に達しているかどうかの検定

ある遺伝子座において各遺伝子型の観察度数が得られれば，集団がその遺伝子座に関してハーディー・ワインベルグ平衡に達しているとみなせるのか検定することができる．いま，N個体からなる集団において遺伝子型 A_1A_1，A_1A_2 および A_2A_2 個体の観察度数が，それぞれ N_{11}，N_{12} および N_{22} であったとしよう．これらの観察度数を用いて遺伝子型頻度を求め，さらに式 (5.1) を用いて A_1 および A_2 遺伝子の頻度 (p および q) が得られる．この集団がハーディー・ワインベルグ平衡に達していると仮定すると，A_1A_1，A_1A_2 および A_2A_2 個体の期待度数はそれぞれ Np^2，$2Npq$ および Nq^2 となる．

ここで，観察度数の期待度数に対する適合度を検定する．検定の帰無仮説と対立仮説は，

・帰無仮説：「観察度数はハーディー・ワインベルグ平衡のもとでの期待度数に適合している」

・対立仮説：「観察度数はハーディー・ワインベルグ平衡のもとでの期待度数に適合していない」

である．検定には χ^2 検定を利用する．まず，χ^2 値を

$$\chi^2=\frac{(N_{11}-Np^2)^2}{Np^2}+\frac{(N_{12}-2Npq)^2}{2Npq}+\frac{(N_{22}-Nq^2)^2}{Nq^2} \tag{5.2}$$

により求める．得られた χ^2 値が帰無仮説のもとでは自由度 1（=3（遺伝子型数）−2）の χ^2 分布に従うことを利用する．このとき，通常の χ^2 検定とは異なり，自由度が遺伝子型数（クラス数）−1 とならない理由は，遺伝子頻度の計算においてすでに観察度数を使っており，独立ではないからである．ここで算出された χ^2 値と，自由度 1 の χ^2 分布上に設けた有意水準 α の棄却限界値 $\chi^2(1:\alpha)$ を比較して，$\chi^2<\chi^2(1:\alpha)$ なら帰無仮説は棄却されず，$\chi^2>\chi^2(1:\alpha)$ なら帰無仮説を棄却して対立仮説を採択する．

具体的に表 5.2 に示したアイスランドのエスキモーの集団における MN 式血液型の遺伝子座について検定してみよう．集団の MN 式血液型の遺伝子頻度は $p_M=0.570$，$p_N=0.430$ であった．これを用いて式（5.2）より χ^2 値が以下のように算出される．

$$\chi^2=\frac{(233-747\times0.57^2)^2}{747\times0.57^2}+\frac{(385-2\times747\times0.57\times0.43)^2}{2\times747\times0.57\times0.43}+\frac{(129-747\times0.43^2)^2}{747\times0.43^2}$$
$$=1.9572$$

有意水準を 5% としたときは $\chi^2(1:0.05)=3.84$ であり，この例では帰無仮説は棄却されない．すなわち，有意水準 5% で，この集団の遺伝子型頻度はハーディー・ワインベルグ平衡のもとで期待される遺伝子型頻度と矛盾しない．

5.2.3 ハーディー・ワインベルグの法則の応用

a. 劣性遺伝子の遺伝子頻度

式（5.1）を用いて遺伝子頻度を求めるには，すべての遺伝子型が表現型から識別でき，各遺伝子型の頻度が数えられることが前提である．一方，劣性遺伝子に支配されている形質では，優性ホモ接合体とヘテロ接合体が区別できない．しかし，集団がハーディー・ワインベルグ平衡に達しているものと仮定すると，遺伝子頻度が推定で

きる．劣性遺伝子の頻度を q とすると，ハーディー・ワインベルグ平衡のもとでの劣性ホモ接合体の頻度は q^2 である．したがって，劣性ホモ接合体の遺伝子型頻度を Q とすると

$$q=\sqrt{Q}$$

となり，劣性遺伝子の頻度を推定できる．例えば，ウシの集団において生まれた子牛の 0.16% が劣性遺伝子による矮小個体であったとすると，矮小の遺伝子頻度は $\sqrt{0.0016}=0.04$ と推定される．

b. 劣性遺伝子のキャリアの頻度の推定

劣性遺伝子に関して，ヘテロ接合体の個体は優性遺伝子のホモ接合体と区別がつかない．劣性遺伝子をヘテロ接合体として保有している個体をキャリア（carrier）あるいは保因者という．このような劣性遺伝子が有害形質を支配しているような場合，キャリアの頻度を知りたいことがある．集団がハーディー・ワインベルグ平衡に達していると仮定して，劣性遺伝子の頻度を q とすると，キャリアの頻度は $2q(1-q)$ として推定できる．表現型が正常である個体に占めるキャリアの割合が知りたい場合には，その頻度は以下の式で求めることができる．

$$\frac{2q(1-q)}{(1-q)^2+2q(1-q)}=\frac{2q}{1+q}$$

前述のウシ矮小遺伝子の例では，表現型が正常である個体に占めるキャリアの割合は $2\times0.04/(1+0.04)=0.0769$ と推察される．矮性になる個体はわずか 0.16% であったが，キャリアは 7.7% も占める．このことは，すでに図 5.2 において指摘した事実，すなわち頻度が低い劣性遺伝子はほとんどがヘテロ接合体（キャリア）として集団中に潜在することを反映している．

c. 複対立遺伝子

2つの対立遺伝子 A_1 と A_2 の頻度が，それぞれ p および q であるとき，形式的に

$$(pA_1+qA_2)^2=p^2A_1A_1+2pqA_1A_2+q^2A_2A_2$$

と書けば，右辺の各遺伝子型の係数がハーディー・ワインベルグ平衡のもとでの遺伝子型頻度を与える．この関係式は，対立遺伝子が3つ以上の場合，すなわち複対立遺伝子の場合にも成り立つ．

次の例を考えてみよう．ミンクにおける3つの毛色，すなわちナチュラルダーク，スティールブルーおよびプラチナは，1つの遺伝子座上の3つの対立遺伝子 A_1，A_2，A_3 によって決定される．ナチュラルダークの遺伝子 A_1 はスティールブルーの遺伝子 A_2 およびプラチナの遺伝子 A_3 に対して優性であり，A_2 遺伝子は A_3 遺伝子に対して優性である．したがって，3つの毛色の遺伝子型は表 5.3 の遺伝子型の欄に示すようになる．ここで A_1，A_2 および A_3 の頻度が，それぞれ p，q および r であるハーディー・ワインベルグ平衡に達した集団を考えよう．対立遺伝子が2つの場合と同

表 5.3　ミンク 1,000 個体の毛色（表現型）の遺伝子型，ハーディー・ワインベルグ平衡のもとでの遺伝子型頻度および観察個体数

毛色（表現型）	遺伝子型	遺伝子型頻度	観察個体数
ナチュラルダーク	A_1A_1, A_1A_2, A_1A_3	$p^2+2pq+2pr$	910
スティールブルー	A_2A_2, A_2A_3	q^2+2qr	80
プラチナ	A_3A_3	r^2	10
			計 1,000

様に考えれば，

$$(pA_1+qA_2+rA_3)^2=p^2A_1A_1+2pqA_1A_2+2prA_1A_3 \\ +q^2A_2A_2+2qrA_2A_3 \\ +r^2A_3A_3$$

と書けるので，ハーディー・ワインベルグ平衡のもとでの 3 つの毛色の頻度は，遺伝子頻度を用いて表 5.3 の遺伝子型頻度の欄に示すように表される．いま，1,000 個体のミンクについて調べたところ，毛色別の個体数が表 5.3 の観察個体数の欄に示す結果であった．この集団における 3 つの遺伝子の頻度 p, q, r を求めてみよう．

まず，他の 2 つの遺伝子に対していずれも劣性である A_3 遺伝子によって決まるプラチナに注目すれば，

$$r=\sqrt{10/1000}=0.1$$

が得られる．つぎにスティールブルーの頻度に注目し，$r=0.1$ を代入すれば，

$$q^2+0.2q=80/1000=0.08$$

すなわち，$(q-0.2)(q+0.4)=0$ であるから，

$$q=0.2$$

を得る．最後に，$p+q+r=1$ より，

$$p=1-0.2-0.1=0.7$$

が得られる．

この例で，A_2 遺伝子の頻度 q を求めるにはもう少し簡単な方法がある．いま，スティールブルーとプラチナの頻度の合計を考えると

$$q^2+2qr+r^2=(q+r)^2=(80+10)/1000=0.09$$

であるから，$q+r=\sqrt{0.09}=0.3$ より $q=0.3-r=0.2$ が得られる．

d. 伴性遺伝子

ここでは哺乳類のように性染色体が雌で XX，雄で XY の場合を考えよう．なお，鳥類などのように雌が ZW，雄が ZZ の場合も性を入れ替えれば同じ結果が得られる．ある世代における X 染色体の遺伝子座上の対立遺伝子 A_1 の雄での頻度を p_m，および雌での頻度を p_f とすれば，次世代の A_1 遺伝子の雄での頻度 p'_m および雌での頻度 p'_f は

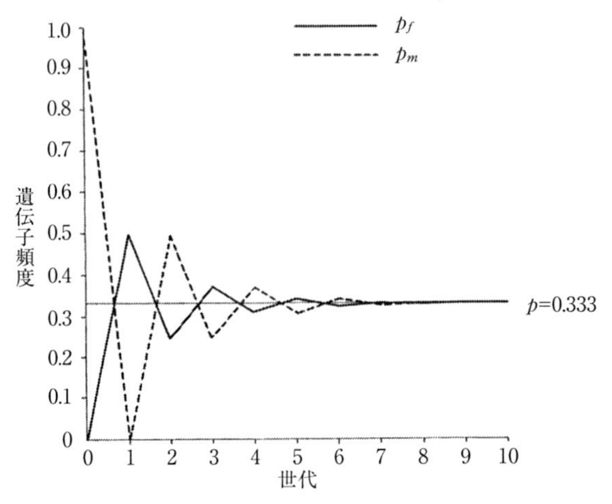

図5.3　伴性遺伝子の頻度が雌雄で差があるときに平衡状態に近づく様子
最初の世代の雌の遺伝子頻度を $p_f=0$，雄の遺伝子頻度を $p_m=1$ とした場合.

$$p'_m=p_f$$

$$p'_f=\frac{1}{2}(p_m+p_f)$$

と表される．なぜなら，伴性遺伝子の場合，雄の子どもへは母親からのみ遺伝子が伝達されるのに対して，雌の子どもを構成する遺伝子は父親と母親から半分ずつ伝達されるからである．

上の式を用いると，雌雄の遺伝子頻度の差は，

$$p'_f-p'_m=-\frac{1}{2}(p_f-p_m) \tag{5.3}$$

となるので，毎世代半減することがわかる．

集団全体での遺伝子頻度 p は

$$p=\frac{1}{3}(p_m+2p_f) \tag{5.4}$$

である．なぜならば，集団全体では当該遺伝子の 1/3 は雄に，残りの 2/3 は雌にあるからである．次の世代の集団全体での遺伝子頻度 p' は

$$p'=\frac{1}{3}(p'_m+2p'_f)=\frac{1}{3}(p_m+2p_f)=p$$

であり，前の世代から変化しない．図 5.3 は最初の世代の遺伝子頻度を雄で $p_m=1$，雌で $p_f=0$ として，10 世代目までの遺伝子頻度の変化を示したものである．式 (5.3) が示すように，雌雄での遺伝子頻度の差は毎世代半減する．また，最初の世代の遺伝子頻度は雄の方が雌よりも高いが，次の世代では雌の方が雄よりも高くなって

表 5.4 アイスランドにおけるネコの毛色の調査結果

	雌				雄		
毛色（表現型）	茶	三毛	黒	計	茶	黒	計
遺伝子型	OO	Oo	oo		O	o	
観察個体数	3	53	117	173	28	149	177

いる．このように雌雄で遺伝子頻度の高低が世代ごとに逆転することは，式（5.3）の右辺にマイナスがついていることを反映している．雌雄の遺伝子頻度は，式（5.4）から得られる集団全体の遺伝子頻度，すなわち $p=0.333$ に急速に近づき，集団全体の遺伝子頻度は数世代で雌雄間の差がなくなり，集団全体でほぼ平衡状態に達する．

ネコの毛色には多くの遺伝子が関与しているが，このうち三毛は X 染色体上の遺伝子座にある 2 つの対立遺伝子 O および o によって発現する．雌においては，3 つの遺伝子型の毛色は

OO：茶，Oo：三毛，oo：黒

であり，一方雄では

O：茶，o：黒

であり，三毛は通常は雌のみに見られる．表 5.4 は，アイスランドにおけるネコの毛色の調査結果を示したものである（Nicholas, 1987）．雌における O および o 遺伝子の頻度を p_f および q_f とすれば，

$$p_f=\frac{2\times3+53}{2\times173}=0.17$$

$$q_f=\frac{2\times117+53}{2\times173}=0.83$$

である．一方，雄における O および o 遺伝子の頻度 p_m および q_m は，

$$p_m=\frac{28}{177}=0.16$$

$$q_m=\frac{149}{177}=0.84$$

となり，雌雄での遺伝子頻度の差はほとんどなく，集団の遺伝子頻度はほぼ平衡状態に達していると考えられる．

X 染色体上のある遺伝子座に 2 つの対立遺伝子 A_1 と A_2 があり，遺伝子頻度が上記の平衡状態に達している集団を考えよう．A_1 および A_2 遺伝子の頻度を p および q とし，この集団はハーディー・ワインベルグ平衡に達しているものとすれば，雌の遺伝子型頻度は，

$$A_1A_1：p^2,\quad A_1A_2：2pq,\quad A_2A_2：q^2$$

として，常染色体上の遺伝子の場合と同様に遺伝子頻度を関連づけられる．一方，雄

の遺伝子型頻度は遺伝子頻度と等しく，

$$A_1 : p,\ A_2 : q$$

である．

ヒトの赤緑色覚異常は劣性の伴性遺伝子によって発現する（第4章参照）．上記において，A_2を赤緑色覚異常の遺伝子とすれば，男性における赤緑色覚異常の発症率はq，女性における赤緑色覚異常の発症率はq^2となる．第4章で示したように，北欧系人種の男性での発症率は約8%，すなわち$q=0.08$である．集団がハーディー・ワインベルグ平衡に達しているものとすると，女性の発症率の期待値は，$q^2=0.0064$すなわち0.6%となる．この発症率は，第4章で示した実際の発症率である約0.5%とよく一致している．

● 5.3 集団の遺伝的構成に見られる定向的変化 ○

前節で述べたように，ハーディー・ワインベルグの法則が成り立つには，任意交配が行われている十分大きな集団で，移住，突然変異，選択（選抜）がないという前提条件が必要である．しかし実際の自然集団や家畜集団において，これらの前提条件をすべて満たすような集団はほとんどない．したがって，これらの前提条件を満たしていない場合，集団の遺伝的構成がどのように変化するのか検討する必要がある．前提条件のうち，移住，突然変異，選択（選抜）が満たされない場合の集団の遺伝的構成には，方向と変化量が予測できる変化が生じる．このような変化を定向的変化という．

5.3.1 移　　住

家畜集団の場合，品種，系統などがそれぞれ1つの集団を構成し，種全体が多数の集団に分けられている．また，自然集団においても，種全体が地理的隔離，距離などによりいくつかの分集団に分かれている場合が多い．このように互いに交配可能でありながら，何らかの理由により分離されている複数の集団がある場合，個体がある集団から別の集団に移動することを移住（migration）という．家畜においては，在来の家畜を改良するためにすでに改良の進んだ集団から優れた種畜を導入することが行われるが，これも移住の一種である．一般に，異なる集団では遺伝子頻度も異なる．そのような場合，移住により遺伝子頻度に変化が生じることは容易に想像できる．

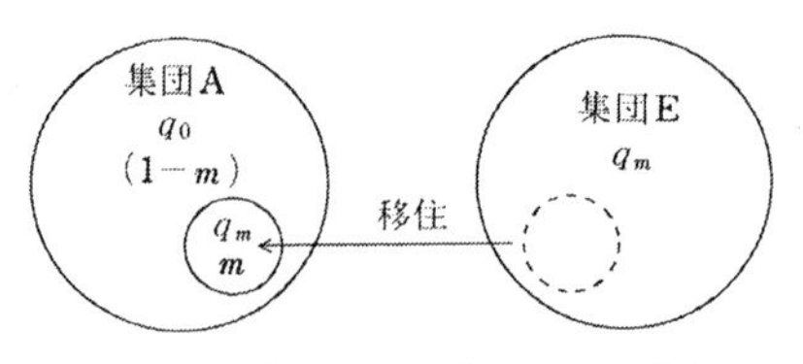

図5.4 集団Eから集団Aへの移住（佐々木，1994）

いま，図5.4に示すように集団Aに毎世代新しい移住者が集団Eから無作為抽出され移住するものとする．集団 A における移住者の割合を m とすると，先住者の割合は $1-m$ となる．この割合 m は，移住率（migration rate）と呼ばれる．移住が起こる前の集団 A における遺伝子頻度を q_0，集団 E における遺伝子頻度を q_m とすると，移住後の集団 A における遺伝子頻度 q_1 は

$$q_1 = mq_m + (1-m)q_0 = m(q_m - q_0) + q_0$$

となる．したがって，1 世代の移住による遺伝子頻度の変化量 Δq は

$$\Delta q = q_1 - q_0 = m(q_m - q_0) \tag{5.5}$$

である．ここで，$q_m - q_0$ は両集団での遺伝子頻度の差である．式（5.5）から，移住による集団 A の遺伝子頻度の変化量は移住者の割合と両集団における遺伝子頻度の差に依存することがわかる．したがって，種畜の導入によって集団の遺伝的構成を変えていこうとする場合，導入される種畜群と在来集団の遺伝子頻度の差が大きいほど導入効果は大きい．

例として，移住が起こる前の集団 A の遺伝子頻度が $q_0=0.3$ で 8,000 個体，移住する集団 E の遺伝子頻度が $q_m=0.6$ で 2,000 個体のとき，移住が起こった後の集団 A における遺伝子頻度 q_1 を考える．移住率は $m=2{,}000/(8{,}000+2{,}000)=0.2$ であるから

$$q_1 = m(q_m - q_0) + q_0 = 0.2 \times (0.6 - 0.3) + 0.3 = 0.36$$

となり，集団 A では移住により遺伝子頻度が 0.06 増加する．次の世代でも同じ移住率で移住が起これば，集団 A の遺伝子頻度 q_2 は

$$q_2 = m(q_m - q_1) + q_1 = 0.2 \times (0.6 - 0.36) + 0.36 = 0.408$$

であり，集団 A における遺伝子頻度の増加量は 0.048 となり，最初の世代の増加量よりも小さくなる．このような移住が継続して起これば，遺伝子頻度の増加量自体はしだいに小さくなりつつ，集団 A の遺伝子頻度は集団 E の遺伝子頻度に徐々に近づいていく．

5.3.2　突 然 変 異

突然変異に関して，ここでは毎世代一定の頻度で突然変異が繰り返し生じる反復突然変異が，集団の遺伝的構成に与える影響について考えてみる．まず，下に示すように，遺伝子 A_1 が世代あたり u の突然変異率で A_2 に突然変異するものとしよう．

$$A_1 \xrightarrow{\quad u \quad} A_2$$

A_1 の最初の遺伝子頻度を p_0 とすると，次世代では A_1 は A_2 に u の割合だけ突然変異するので，up_0 だけ減少することになる．したがって，1 世代後の遺伝子頻度を p_1 とすると，

$$p_1 = p_0 - up_0 = p_0(1-u)$$

となる．この世代でも同じ率で突然変異が起こるとすると，A_1 は再び up_1 だけ減少

表5.5　反復突然変異が遺伝子頻度に及ぼす影響（佐々木，1994）

世代	遺伝子頻度		世代	遺伝子頻度	
	p_B	p_C		p_B	p_C
0	0.8	0.8	1,000	0.7239	0.7999
10	0.7992	0.7999	10,000	0.2942	0.7999
100	0.7920	0.7999	100,000	0.0000	0.7992

するので，2世代後の A_1 の遺伝子頻度 p_2 は

$$p_2=p_1-up_1=p_1(1-u)=p_0(1-u)^2$$

となる．一般に，t 世代後の A_1 の遺伝子頻度 p_t は

$$p_t=p_0(1-u)^t \tag{5.6}$$

となる．

式（5.6）を用いて，突然変異が遺伝子頻度に及ぼす影響を調べた結果を表5.5に示した．ここでは，遺伝子座BおよびCを考え，遺伝子座Bでは初期の遺伝子頻度を $p_B=0.8$，突然変異率を $u=10^{-4}$ とし，C遺伝子座では初期の遺伝子頻度を $p_C=0.8$，突然変異率を $u=10^{-8}$ とした．この結果からわかるように，遺伝子頻度の変化は非常に緩やかである．しかし，ここで仮定したようにある遺伝子から一方向に突然変異が起こる場合には，その遺伝子は最終的には集団から消失してしまう．ただし，突然変異率が低い場合は消失までに非常に長い世代を要する．

次に，反復突然変異が逆方向にも起こる場合について考えてみよう．以下に示すように，遺伝子 A_1 は世代あたり u の突然変異率で A_2 に突然変異し，逆に遺伝子 A_2 は世代あたり v の突然変異率で A_1 に突然変異するものとする．

$$A_1 \underset{v}{\overset{u}{\rightleftarrows}} A_2$$

A_1 と A_2 の世代 t における遺伝子頻度をそれぞれ，p_t と $q_t\,(=1-p_t)$ とすると，次世代 $t+1$ では A_1 は $A_1 \rightarrow A_2$ によって up_t 減少し，逆に $A_2 \rightarrow A_1$ によって vq_t 増加する．したがって，次の世代 $t+1$ における A_1 遺伝子の頻度は

$$p_{t+1}=p_t-up_t+vq_t$$

となり，1世代での A_1 の遺伝子頻度の変化量 Δq は

$$\Delta p=vq_t-up_t$$

である．

両方向に突然変異が起こる場合には，A_1 遺伝子の頻度は最終的にはゼロにはならず，中間的な値で平衡状態に達する．平衡状態での A_1 遺伝子の頻度 p_e は，平衡状態では $\Delta p=0$ であることに注目すれば，$up_e=v(1-p_e)$ より

$$p_e=\frac{v}{u+v}$$

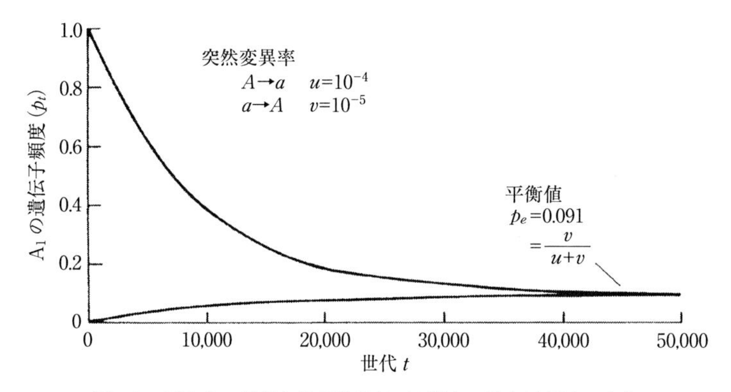

図 5.5　両方向へ反復突然変異が起こる場合の遺伝子頻度の変化

と表せる．A_2 遺伝子の平衡状態での頻度 q_e は

$$q_e=\frac{u}{u+v}$$

である．

図 5.5 は，$p_0=0$ あるいは 1，$u=10^{-4}$ および $v=10^{-5}$ として，p_t が平衡値 p_e へ収束していく様子を示したものである．図から，初期の遺伝子頻度 p_0 がどのような値であっても同じ平衡値に収束することがわかる．このことは，平衡値を与える上記の式が，遺伝子頻度を含まずに突然変異率のみで表されていることからも推察することができる．また，集団が平衡に達するには何万年もかかり，遺伝子頻度の変化に対して突然変異は非常に弱い力であることもわかる．

5.3.3　選　　択

一般に，生存性や繁殖能力は個体によって異なる．したがって，個体あたりの子の数も異なってくる．ある環境下で次世代へ残す個体あたりの子どもの数を適応度 (fitness) といい，適応度を相対的数値で表したものを相対適応度 (relative fitness) という．

もし適応度の差が遺伝子型に基づくなら，その作用を選択 (selection，育種学では望ましい個体を選ぶという意味で選抜) という．選択は遺伝子頻度に影響を与える重要な要因である．例えば，劣性致死遺伝子の場合，ホモ型の個体は死亡するので劣性致死遺伝子の遺伝子頻度は減少する．

相対適応度は最も適応度の高い遺伝子型を 1 とし，選択が働く遺伝子型は $1-s$ のように表す．ここで，s は選択係数 (selection coefficient) と呼ばれる．例えば，A_1A_1 および A_1A_2 の遺伝子型の個体が平均で 10 個体の後代を残し，A_2A_2 の遺伝子

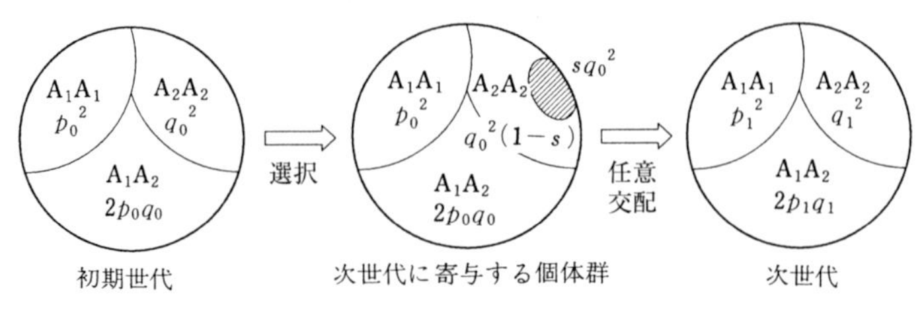

図5.6　選択が集団の遺伝子頻度に及ぼす影響（佐々木，1994を改変）

型の個体が平均で9個体の後代を残すとする．その場合，最も適応度の高い A_1A_1 および A_1A_2 個体の相対適応度は1，A_2A_2 個体の相対適応度は0.9（すなわち $s=0.1$）となる．

ヘテロ接合体の適応度がどのような値を示すかによって，次の3つのケースを考えよう．

① A_1 遺伝子が A_2 遺伝子に対して完全優性（complete dominance）で，選択に対して A_2A_2 が不利な場合

$A_1A_1:1$，$A_1A_2:1$，$A_2A_2:1-s$

②ヘテロ接合体が中間の適応度を示す場合

$A_1A_1:1$，$A_1A_2:1-hs$，$A_2A_2:1-s$

$0<h<0.5$ のとき部分優性（partial dominance）

$h=0.5$ のときは無優性（no dominance）

③ヘテロ接合体が両ホモ接合体よりも高い適応度，すなわち超優性（over dominance）を示す場合

$A_1A_1:1-s_1$，$A_1A_2:1$，$A_2A_2:1-s_2$（s_1，s_2 はそれぞれ A_1A_1，A_2A_2 に対する選択係数）

このように，優性に関して様々な場合を考慮して，選択による遺伝子頻度の変化を与える式を導く必要がある．ここでは①の場合を詳しく考えてみよう．初期における A_1 および A_2 の遺伝子頻度をそれぞれ p_0 および q_0 とすると，任意交配集団では図5.6に示すように A_1A_1，A_1A_2 および A_2A_2 の遺伝子型頻度はそれぞれ，p_0^2，$2p_0q_0$ および q_0^2 となる．これらが適応度の違いによって選択を受ける．いまの場合には，遺伝子型 A_2A_2 に選択が働く．

遺伝子型によって生存力に違いが生じるとすれば，選択後の個体群における A_1A_1，A_1A_2 および A_2A_2 の比 $A_1A_1:A_1A_2:A_2A_2$ は，遺伝子型頻度と相対適応度の積として得られ，

$$p_0^2 : 2p_0q_0 : q_0^2(1-s)$$

となる．この比の総和は1とはならず，選択により A_2A_2 個体が sq_0^2 だけ減少してい

るので，合計は $1-sq_0^2$ となる．合計を1となるようにして遺伝子型頻度で表すと

$$P=\frac{p_0^2}{1-sq_0^2},\ H=\frac{2p_0q_0}{1-sq_0^2},\ Q=\frac{q_0^2(1-s)}{1-sq_0^2}$$

となる．

これらの個体群を親として任意交配によって生産された次世代における A_2 遺伝子の頻度 q_1 は，親世代の A_2 遺伝子頻度に等しい．したがって式（5.1）より

$$q_1=\frac{1}{2}H+Q=\frac{1}{2}\frac{2p_0q_0}{1-sq_0^2}+\frac{q_0^2(1-s)}{1-sq_0^2}=\frac{q_0^2(1-s)+p_0q_0}{1-sq_0^2}=\frac{q_0-sq_0^2}{1-sq_0^2} \tag{5.7}$$

である．また，1世代の選択による遺伝子頻度の変化量 Δq は

$$\Delta q=q_1-q_0=\frac{q_0-sq_0^2}{1-sq_0^2}-q_0=\frac{q_0-sq_0^2-q_0-sq_0^3}{1-sq_0^2}=-\frac{sq_0^2(1-q_0)}{1-sq_0^2}$$

となる．この式で示されるように，選択による遺伝子頻度の変化量は選択係数だけでなく，遺伝子頻度にも依存する．

式（5.7）の育種的利用として，「ショウジョウバエの野生型系統を維持していたら，100匹中1匹の割合で劣性遺伝子による遺伝形質を示す個体が混入していることに気づいた．そこで，毎世代この形質を示す個体を繁殖から除外することにした．このような措置で次世代の遺伝子頻度はどれくらい低下するだろうか？」という問題を考えてみよう．この問題では，劣性遺伝子のホモ接合体（形質を発現している個体）を繁殖に際して完全に除外するので，①の完全優性のモデルにおいて $s=1$，すなわち劣性致死としたことになる．したがって，式（5.7）は

$$q_1=\frac{q_0-q_0^2}{1-q_0^2}=\frac{q_0}{1+q_0} \tag{5.8}$$

である．系統がハーディー・ワインベルグ平衡に達していると仮定すると，原因遺伝子の頻度は $q_0=\sqrt{1/100}=0.1$ である．この値を上の式に代入すると，1世代後の遺伝子頻度が $q_1=0.0909$ として得られる．したがって，遺伝子頻度の変化量は $\Delta q=0.0091$ であり，非常に小さい．その理由は，図5.2で指摘したように，頻度の低い劣性遺伝子の大半はヘテロ接合体に含まれるからである．この問題で採用しようとしている措置では，ヘテロ接合体は系統から除外されないため，原因遺伝子を系統から取り除く効率は極めて悪い．

さらに，「原因となる劣性遺伝子の頻度を上記の措置によって，$q_0=0.1$ から0.01まで低下させるのには何世代を要するか？」という問題を考えてみよう．この問題は，以下のようにして解くことができる．2世代目の遺伝子頻度 q_2 は式（5.8）を使って

$$q_2=\frac{q_1}{1+q_1}=\frac{\dfrac{q_0}{1+q_0}}{1+\dfrac{q_0}{1+q_0}}=\frac{q_0}{1+2q_0}$$

と書ける．さらに，3世代目の遺伝子頻度 q_3 は

$$q_3=\frac{q_2}{1+q_2}=\frac{\dfrac{q_0}{1+2q_0}}{1+\dfrac{q_0}{1+2q_0}}=\frac{q_0}{1+3q_0}$$

と書け，一般に t 世代目の遺伝子頻度 q_t は

$$q_t=\frac{q_0}{1+tq_0}$$

と表せる．この式を t について解けば

$$t=\frac{1}{q_t}-\frac{1}{q_0}$$

を得る．この式に $q_0=0.1$ および $q_t=0.01$ を代入すれば，$t=90$ となり，目標を達成するには90世代を要することがわかる．劣性遺伝子を完全に取り除くには，DNA診断などによってヘテロ接合体を検出する必要があるが，ヘテロ接合体の淘汰は集団中の多数の個体を淘汰することになる．

ここまでは完全優性について考えてきたが，その他の優性の場合についても同様にして，次世代における A_2 遺伝子の頻度 q_1 および変化量 Δq が以下のように導かれる．

・ヘテロ接合体が中間の適応度を示す場合（部分優性，無優性）

$$q_1=\frac{q_0-hsp_0q_0-sq_0^2}{1-2hsp_0q_0-sq_0^2},\quad \Delta q=-\frac{sp_0q_0\{q_0+h(p_0-q_0)\}}{1-2hsp_0q_0-sq_0^2}$$

・超優性の場合

$$q_1=\frac{q_0-s_2q_0^2}{1-s_1p_0^2-s_2q_0^2},\quad \Delta q=\frac{p_0q_0(s_1p_0-s_2q_0)}{1-s_1p_0^2-s_2q_0^2}$$

超優性の場合には，最終的にどちらか一方の対立遺伝子で集団が固定することはなく，遺伝子頻度は中間的な値で平衡値に達する．平衡状態での A_2 遺伝子の頻度を q_e とすると，$\Delta q=0$ より $s_1(1-q_e)=s_2q_e$ であるから，

$$q_e=\frac{s_1}{s_1+s_2} \tag{5.9}$$

が得られる．

ヒトの赤血球貧血症は劣性遺伝子によって発症する遺伝疾患である．この遺伝子をホモ接合でもつ人は高い致死率を示すが，ヘテロ接合でもつ人はマラリアに対して抵抗性をもつことが知られている．したがって，適応度に対して超優性を示し，選択係数は $s_1=0.24$ および $s_2=0.80$ と推定されている（Frankham *et al.*, 2002）．式（5.9）にこれらの値を代入すると，平衡時の赤血球貧血症の原因遺伝子頻度は $q_e=0.24/(0.24+0.80)=0.23$ となり，極めて高い値を示す．このことは，マラリアの感染地域でこの遺伝子が高頻度で存在する事実と一致している．

● 5.4　小集団における遺伝的構成の変化 ○

5.4.1　遺伝的浮動

移住，突然変異，選択がなく任意交配をしている集団でも，個体数が少ない場合には遺伝子頻度に変化が生じる．この変化は，前節で述べたものとは異なり，方向も大きさも予測できない機会的な変動である．このような遺伝子頻度の変化を遺伝的浮動（genetic drift）と呼ぶ．

遺伝的浮動による遺伝子頻度の変化を考えるために，毎世代，N 個体からなる雌雄同体の生物が任意交配を行っている集団を考えよう．この集団では，外部からの個体の移住，突然変異および選択はないものとする．このような集団を，理想的なメンデル集団（idealized Mendelian population）という．

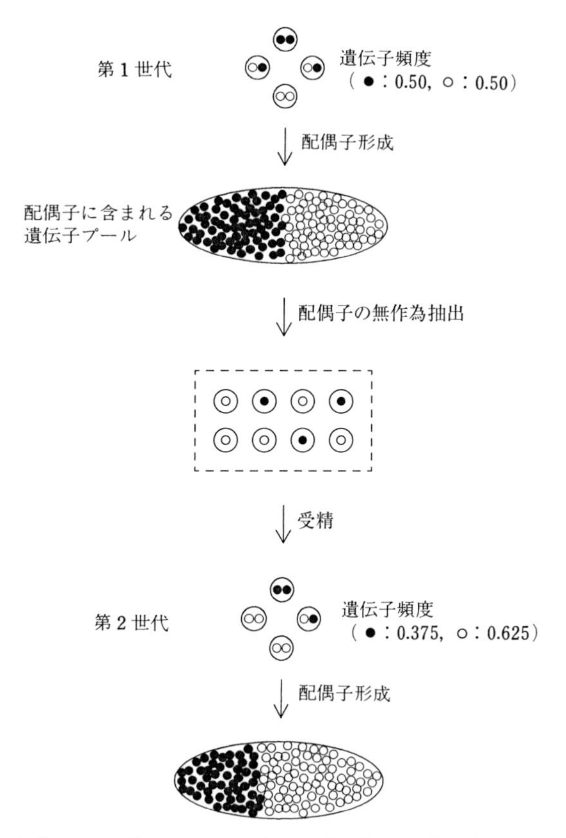

図5.7　4個体からなる集団における遺伝的浮動の説明図（佐々木，1994を改変）

表 5.6　4個体からなる集団における遺伝子頻度の機会的変動

	次世代における A_1 遺伝子の数								
	0	1	2	3	4	5	6	7	8
遺伝子頻度	0	0.125	0.250	0.375	0.500	0.625	0.750	0.875	1.000
起こる確率	0.004	0.031	0.109	0.219	0.273	0.219	0.109	0.031	0.004

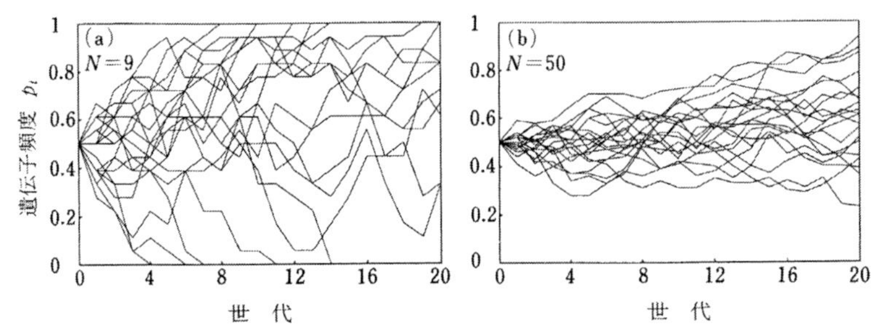

図 5.8　個体数が9あるいは50の集団における遺伝的浮動による遺伝子頻度の変化（Hartl and Clark, 1989）

図5.7は$N=4$の理想的なメンデル集団である．ここでは，対立遺伝子を黒丸●と白丸○で示した．まず，親世代における黒丸および白丸の遺伝子頻度はともに0.50であるとする．これらの個体が配偶子を無数に放出し，配偶子の集合（配偶子プール）を形成するものとする．したがって，配偶子プールの中でも黒丸および白丸遺伝子の頻度はともに0.5である．配偶子プールから無作為抽出された2個の配偶子が接合して，子世代の1個体が生産される．子世代も親世代と同数の4個体からなるとすると，配偶子プールから計8個の配偶子が無作為抽出される．このとき8個の配偶子には，0～8個の黒丸遺伝子が含まれる可能性がある．例えば，図5.7のように3個の黒丸遺伝子が含まれる（すなわち，5個の白丸遺伝子が含まれる）確率は

$$ {}_8C_3\left(\frac{1}{2}\right)^3\left(\frac{1}{2}\right)^{8-3}=56\times\left(\frac{1}{2}\right)^8=0.2188 $$

である．同様にして，他の場合が生じる確率を計算すると，結果は表5.6のようになる．この結果から，子世代では親世代と等しい遺伝子頻度が再現されるとは限らず，遺伝子頻度には親世代の遺伝子頻度0.5を中心にして，不規則な変化（機会的変動）が生じることがわかる．この変化は，配偶子プールから有限個の配偶子を抽出したことによる抽出誤差と考えることができる．これが，遺伝的浮動による遺伝子頻度の変化である．

一般に，親世代の遺伝子頻度をqとし，子世代での遺伝子頻度の変化量をΔqとすると，Δqは正の値も負の値もとりうる．また，Δqの大きさを事前に予測することもできない．しかし，Δq の期待値は 0 であり，統計学における二項分布の性質から，遺伝子頻度の変動の大きさを示す Δq の分散は

$$\sigma^2_{\Delta q} = \frac{q(1-q)}{2N} \tag{5.10}$$

となる．ここで，N は子世代の個体数（$2N$ は子世代を形成するために抽出された配偶子数）である．個体数 N が少ない集団（小集団）では，遺伝的浮動による遺伝子頻度の機会的変動がより顕著に生じることがわかる（図 5.8）．

小集団で育種，選抜実験，遺伝資源の保護などを行うと，遺伝的浮動により望ましい遺伝子の消失や望ましくない遺伝子の固定が起こることがある．

5.4.2　近交度の蓄積

個体数が有限の集団では，ある世代の任意の 2 個の遺伝子が，それ以前の世代の 1 個の遺伝子の複製である可能性が生じる．このような 2 個の遺伝子を，同祖的（identical by descent，IBD）であるという．また，集団から任意に選んだ 2 つの遺伝子が同祖的である確率は，集団の近交係数（inbreeding coefficient，F）と呼ばれる．なお，近交係数は集団だけでなく，第 8 章で述べるように個体についても定義される．

前項で導入した理想的なメンデル集団において，近交係数の世代の経過に伴う変化を考えてみよう．まず，第 0 世代の集団を構成する $2N$ 個の遺伝子は，どの遺伝子の組合せも同祖的でないものとし，$2N$ 個の遺伝子を便宜上異なる遺伝子として扱う．このような集団を基礎集団（base population）という．基礎集団の N 個体は，それぞれ等しく配偶子プールに配偶子を寄与するものとする．したがって，配偶子プールには $2N$ 種類の遺伝子をもつ配偶子が等しい頻度で含まれる．次世代（第 1 世代）の個体は，この配偶子プールから任意に抽出された 2 個の配偶子が接合して生産される．これら 2 個の配偶子のもつ遺伝子が，同祖的である確率は $1/(2N)$ である．したがって，第 1 世代の近交係数は $F_1 = 1/(2N)$ となる．

同様に，第 1 世代がつくる配偶子プールから任意に抽出された 2 個の配偶子がもつ遺伝子が，第 1 世代の個体の 1 個の遺伝子に由来する確率は $1/(2N)$ である．一方，抽出された 2 個の配偶子のもつ遺伝子が第 1 世代の同一遺伝子に由来しない確率は $1-1/(2N)$ であるが，この場合，これら 2 個の遺伝子はさらに以前の世代（いまの場合，第 0 世代）の同一の遺伝子に由来することで同祖的となる可能性がある．その確率は，近交係数の定義より第 1 世代の近交係数 F_1 に等しい．したがって，第 2 世代の近交係数 F_2 は

$$F_2 = \frac{1}{2N} + \left(1 - \frac{1}{2N}\right)F_1$$

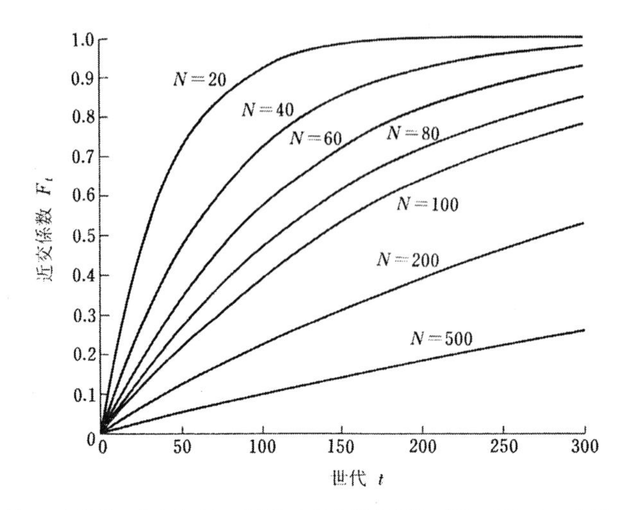

図5.9　種々の個体数の大きさ N の集団における近交係数の増加（Hartl and Clark, 1989）

となる．同様に考えれば，一般に第 t 世代の近交係数 F_t は

$$F_t=\frac{1}{2N}+\left(1-\frac{1}{2N}\right)F_{t-1} \tag{5.11}$$

と書ける．

種々の個体数について近交係数の世代に伴う変化を式（5.11）により計算してみると，図5.9のようになる．個体数の少ない集団ほど，より速やかに近交係数が上昇する様子がわかる．

近交係数の世代あたりの上昇率（rate of inbreeding, ΔF）は

$$\Delta F=\frac{F_t-F_{t-1}}{1-F_{t-1}}$$

と定義される．この式の分母は第 $t-1$ 世代（親世代）において近交係数が最大値1に達するまでの余裕を示し，分子はその余裕が第 t 世代（子世代）で消費される量を示している．式（5.11）を用いれば，ΔF は

$$\Delta F=\frac{1}{2N} \tag{5.12}$$

と書ける．

5.4.3　集団の有効な大きさ

これまでは理想的なメンデル集団を仮定してきたが，現実にはこのような集団はほとんどない．例えば，高等動物は雌雄異体であり，家畜集団では一般に，繁殖に関わ

る雄の数は雌の数よりはるかに少ない．また，特定の個体が多くの子どもを残すことで，次世代に寄与する配偶子の数には個体間で大きな違いが生じることも多い．このような現実の集団の個体数が，理想的なメンデル集団の何個体に相当するのかという換算をした個体数を，集団の有効な大きさ（effective population size，N_e）という．換算の基準としては，近交係数の上昇率や遺伝的浮動の大きさが用いられる．このような換算が有用な理由として，得られた N_e を式（5.10）あるいは（5.12）の N に代入することで，現実の集団における遺伝的浮動の大きさや近交係数の上昇率が推定できることが挙げられる．一般に，集団の遺伝現象には，見かけの個体数ではなく集団の有効な大きさが関与する．

以下，集団の有効な大きさに関する代表的な公式について見てみよう．

a. 集団中の雄と雌の数が異なる場合

多くの家畜集団では，繁殖に関与する雄の数は雌の数よりもはるかに少ない．雄の数を N_m，雌の数を N_f とすると，雌雄の数が異なる集団の有効な大きさは

$$N_e=\frac{4N_mN_f}{N_m+N_f} \tag{5.13}$$

で与えられる．

次のような3つの集団を考えてみよう．

・集団 A：$N_m=20$，$N_f=1,000$

・集団 B：$N_m=20$，$N_f=200$

・集団 C：$N_m=4$，$N_f=1,000$

式（5.13）より，これらの集団の有効な大きさは

・集団 A：$N_e=78.4$

・集団 B：$N_e=72.7$

・集団 C：$N_e=15.9$

となる．集団の有効な大きさが，個体数の少ない性に大きく依存していることがわかる．

一般に，家畜集団では N_m は N_f よりもはるかに小さいので，$N_m/N_f\rightarrow 0$ に注目すれば，式（5.13）は近似的に

$$N_e=4N_m \tag{5.14}$$

と書ける．また，近交係数の上昇率も式（5.10）より

$$\Delta F=\frac{1}{8N_m}$$

で近似できる．上で考えた3つの集団について，式（5.14）から集団の有効な大きさを求めてみると，集団 A と B はともに 80，集団 C は 16 となり，式（5.13）から得た値にかなり近い値となる．

b. 各個体の次世代への寄与が異なる場合

理想的なメンデル集団では，各個体は次世代に等しく寄与する機会をもつことを仮定したが，現実の動物集団では次世代に残す子どもの数には個体間で大きな違いがあることが多い．特に，人工授精が普及している家畜集団では特定の雄が集中的に繁殖に供されることがある．

個体が次の世代に残す子どもの数は，家系サイズ（family size）と呼ばれる．家系サイズの分散を σ_k^2 とすると，集団の有効な大きさは

$$N_e=\frac{4N-2}{2+\sigma_k^2} \tag{5.15}$$

となる．この式から，家系サイズの個体間での違いが大きくなるほど，集団の有効な大きさが小さくなることがわかる．一方，すべての個体にわたって家系サイズを均一にできれば $\sigma_k^2=0$ であり，$N_e=2N-1$ となり，集団の有効な大きさは見かけの個体数のほぼ2倍になる．同数の雌雄（$N_m=N_f=N/2$）がペア交配している集団で，個体数が世代を超えて一定なら，各ペアから2個体を選べば，集団の有効な大きさを最大化でき，近交係数の上昇を最小に抑えることができる．雌雄数に違いのある集団への応用は，第11章で考える．

c. 世代ごとに集団の大きさが異なる場合

自然集団では，季節や年ごとに集団の大きさが異なることがある．このように世代ごとに集団の大きさが異なる場合，t 世代間の平均的な集団の有効な大きさは各世代の集団の大きさの調和平均となる．すなわち

$$\frac{1}{N_e}=\frac{1}{t}\left(\frac{1}{N_1}+\frac{1}{N_2}+\frac{1}{N_3}+\cdots+\frac{1}{N_t}\right) \tag{5.16}$$

である．ここで，N_i は i 番目の世代の集団の大きさである．例えば，第1世代が2,000個体，第2世代が10個体，第3世代が3,000個体の集団の場合，3世代間の平均的な集団の有効な大きさは $N_\mathrm{e}=29.8$ にすぎない．このように集団の有効な大きさは個体数が少ない世代の影響を強く受け，その後，個体数が増加しても影響は残る．この現象はボトルネック（瓶首）効果（bottleneck effect）と呼ばれる．ボトルネック効果が顕著に現れるのは大集団から小集団が分かれ新しい集団を形成する場合で，これを特に創始者効果（founder effect）と呼ぶ．

d. 世代が重複する場合

一年生植物や多くの昆虫では，1年を単位として世代が交代する．したがって，ある時期の集団を構成する個体は，すべて同じ年齢である．一方，多くの動物では，異なる年齢の個体が集団を構成し，世代は重複して進行する．このような重複した世代をもつ集団で，平均的にどれくらいの期間で世代交代が行われているのかを示すものが，世代間隔（generation interval，L）である．世代間隔は，子どもが生まれたと

きの親の平均年齢と定義される（詳細は第7章参照）.

いま，年間に M 個体の雄と F 個体の雌が新たに繁殖グループに加わる集団を考えよう．この集団の有効な大きさは，式（5.13）の N_m および N_f を ML および FL で置き換えることによって得られる．すなわち

$$N_e=\frac{4MFL}{M+F} \tag{5.17}$$

である．　［**揖斐隆之**］

文　献

Frankham, R., Ballou, J. D. and Briscoe, D. A.: Introduction to Conservation Genetics. Cambridge University Press (2002).

Hartl, D. L. and Clark, A. G.: Principles of Population Genetics (2nd ed.). Sinauer Associates (1989).

Mourant, A. E.: The Distribution of the Human Blood Groups. Blackwell (1954).

Nicholas, F. W.: Veterinary Genetics. Clarendon Press (1987).

野澤　謙：動物集団の遺伝学．名古屋大学出版会（1994）.

大羽　滋：集団の遺伝．東京大学出版会（1977）.

佐々木義之：動物の遺伝と育種．朝倉書店（1994）.

Van Vleck, L. D., Pollak, E. J. and Oltenacu, E. A. B.: Genetics for the Animal Science. W. H. Freeman and Company (1987).

安田徳一：初歩からの集団遺伝学．裳華房（2007）.

6 量的形質とその遺伝

6.1 量 的 形 質

遺伝学において研究の対象とする形質は，第 4 章で述べた，角の有無や毛色のように表現型が質的な特徴によって少数の不連続なクラスに分類できる質的形質と，乳量や体重などのように連続的な値を示す量的形質に大別できる．動物育種において改良の対象となる重要な経済形質のほとんどは量的形質である．

ニワトリの産卵数やブタの一腹産子数のような計数データとして表される形質や，ウシの脂肪交雑のように程度がカテゴリー化された点数によって評価される形質では，その変異は厳密には連続的ではない．しかし，これらの形質にも連続的に分布する潜在的な変異があり，表現型への発現が整数値に限られていると考えれば，量的形質とみなすことができる．例えば，一腹産子数は潜在的に連続変異している形質，すなわち繁殖性の 1 つの尺度とみなせば，量的形質として扱うことができる．

6.2 値

6.2.1 表現型値，遺伝子型値および環境偏差

質的形質においては，第 4 章で見たように表現型を不連続なクラスに分類して，クラスごとの出現頻度を調べたデータが解析の対象となる．これに対して，量的形質の遺伝解析では，表現型を体重や身長などのような値（value）で表したデータが分析の対象となる．個体が表現型として示す値を，表現型値というのであった（第 2 章参照）．表現型値は，形質によって程度に違いはあるものの，その個体がもつ遺伝子の作用を受ける．表現型値のうち，遺伝の作用による構成部分を遺伝子型値（genotypic value）という．一般に，量的形質の遺伝子型値は，多数の遺伝子の働きの複合産物と考えられる．このような遺伝子の作用に加えて，量的形質の表現型値は環境の影響も受ける．このことは，われわれの体重が食生活などの環境要因によって影響を受けることからも直感的に理解できる．表現型値のうちの環境（非遺伝的）要因による構成部分は，環境偏差（environmental deviation）あるいは環境効果（environmental effect）と呼ばれる．したがって，表現型値 P は，遺伝子型値 G と環境偏差 E を用いて

$$P=G+E \qquad (6.1)$$

と表される．

この簡単な式は，量的形質の遺伝学において大前提となるモデルである．モデルの重要な点は，環境偏差を遺伝子型値の周りにランダムに生じる偏差とみなすことである．例えば，1頭のヒツジ（ドナー）の体細胞から多数のクローンがつくられたとしよう．クローンは，いずれもドナーと同じ遺伝子型値をもつ．ところが，これらのクローンの体重を測定すると，個体ごとに違いがあるはずである．この違いを生じさせる原因が環境偏差である．多数のクローンの体重を測定し，その平均値を求めると，プラス方向に働いた環境偏差とマイナス方向に働いた環境偏差が互いにキャンセルされるため，ドナーの遺伝子型値に近い値を示すだろう．

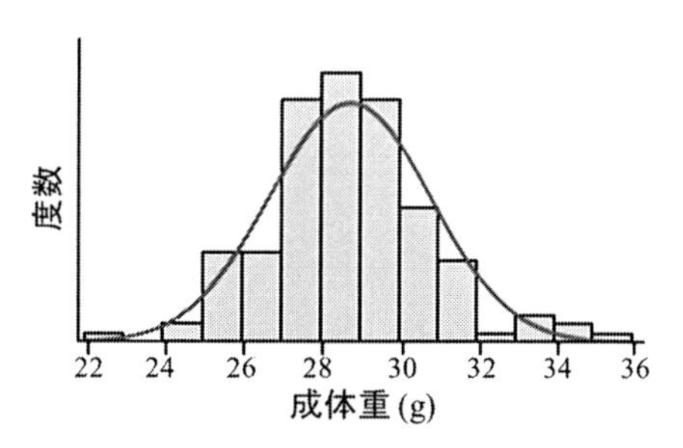

図 6.1　マウスの生後 14 週齢成体重の分布

図 6.1 は，量的形質の表現型値の分布の例として，マウスの生後 14 週齢成体重（単位：g）の度数分布を示したものである．図には，データから求めた平均値と分散をもつ正規分布曲線も重ねて示してある．この図からわかるように，一般に表現型値の分布は正規分布で近似できる．このことは，統計学における中心極限定理によって理論的に裏付けられる．

6.2.2　遺伝子型値の分割

ある個体で，量的形質に関与する1つの遺伝子座 A に A_1 と A_2 の2つの対立遺伝子が存在するものとしよう．これらの遺伝子の遺伝子型値への寄与を，それぞれ α_1 および α_2 で表すことにする．また A_1 遺伝子と A_2 遺伝子の働き合い，すなわち相互作用による表現型値への寄与を δ_A で表せば，この遺伝子座の遺伝子型値への寄与は，$\alpha_1+\alpha_2+\delta_A$ である．さらに，もう1つの遺伝子座 B に B_1 と B_2 の対立遺伝子が存在するものとすれば，この遺伝子座の遺伝子型値への寄与も，B_1 および B_2 遺伝子の効果（それぞれ β_1 および β_2）による寄与と2つの遺伝子の相互作用による寄与 δ_B の和 $\beta_1+\beta_2+\delta_B$ となる．

これらの寄与に加えて，2つの遺伝子座を同時に考えた場合には，異なる遺伝子座の遺伝子あるいは遺伝子型の間で相互作用が生じる．その相互作用を $\delta_{A\times B}$ で表せば，2つの遺伝子座 A と B の遺伝子型値への寄与は

$$\alpha_1+\alpha_2+\beta_1+\beta_2+\delta_A+\delta_B+\delta_{A\times B}$$

となる．このうち，α_1 や β_2 は他の遺伝子の存在の有無に関わらず個々の遺伝子が示す固有の効果であり，相加的遺伝子効果（additive genetic effect）と呼ばれる．ま

た，δ_A や δ_B は同一の遺伝子座内での遺伝子間の相互作用による効果で優性効果（dominance effect）といい，$\delta_{A\times B}$ は異なる遺伝子座の遺伝子あるいは遺伝子型間で生じる相互作用による効果でエピスタシス効果（epistatic effect）と呼ぶ．

このような3つの効果への分割は，多数の遺伝子座が遺伝子型値に関与する場合にも拡張できる．相加的遺伝子効果の全遺伝子座に関する和は，相加的遺伝子型値（additive genetic value，A）あるいは育種価（breeding value）と呼ばれる．また，優性効果の全遺伝子座に関する和を優性偏差（dominance deviation，D），エピスタシス効果の総和をエピスタシス偏差（epistatic deviation，I）と呼ぶ．したがって，遺伝子型値 G は

$$G=A+D+I$$

のように分割される．

以上をまとめると，表現型値は次のように分割できる．

$$P=A+D+I+E$$

一般には，相互作用による遺伝子型値（$D+I$）を非相加的遺伝子型値と呼んで，これを環境偏差 E とひとまとめにし，$e=D+I+E$ として

$$P=A+e \tag{6.2}$$

の形で分析することが多い．

6.2.3 育種価

優性効果およびエピスタシス効果は，いずれも複数の遺伝子（あるいは遺伝子型）の特定の組合せによって生じる効果である．したがって，減数分裂によって形成された配偶子にこれらの効果が伝えられるチャンスは一般に極めて低い．それに対して，個々の遺伝子効果に起因した相加的遺伝子効果はその一部が配偶子に伝えられる．例えば，相加的遺伝子型値 A をもつ個体から形成される配偶子は，期待値として $A/2$ の遺伝子型値をもつ．動物の育種においては，親として望ましい個体を選ぶこと（選抜）が重要な手段であり，その選抜においては，遺伝子型値について優れた個体を選ぶのではなく，相加的遺伝子型値について優れた個体を選ぶことが重要である．この意味で，相加的遺伝子型値を育種価と呼ぶことも理解できるだろう．

実用的には，「ある個体の育種価とは，その個体を，集団から無作為に抽出した多くの個体と交配して生まれた子の平均値の，子全体の集団平均値からの偏差の2倍である」と定義される．ここで，偏差を2倍するのは当該個体が自分自身の遺伝子を半分だけ子に伝えるからである．この定義からわかるように，育種価は当該個体と交配相手が抽出された集団の特性である．したがって，ある個体の育種価は，その個体の交配相手の集団が決まらない限り定義できない．

父親の育種価が A_s，母親の育種価が A_d のとき，子どもの育種価 A_o は，

$$A_o=\frac{A_s+A_d}{2}+\delta$$

と表される．ここで，δ は両親の育種価の平均値の周りに生じる偏差であり，その期待値はゼロである．偏差 δ は，問題としている量的形質に関与する遺伝子座について，両親がヘテロ接合の遺伝子座をもつことによって生じる．ヘテロ接合の遺伝子座においては，親がもつ 2 つの遺伝子のうち，どちらが子どもに伝達されるかによって，子どもの育種価に違いが生じるからである．親がヘテロ接合の遺伝子座をもつことにより，子どもの育種価に生じるこのような偏差を，メンデリアン・サンプリング（メンデル抽出，Mendelian sampling）による誤差という．メンデリアン・サンプリングによる誤差は，親の近交係数が低いとき，すなわち親がヘテロ接合の遺伝子座を多くもつときに大きくなり，逆に親の近交係数が高いときには小さくなる．

● 6.3　量的形質の変異 ○

6.3.1　分散と共分散

量的形質の分析においては，平均値と分散が主要な統計量になる．選抜による形質の遺伝的改良量は表現型値の平均値の変化として表され，第 7 章で見るようにその変化を生み出す原動力は，分散（variance）によって表される形質の変異である．

一般に，集団全体からランダムに抽出した n 個体について形質 X の測定値 $(X_1, X_2, \ldots, X_n)$ が得られたとき，集団全体の分散の推定値は

$$\mathrm{Var}(X)=\frac{1}{n-1}\sum_{i=1}^{n}(X_i-\overline{X})^2$$

によって得られる．ここで，$\overline{X}$ は X の平均値，すなわち $\overline{X}=\sum_{i=1}^{n}X_i/n$ である．このようにして計算される分散は，統計学では不偏分散と呼ばれ，$\mathrm{Var}(X)$ の期待値は集団全体の分散に等しいという性質をもつ．

さらに，上記の n 個体について別の形質 Y の測定値 $(Y_1, Y_2, \ldots, Y_n)$ が得られたとき，X と Y の関連性を表す統計量の 1 つである（不偏）共分散（covariance, $\mathrm{Cov}(X, Y)$）は

$$\mathrm{Cov}(X,Y)=\frac{1}{n-1}\sum_{i=1}^{n}(X_i-\overline{X})(Y_i-\overline{Y})$$

として計算できる．ここで，$\overline{Y}$ は Y の平均値である．$\mathrm{Cov}(X, Y)>0$ のときは X が増えると Y も増える，あるいは X が減ると Y も減る傾向があることを示す．逆に，$\mathrm{Cov}(X, Y)<0$ のときは X が増えると Y は減る，あるいは X が減ると Y は増える傾向があることを示す．しかし，共分散 $\mathrm{Cov}(X, Y)$ は測定単位に依存するために，その大きさから 2 つの変数 X と Y の関係の強さを論じることはできない．例えば，X

を mm 単位で測ったときの共分散は，同じデータで X を cm 単位で測ったときの共分散の 10 倍になる．そこで，測定単位に依存しないように共分散を以下のように変換した統計量が，相関係数（correlation coefficient，r）である．

$$r=\frac{\mathrm{Cov}(X, Y)}{\sqrt{\mathrm{Var}(X)\,\mathrm{Var}(Y)}}$$

相関係数は，符号は共分散と同じ意味をもつが，$-1\leq r\leq 1$ の範囲の値をとり，絶対値が 1 に近いほど 2 つの変数の間の関係が強いことを示す．

X と Y の和 $(X+Y)$ の分散は，

$$\mathrm{Var}(X+Y)=\mathrm{Var}(X)+\mathrm{Var}(Y)+2\mathrm{Cov}(X, Y)$$

である．この関係は $(X+Y)^2=X^2+Y^2+2XY$ と対応づけると記憶しやすい．同様に，以下の関係が成り立つ．

$$\mathrm{Var}(aX)=a^2\mathrm{Var}(X)\quad (a\ \text{は定数})$$
$$\mathrm{Cov}(X, X)=\mathrm{Var}(X)$$
$$\mathrm{Cov}(aX, Y)=\mathrm{Cov}(X, aY)=a\cdot\mathrm{Cov}(X, Y)\quad (a\ \text{は定数})$$
$$\mathrm{Cov}(X, Y+Z)=\mathrm{Cov}(X, Y)+\mathrm{Cov}(X, Z)$$
$$\mathrm{Cov}(X+Y, Z+W)=\mathrm{Cov}(X, Z)+\mathrm{Cov}(X, W)+\mathrm{Cov}(Y, Z)+\mathrm{Cov}(Y, W)$$

これらの関係は，以下に示す量的形質の遺伝解析で用いられる．

6.3.2　表現型分散と遺伝分散

前述のように，表現型値 P は遺伝子型値 G と環境偏差 E を用いて $P=G+E$ と書けるので，その分散 V_P は，遺伝子型値の分散 V_G，環境偏差の分散 V_E，および遺伝子型値と環境偏差の共分散 $\mathrm{Cov}_{G,E}$ を用いて

$$\mathrm{V}_P=\mathrm{V}_G+\mathrm{V}_E+2\mathrm{Cov}_{G,E}$$

と書ける．$\mathrm{Cov}_{G,E}$ の項は，例えば優れた遺伝子型をもつ個体には良好な環境を与えるなど，遺伝子型値と環境効果に相関が生じるような処理をすると $\mathrm{Cov}_{G,E}\neq 0$ となる．通常は $\mathrm{Cov}_{G,E}=0$ とみなして，

$$\mathrm{V}_P=\mathrm{V}_G+\mathrm{V}_E$$

として分析を行う．V_P を表現型分散（phenotypic variance）あるいは表型分散，V_G を遺伝分散（genetic variance），V_E を環境分散（environmental variance）という．遺伝分散は，さらに前節で示した構成成分の分散の和として

$$\mathrm{V}_G=\mathrm{V}_A+\mathrm{V}_D+\mathrm{V}_I$$

と表される．優性偏差 D およびエピスタシス偏差 I は相加的遺伝子型値 A の周りにランダムに生じる偏差と定義されているので，上の式には共分散の項は現れない．V_A は相加的遺伝分散（additive genetic variance），V_D は優性分散（dominance variance），V_I はエピスタシス分散（epistatic variance）と呼ばれる．

6.3.3 環境偏差と環境分散

個体の測定値に影響を与える環境（非遺伝的）因子には非常に多くのものがあるが，それらは以下の2つに大別できる．

①外因的因子：地理的，気候的あるいは栄養的因子などであり，異なる個体がまったく同一の時間に同一の空間を占めることができない以上，これらの因子による影響は避けられない．これらの因子には実験計画や統計処理によって，ある程度制御できる部分と制御が不可能な部分がある．

②測定誤差：あらゆる測定値には誤差が伴う．これは，通常他の因子の影響に比べて小さいが，肉眼や味覚などによって判定する形質ではかなり大きなものとなる場合がある．

このうち，①の実験計画や統計処理によって制御できる部分は，大環境効果（macro environmental effect）と呼ばれ，通常は環境偏差 E には含めない．①の残りの部分と②の測定誤差は小環境効果（micro environmental effect）と呼ばれ，環境偏差はこの効果によって生じるものとされている．

集団中の特定のグループのみに固有に働く環境効果を共通環境効果（common environmental effect）という．例えば，マウスの一腹のきょうだいは母親から共通した胎内環境を受け，これが一腹のきょうだいに共通環境効果として働く．第1章で述べたステーション方式の肉用牛の後代検定では，共通環境効果が特に重要になることがある．すなわち，候補種雄牛ごとに複数頭の後代の産肉能力を調べて，その平均値を候補種雄牛の遺伝的能力とみなして上位の種雄牛を選抜するわけだが，このとき候補種雄牛ごとに後代をまとめて同一の牛舎で飼育すれば，同一の候補種雄牛の後代群に共通環境効果が生じる．このような場合，牛舎ごとの環境の違いが候補種雄牛の後代の平均値の違いに混入（統計学では交絡（confounding）という）し，検定の精度が著しく低下してしまう．

哺乳動物では，一般に母親が新生子に母乳を飲ませ，自立できるようになるまで哺育する．この間の子に対する母親の影響は母性効果（maternal effect）と呼ばれ，子にとっては主として栄養的環境である．多胎動物では，この環境効果も共通環境効果として働く．

量的形質には，同一個体について同一の形質を複数回測定できる場合がある．例えば，乳牛の乳量は各乳期について測定できる．このような場合には，環境偏差は一時的環境効果（temporal environmental effect）と永続的環境効果（permanent environmental effect）の2種類によって生じることになる．乳牛の乳量の例では，各乳期に固有に働く環境効果は一時的環境効果であり，幼牛のときの発育に関わる環境要因が生涯の乳量に影響を及ぼすなら，その影響は永続的環境効果として働く．したがって複数回測定できる形質では，環境偏差は

$$E=E_t+E_p \tag{6.3}$$

と表される．ここで，E_t は一時的環境効果，E_p は永続的環境効果である．これに従って，環境分散も

$$V_E=V_{E_t}+V_{E_p}$$

に分割される．ここで，V_{E_t} は一時的環境分散（temporal environmental variance），V_{E_p} は永続的環境分散（permanent environmental variance）である．

6.3.4 遺伝子型と環境の交互作用

これまで遺伝子型間の差がどの環境においても同じように現れると仮定してきたが，この仮定がいつも正しいとは限らない．例えば，遺伝子型の異なる2系統（AおよびB）を非常に環境の異なる2地域（R_1 および R_2）で飼育した場合に，図6.2(a) に示すように系統Aと系統Bとの差が両地域で同じなら，これまでの仮定は正しくなる．しかし，両地域で系統間の差に違いが生じる場合がある．このような場合，遺伝子型と環境の間に交互作用（interaction）があるという．

この交互作用にはいくつかのタイプがある．その1つが図6.2（b）のように遺伝子型間の差の大きさが環境によって違う場合であり，もう1つが図6.2（c）のように異なる環境下で遺伝子型の差が逆転する場合である．後者の例として，ホルスタイン種とインド在来のゼブ牛を寒冷地域で飼育した場合，乳量は圧倒的にホルスタイン種の方が多いが，暑熱下で飼育した場合にはゼブ牛の乳量の方が多くなる事例を挙げることができる（第9章も参照）．

遺伝子型と環境との間に交互作用がある場合，表現型値は $P=G+E$ とはならず，交互作用の項 $G\times E$ が加わり

$$P=G+E+G\times E$$

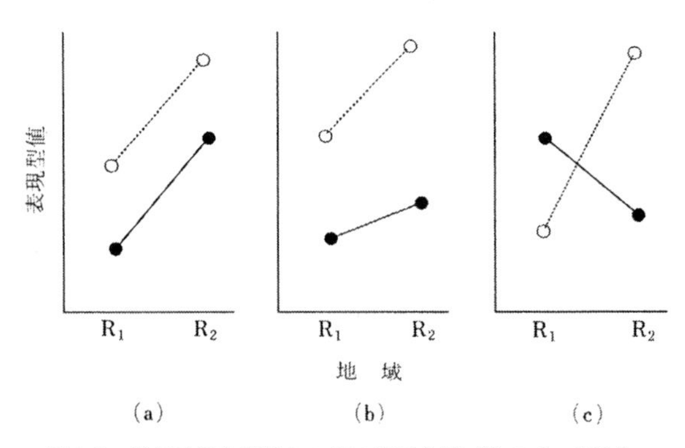

図6.2 遺伝子型と環境との間の相互作用（佐々木，1994）
○----○：系統A，●—●：系統B．

となる．よって，表現型分散にも遺伝子型と環境の交互作用による分散が加わり，

$$V_P = V_G + V_E + V_{G\times E}$$

となる．

ここでは環境として地域を取り上げているように，一般に遺伝子型と環境の交互作用を生じる環境は先に述べた大環境効果である．通常，環境偏差を生む小環境効果と遺伝子型の間には交互作用はないものとして扱われる．

● 6.4　遺伝的パラメータ ○

6.4.1　遺　伝　率

分散で表した遺伝変異の大きさは，形質の測定単位に依存する．例えば，同じ形質を mm 単位で測定した場合には，遺伝分散は cm 単位で行った場合の 100 倍の値になる．したがって，量的形質の遺伝分析においては，遺伝変異の大きさは表現型分散に対する割合として表示する．このパラメータは測定単位に依存しないので，集団間や形質間で遺伝変異の大きさを比較するときに便利である．第 7 章で示すように，選抜による遺伝的改良量には，表現型分散に対する割合として表された遺伝変異が直接的な関わりをもつ．

ある形質が遺伝的であるというとき，その形質が遺伝子型によって決定されているという意味にも，その形質が親から子へ遺伝するという意味にも解釈できるが，これら 2 つの意味は同じではない．このことは，量的形質の遺伝変異を考える際には厳密に区別しなければならない．表現型分散に対する遺伝分散の割合

$$h_B^2 = \frac{V_G}{V_P}$$

は広義の遺伝率（broad sense heritability）と呼ばれ，個体の表現型値のうち遺伝子型値によって決定される程度を表す．一方，表現型分散に対する相加的遺伝分散の割合

$$h^2 = \frac{V_A}{V_P} = \frac{V_A}{V_A + V_D + V_I + V_E} = \frac{V_A}{V_A + V_e} \qquad (6.4)$$

は狭義の遺伝率（narrow sense heritability）と呼ばれ，表現型が親から伝達された遺伝子効果（相加的遺伝子型値あるいは育種価）によって決定される割合を示す．通常は，単に遺伝率（heritability）というときには，狭義の遺伝率を指す．

6.4.2　表現型相関，遺伝相関および環境相関

動物の育種では，通常は複数の形質が改良の対象になるので，形質間の相関を考える必要がある．式（6.2）で，1 つの形質について表現型値 P を相加的遺伝子型値 A

とそれ以外の部分 e に分解したのと同じように，2つの形質XとYの表現型値（P_X と P_Y）を

$$P_X = A_X + e_X$$
$$P_Y = A_Y + e_Y$$

と分解しよう．2つの形質の間の相関には以下に示す表現型相関あるいは表型相関（phenotypic correlation），遺伝相関（genetic correlation），環境相関（environmental correlation）の3つが考えられる．

$$\text{表現型相関（表型相関）}：r_P = \frac{\mathrm{Cov}(P_X, P_Y)}{\sqrt{\mathrm{V}_{P_X} \cdot \mathrm{V}_{P_Y}}}$$

$$\text{遺伝相関}：r_A = \frac{\mathrm{Cov}(A_X, A_Y)}{\sqrt{\mathrm{V}_{A_X} \cdot \mathrm{V}_{A_Y}}} \tag{6.5}$$

$$\text{環境相関}：r_E = \frac{\mathrm{Cov}(e_X, e_Y)}{\sqrt{\mathrm{Var}(e_X) \cdot \mathrm{Var}(e_Y)}}$$

なお，厳密には遺伝相関は相加的遺伝子型値間の相関であり，相加的遺伝相関と呼ぶべきである．また，環境相関も非相加的遺伝効果による相関を含んでいる．しかし，量的遺伝学の分野では，慣習的にこれら2つの相関を単に遺伝相関および環境相関と呼んでいる．

形質内あるいは形質間で A と e の間に相関がないものとすれば，

$$\mathrm{Cov}(P_X, P_Y) = \mathrm{Cov}(A_X, A_Y) + \mathrm{Cov}(e_X, e_Y)$$

であるから，3つの相関の間には

$$r_P \sigma_{P_X} \sigma_{P_Y} = r_A \sigma_{A_X} \sigma_{A_Y} + r_E \sigma_{e_X} \sigma_{e_Y}$$

の関係が成り立つ．ここで，σ は添え字で示した値の標準偏差（分散の平方根）を示す．式（6.4）を用いれば，さらに上の式は

$$r_P = r_A h_X h_Y + r_e \sqrt{(1-h_X^2)(1-h_Y^2)}$$

と表される．ここで，h_X^2 と h_Y^2 はそれぞれ形質XとYの遺伝率，h_X と h_Y はそれらの平方根である．

形質間に遺伝相関が生じる原因としては次の2つが考えられる．1つは遺伝子の多面作用（pleiotropy）である．すなわち，同じ遺伝子または遺伝子群が2つの形質に関与している場合，両形質間に遺伝相関が生じる．もう1つの原因は連鎖（第2章参照）である．2つの形質のそれぞれを支配している遺伝子が同一の染色体上の近い位置にある場合にも遺伝相関が生じることがある．しかし，連鎖による遺伝相関は世代の経過に伴い，組換えによって徐々に失われていく．

6.4.3 反 復 率

量的形質の中には同じ個体において繰り返し測定できるものがある．例えば，ウシ

の乳量，ブタの一腹産子数やニワトリの卵重などが挙げられる．このような形質において同一個体の測定値の再現性の程度を表したものを，反復率（repeatability）という．

個体の測定値が1回のみの場合，表現型値 P は式（6.1）のように表された．一方，同一個体において複数回の測定値がある場合，その測定値の1つを表現型値 P としたとき，P は式（6.3）に従って，以下のように表すことができる．

$$P=G+E_t+E_p$$

すると，表現型分散は

$$\mathrm{V}_P=\mathrm{V}_G+\mathrm{V}_{E_t}+\mathrm{V}_{E_p}$$

となる．

この表現型分散の構成成分のうち，個体のすべての測定値に共通するのは V_G と V_{E_p} であるから，反復率 r は次のように定義される．

$$r=\frac{\mathrm{V}_G+\mathrm{V}_{E_p}}{\mathrm{V}_P}$$

この式を広義の遺伝率の式と比較すると，反復率は広義の遺伝率の上限を示していることがわかる．

● 6.5　遺伝的パラメータの推定 ○

親子やきょうだいなどの血縁個体の間には，量的形質の表現型値に似通いが見られる．その程度には，血縁関係が近ければ似通いは大きいが，遠ければ小さくなるという関係が見られる．また同じ血縁関係の個体間でも，環境効果よりも遺伝的効果（厳密には相加的遺伝子効果）の方が大きい形質ほど，似通いは大きくなるという傾向がある．本節では，動物において最も有用な血縁関係，すなわち親子，半きょうだい，全きょうだいを取り上げて，血縁個体間の似通いを利用した遺伝的パラメータの推定方法について説明する．

6.5.1　遺伝率の推定

a.　親子回帰

一方の親（例えば父親）の表現型値を P_s，育種価を A_s，環境偏差（非相加的遺伝効果を含む）を e_s とすれば，式（6.2）より

$$P_s=A_s+e_s$$

である．また，この親から生まれた子どもの育種価 A_o は，母親の育種価を A_d，メンデアリアン・サンプリングによる誤差を δ とすれば

$$A_o=\frac{A_s+A_d}{2}+\delta$$

と書けるので，子どもの表現型値 P_o は環境偏差（非相加的遺伝効果およびメンデリアン・サンプリングによる誤差を含む）を e_o とすれば

$$P_o=A_o+e_o=\frac{A_s+A_d}{2}+e_o$$

と表せる．交配を完全にランダムに行った場合には，両親間に血縁関係はないので $\mathrm{Cov}(A_s, A_d)=0$ となるから，父親と子どもの表現型値の共分散は，

$$\mathrm{Cov}(P_s, P_o)=\frac{1}{2}\mathrm{V}_A$$

となる．なお，この式を導くにあたって，親と子が育った環境に関連はないとの仮定から $\mathrm{COV}(e_s, e_o)=0$ と仮定している．しかし，親子が同じ社会環境で成長したり，野生の動物などで，親が優れた環境で育ち繁殖後もその環境を占有し続ける場合には，子どもも優れた環境で育つことになり，親と子どもの環境偏差に相関が生じる．このような場合には，上の仮定が満たされないことに注意すべきである．

子どもの表現型値の父親の表現型値への回帰係数は，

$$b=\frac{\mathrm{Cov}(P_s, P_o)}{\mathrm{Var}(P_s)}=\frac{\mathrm{V}_A}{2\mathrm{Var}(P_s)}$$

である．父親の表現型値の分散 $\mathrm{Var}(P_s)$ を集団の表現型分散 V_P とみなせば

$$h^2=2b$$

として遺伝率が推定できる．

同様にして，両親の表現型値の平均値 $\overline{P}$ と子の表現型値を用いても遺伝率を推定することができる．この場合，子どもの表現型値の両親の表現型値の平均値への回帰係数は，

$$b=\frac{\mathrm{Cov}(\overline{P}, P_o)}{\mathrm{V}(\overline{P})}=\frac{\mathrm{V}_A}{\mathrm{V}(\overline{P})}=\frac{\mathrm{V}_A}{\mathrm{V}_P}$$

となり，

$$h^2=b$$

として遺伝率が推定できる．

b.　きょうだい分析：分散分析による方法

きょうだい（sib）は，父親と母親を共通にもつ全きょうだい（full-sib）と一方の親のみを共通にもつ半きょうだい（half-sib）に分けられる．ウシでは，父親を共通にもつ半きょうだい（同父半きょうだい（paternal half-sib））が多い．きょうだいのデータを用いて遺伝的パラメータを推定するための方法は，きょうだい分析（sib analysis）と呼ばれる．

図6.3は，同父半きょうだい間の相関から遺伝率を推定するときの，データの構成を示した模式図である．k 個体の雄（父親 $s_1, s_2, \ldots, s_k$）のそれぞれに m 個体の雌（母親 $d_{i1}, d_{i2}, \ldots, d_{im}$）をランダムに交配し，雌から1個体の子どもの表現型値を測定す

る．したがって，図中の子ども o_{11} と o_{12}，o_{22} と o_{2m} などは半きょうだいである．半きょうだいの表現型値間の共分散 Cov_{HS} は，半きょうだいが父親から共通して受ける効果（すなわち父親の育種価の半分）によって生じる．Cov_{HS} は，親子回帰のときと同じように考えれば

$$\mathrm{Cov}_{HS}=\frac{1}{4}\mathrm{V}_A$$

となり，相加的遺伝分散の1/4の推定値を与える．

このことを利用して，遺伝率を表6.1のような父親を変動因とした一元配置の分散分析によって推定する．半きょうだいが父親から共通して受ける効果の分散を父親の分散成分と呼び，σ_S^2 で表す．また，それ以外の原因によって半きょうだい内に生じる変動に関する分散成分を σ_W^2 で表す．父親の平均平方 MS_S と半きょうだいの平均平方 MS_W の期待値は，それぞれ表6.1の右の欄に示すように分散成分を用いて表すことができる．したがって，分散分析の結果から2つの分散成分を

$$\sigma_S^2=\frac{MS_S-MS_W}{m}$$

$$\sigma_W^2=MS_W$$

として推定できる．推定された2つの分散成分は，相加的遺伝分散および表現型分散を用いて

$$\sigma_S^2=\mathrm{Cov}_{HS}=\frac{1}{4}\mathrm{V}_A$$

$$\sigma_S^2+\sigma_W^2=\mathrm{V}_P$$

と書くこともできる．したがって，遺伝率は

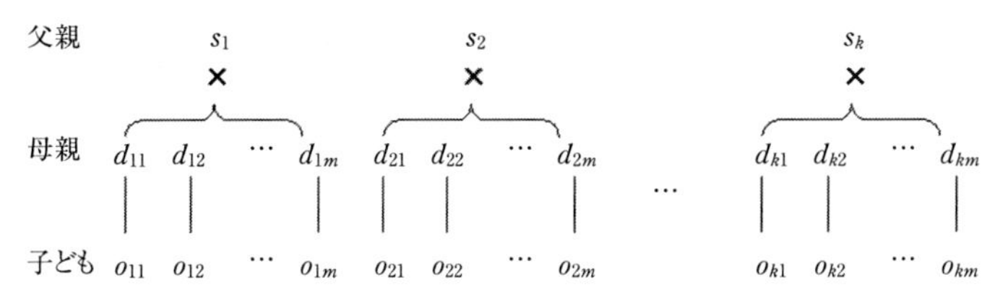

図6.3　半きょうだいを用いた遺伝率推定のためのデータの構成

表6.1　同父半きょうだいデータから遺伝率を推定するための分散分析

変動因	自由度	平均平方	平均平方の期待値
父親	$k-1$	MS_S	$\sigma_W^2+m\sigma_S^2$
父親内子ども	$k(m-1)$	MS_W	σ_W^2

表 6.2　枝肉重量（kg）に関する分散分析の結果

変動因	自由度	平均平方	平均平方の期待値
雄牛間	49	2,135.14	$\sigma_W^2+10\,\sigma_S^2$
雄牛内半きょうだい間	450	767.69	σ_W^2

$$h^2=\frac{4\sigma_S^2}{\sigma_S^2+\sigma_W^2}$$

と推定できる．

なお，半きょうだいの表現型値間の相関 t_{HS} は，分散成分を用いて

$$t_{HS}=\frac{\mathrm{COV}_{HS}}{\sqrt{\mathrm{V}_P\cdot\mathrm{V}_P}}=\frac{\sigma_S^2}{\sigma_S^2+\sigma_W^2}$$

と書ける．このように表された相関係数を級内相関（intra-class correlation）という．

一例として，雄牛の後代肥育牛について枝肉重量の記録が得られ，そこから雄牛グループを要因として分散分析を行った結果が表 6.2 であったとして，遺伝率を推定してみよう．1 雄あたりの後代牛数は 10 頭である．まず，平均平方の期待値から，雄牛間の分散成分 σ_S^2 と雄牛内半きょうだい間の分散成分 σ_W^2 が，$\sigma_S^2=136.745$ および $\sigma_W^2=767.69$ として推定できる．したがって，枝肉重量の遺伝率は，$h^2=4\times136.745/(136.745+767.69)=0.605$ と推定される．

以上では，各母親からは 1 個体の子どもが測定されるものとしたが，ブタやイヌなどの多胎動物では，各母親から複数の子どもの表現型値が測定できる．この場合，k 個体の雄（父親 $s_1, s_2, \ldots, s_k$）のそれぞれに m 個体の雌（母親 $d_{i1}, d_{i2}, \ldots, d_{im}$）をランダムに交配し，各雌から n 個体の子どもの表現型値を測定した結果がデータとなる．したがって，同一の母親内の子どもは全きょうだいになる．このようなデータに対しては，表 6.3 のような分散分析を行う．また，分散成分の遺伝的解釈は表 6.4 のようになる．

なお，全きょうだい間の共分散 Cov_{FS} が

$$\mathrm{Cov}_{FS}=\sigma_S^2+\sigma_D^2=\frac{1}{2}\mathrm{V}_A+\frac{1}{4}\mathrm{V}_D+\mathrm{V}_{Ec}$$

となることには注意が必要である．優性分散 V_D が共分散に含まれる理由は，各遺伝子座について見たとき，全きょうだいは同じ遺伝子型をもつことがあるからである．なお，全きょうだい間の共分散にはエピスタシス分散も含まれるが，ここではそれは無視している．また，全きょうだい間の共分散には共通環境効果の分散 V_{Ec} も含まれる．例えば哺乳動物では，一般に分娩後一定の間，母親に子どもを哺育させる．このような母親による哺育は，母性効果として全きょうだいに共通環境効果として働き，全きょうだいに遺伝以外の原因の似通いを生じることがある．

表 6.3　半きょうだいおよび全きょうだいデータから遺伝率を推定するための分散分析

変動因	自由度	平均平方	平均平方の期待値
父親	$k-1$	MS_S	$\sigma_W^2+n\sigma_D^2+mn\sigma_S^2$
父親内母親	$k(m-1)$	MS_D	$\sigma_W^2+n\sigma_D^2$
母親内子ども	$km(n-1)$	MS_W	σ_W^2

表 6.4　分散成分とその解釈

分散成分	解釈
父親：$\sigma_S^2=\mathrm{COV}_{HS}$	$=\frac{1}{4}\mathrm{V}_A$
母親：$\sigma_D^2=\mathrm{COV}_{FS}-\mathrm{COV}_{HS}$	$=\frac{1}{4}\mathrm{V}_A+\frac{1}{4}\mathrm{V}_D+\mathrm{V}_{Ec}$
子ども：$\sigma_W^2=\mathrm{V}_P-\mathrm{COV}_{FS}$	$=\frac{1}{2}\mathrm{V}_A+\frac{3}{4}\mathrm{V}_D+\mathrm{V}_E-\mathrm{V}_{Ec}$
計：$\sigma_S^2+\sigma_D^2+\sigma_W^2=\mathrm{V}_P$	$=\mathrm{V}_A+\mathrm{V}_D+\mathrm{V}_E$
父親＋母親：$\sigma_S^2+\sigma_D^2=\mathrm{COV}_{FS}$	$=\frac{1}{2}\mathrm{V}_A+\frac{1}{4}\mathrm{V}_D+\mathrm{V}_{Ec}$

遺伝率の推定にあたっては，まず父親間の分散成分 σ_S^2 と母親間の分散成分 σ_D^2 を比較する．もし，σ_D^2 のほうが σ_S^2 よりも大きければ，優性分散 V_D あるいは共通環境分散 V_{Ec} が無視できないことになる．この場合には，遺伝率を

$$h^2=\frac{4\sigma_S^2}{\sigma_S^2+\sigma_D^2+\sigma_W^2}$$

と推定する．一方，$\sigma_S^2=\sigma_D^2$ とみなせるなら，

$$h^2=\frac{2(\sigma_S^2+\sigma_D^2)}{\sigma_S^2+\sigma_D^2+\sigma_W^2}$$

と遺伝率を推定する．なお，半きょうだいの表現型値間の級内相関 t_{HS} と全きょうだいの表現型値間の級内相関 t_{FS} は，

$$t_{HS}=\frac{\mathrm{Cov}_{HS}}{\sqrt{\mathrm{V}_P\cdot\mathrm{V}_P}}=\frac{\sigma_S^2}{\sigma_S^2+\sigma_D^2+\sigma_W^2}$$

$$t_{FS}=\frac{\mathrm{Cov}_{FS}}{\sqrt{\mathrm{V}_P\cdot\mathrm{V}_P}}=\frac{\sigma_S^2+\sigma_D^2}{\sigma_S^2+\sigma_D^2+\sigma_W^2}$$

である．

最後に，ブタの後代検定の記録を用いた推定の例を挙げておく．450 頭（$k=450$）の雄豚にそれぞれ 2 頭（$m=2$）の雌を交配し，各雌から 2 頭（$n=2$）の後代雄豚を得て体長を測定した．得られたデータに父親および父親内母親を要因として分散分析

表6.5　ブタの体長に関する分散分析の結果

変動因	自由度	平均平方
父親	449	6.03
父親内母親	450	3.81
母親内子ども	900	2.87

を行った結果，表6.5の結果を得た（Falconer and Mackey, 1996）．この表から，3つの分散成分が次のように得られる．

$$\sigma_S^2=\frac{6.03-3.81}{2\times2}=0.555$$

$$\sigma_D^2=\frac{3.81-2.87}{2}=0.47$$

$$\sigma_W^2=2.87$$

この結果から，σ_D^2はσ_S^2よりも大きくないので，優性分散V_Dおよび共通環境分散V_{Ec}が大きく関与しているとは考えられない．したがって，遺伝率は全きょうだい間の共分散を用いて

$$h^2=\frac{2(\sigma_S^2+\sigma_D^2)}{\sigma_S^2+\sigma_D^2+\sigma_W^2}=0.53$$

と推定される．

表6.6　代表的な家畜と実験動物における遺伝率の推定値

動　物	形　質	推定値
ウ　シ	生時体重	0.2〜0.4
	1歳齢体重	0.3〜0.6
	枝肉重量	0.4〜0.6
	脂肪交雑	0.3〜0.6
	皮下脂肪厚	0.3〜0.6
	分娩間隔	0.05〜0.2
	乳量	0.3〜0.4
	乳脂率	0.35〜0.45
ブ　タ	皮下脂肪厚	0.5〜0.7
	飼料要求率	0.4〜0.6
	1日あたり増体量	0.3〜0.5
	一腹産子数	0.05〜0.1
ニワトリ	32週齢体重	0.4〜0.6
	卵重	0.4〜0.6
	産卵数	0.05〜0.1
マウス	6週齢体重	0.3〜0.4
	一腹産子数	0.1〜0.2
	春機発動日齢	0.05〜0.2
ショウジョウバエ	腹部剛毛数	0.4〜0.6
	体の大きさ	0.3〜0.5
	卵巣の大きさ	0.3〜0.4
	産卵数	0.1〜0.2

c. より高度な統計的手法による推定

ウシをはじめとする大家畜では，生産現場（市場，農家など）から得られたデータから遺伝率を推定する必要が生じる．このようなデータに含まれる測定値は，地域，年次，季節などの大環境の影響を受けているので，その影響を統計的手法によって取り除く必要がある．また，このようなデータには，親子やきょうだいだけでなく，様々な血縁関係の個体が含まれる．このようなデータから遺伝率を推定するためには，制限付き最尤法（restricted maximum likelihood, REML），ベイズ推定法（Bayesian inference）などの高度な統計的手法を応用した方法が用いられる．

d. 遺伝率の推定値

同じ形質の遺伝率であっても，集団が異なれば異なった値を示す．また，同じ集団でも測定の環境が異なると，遺伝率は異なった値をとる．したがって，ある形質について遺伝率が推定されたとき，

その値は特定の環境下での特定の集団についてのものであることに留意する必要がある．しかし一般に，集団が異なっていても同じ形質の遺伝率は似たような値を示す傾向がある．

表6.6は，いくつかの家畜と実験動物について，これまでに報告されてきた種々の形質の遺伝率の推定値をまとめたものである．一般に，繁殖性や生存性などの適応度と関連した形質の遺伝率は低く，発育，泌乳性や産肉性に関わる遺伝率は中程度の値を示す傾向がある．

6.5.2 表現型，遺伝および環境相関の推定

表現型，遺伝および環境相関も，遺伝率の推定と同様に，血縁個体間の表現型値の似通いを利用して，親子回帰による方法，分散共分散分析（きょうだい分析）による方法などによって推定できる．

a. 親子回帰

2つの形質をXおよびY，一方の親（例えば父親）をs，子どもをoとし，形質Xの父親および子どもの表現型値を$P_{X(s)}$および$P_{X(o)}$，形質Yの父親および子どもの表現型値を$P_{Y(s)}$および$P_{Y(o)}$としたとき，子どもの表現型値の父親の表現型値への回帰係数として，$b_{P_{X(o)}P_{X(s)}}, b_{P_{X(o)}P_{Y(s)}}, b_{P_{Y(o)}P_{X(s)}}, b_{P_{Y(o)}P_{Y(s)}}$の4つが考えられる．

これらの回帰係数を用いて，形質XとYの遺伝相関は

$$r_A=\sqrt{\frac{b_{P_{X(o)}P_{Y(s)}}b_{P_{Y(o)}P_{X(s)}}}{b_{P_{X(o)}P_{X(s)}}b_{P_{Y(o)}P_{Y(s)}}}}$$

として推定できる．表現型相関の推定値は，親と子どもそれぞれについて求めた形質XとYの相関係数（$r_{P_{X(s)}P_{Y(s)}}$および$r_{P_{X(o)}P_{Y(o)}}$）の幾何平均として

$$r_P=\sqrt{r_{P_{X(s)}P_{Y(s)}}\cdot r_{P_{X(o)}P_{Y(o)}}}$$

から求める．さらに環境相関の推定値は，得られた表現型相関および遺伝相関から，式（6.5）より

$$r_E=\frac{r_P-r_Ah_Xh_Y}{\sqrt{(1-h_X^2)(1-h_Y^2)}}$$

として得られる．

b. きょうだい分析：分散共分散分析による方法

遺伝率が分散分析によって推定できたのと同様に，表現型，遺伝および環境相関も分散共分散分析によって推定できる．図6.3に示した同父半きょうだいの複数形質の記録について，表6.7のような共分散分析表が得られた

表6.7 形質XとYとの間の共分散分析表

変動因	平均積和	平均積和の期待値
父親間	MP_S	$\sigma_{W_{XY}}+m\sigma_{S_{XY}}$
父親内子ども間	MP_W	$\sigma_{W_{XY}}$

とする．まず，平均積和がその期待値と等しいとして，分散成分の場合と同様に父親間の共分散成分 $\sigma_{S_{XY}}$ および父親内半きょうだい間の共分散成分 $\sigma_{W_{XY}}$ を推定する．

これらの共分散成分から，遺伝，表現型および環境相関が次のように推定される．

$$r_A=\frac{\sigma_{S_{XY}}}{\sigma_{S_X}\sigma_{S_Y}}$$

$$r_P=\frac{\sigma_{S_{XY}}+\sigma_{W_{XY}}}{\sqrt{(\sigma^2_{S_X}+\sigma^2_{W_X})(\sigma^2_{S_Y}+\sigma^2_{W_Y})}}$$

$$r_E=\frac{\sigma_{W_{XY}}-3\sigma_{S_{XY}}}{\sqrt{(\sigma^2_{W_X}-3\sigma^2_{S_X})(\sigma^2_{W_Y}-3\sigma^2_{S_Y})}}$$

c. 遺伝相関の推定値

表6.8に，代表的な家畜における遺伝相関の推定値を示した．遺伝率の場合と同様に，遺伝相関の推定値は同じ形質間であっても，集団によって異なった値を示す．しかし，同じ動物種内では，同じ形質間の遺伝相関はよく似た値を示す傾向がある．

乳牛では乳量と乳脂肪量の間には正の強い遺伝相関がある．したがって，乳量に関する選抜が乳脂肪量の改良にもつながり，両形質は好ましい遺伝的な関係にあるといえる．しかし，乳量と乳脂肪率の間には負の遺伝相関がある．乳脂肪率の増加を重視する日本では両形質は好ましくない関係にあり，選抜の際に工夫が必要となる．一方，ブタでは1日あたりの増体量と飼料要求率の間には強い負の遺伝相関がある．増体量による選抜は飼料要求率を低下させるので，両形質は好ましい遺伝的関係にあるといえる．

表6.8　代表的な家畜における遺伝相関の推定値

動物種	形　質	推定値
乳　牛	乳量と乳脂肪量	0.7～0.8
	乳量と乳脂肪率	−0.6～−0.4
	乳量と体型評点	0.05～0.1
肉　牛	生時体重と離乳時体重	0.3～0.5
	1日あたり増体量と飼料要求率	−0.8～−0.6
	1日あたり増体量と枝肉等級	0.2～0.4
	1日あたり増体量とロース芯面積	0.4～0.6
ブ　タ	1日あたり増体量と飼料要求率	−0.8～−0.6
	1日あたり増体量と背脂肪厚	0.2～0.4
	1日あたり増体量とロース芯面積	−0.3～0.3
ニワトリ	卵重と体重	0.2～0.3
	卵重と飼料摂取量	0.3～0.4
	体重と産卵数	−0.3～−0.2
	産卵数と初産卵数	−0.4～0.8

● 6.6　量的形質に関わる遺伝子 ○

量的形質に関わる遺伝子座を，量的形質遺伝子座（quantitative trait loci，QTL）という．これまでに説明してきた量的形質の解析では，形質の表現型を値として表したデータに統計学的手法を適用してきた．したがって，形質に関わる個々のQTLのゲノム上での位置や効果の大きさについては，明らかにされることはなかった．

しかし，20世紀後半から21世紀初頭にかけて，様々な動物種において，遺伝標識としてマイクロサテライトやSNP（第3章参照）などに基づくDNAマーカーが開発されることにより，ゲノム全体を網羅する高密度の遺伝的連鎖地図が作成できるようになった．これらのDNAマーカーの遺伝子型と量的形質の値との関連を統計学的に調査することにより，量的形質に関わるQTLのおおよそのゲノム上の位置と，QTLの効果を知ることができるようになった．この方法はQTL解析（quantitative trait locus analysis）と呼ばれる．近年では，QTLの責任遺伝子や責任遺伝子内の原因DNA変異も特定することが可能となった．本節では，量的形質に関わる遺伝子を同定するための方法を概説するとともに，その実例を示す．

6.6.1　方　法　論

図6.4に，産業家畜と実験動物を用いたときのQTL解析からQTLの責任遺伝子，

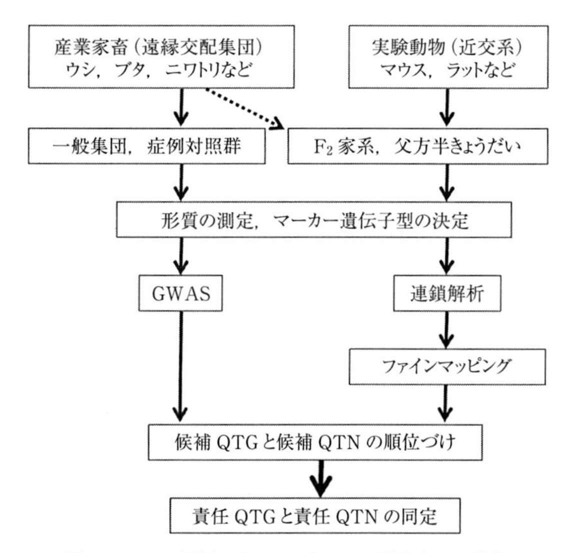

図6.4　QTL解析からQTGとQTN同定までの道筋

さらには原因DNA変異を同定するまでの道筋を示した．QTLの責任遺伝子はQTG（quantitative trait gene），原因DNA変異はQTN（quantitative trait nucleotide）と呼ばれる．

a. QTL解析

図6.4に示したように，遠縁交配（outbred）集団である家畜と近交系（inbred）の実験動物では，QTL解析に用いる個体群と解析方法に違いがある．例えば，大家畜であるウシでは，数千頭の一般集団からDNA試料と形質値を収集する．ついで，SNPチップなどによりSNPマーカーの遺伝子型を決定する．これらの形質値とマーカーの遺伝子型を用いてゲノムワイド関連解析（genome-wide association study, GWAS）を行い，関連のあるSNPマーカーと連鎖不平衡（LD）状態にあるゲノム領域（LDブロックと呼ぶ）にQTLを位置づける．通常このLDブロックは，動物種にもよるが，数十kb～数Mbの長さとなる．解析対象形質が疾患の場合，疾患発症群と正常対照群を集めてGWASを行う．

実験動物であるマウスとラットでは，形質の値が異なる2近交系間を交配してF_1雑種を作出し，得られたF_1同士を交配してF_2世代を200個体以上（通常は400～500個体）生産する．得られたF_2交雑群の形質を測定してマーカー遺伝子型を決定した後，連鎖解析（linkage analysis）を行う．QTLは，連鎖解析の結果得られるLOD（logarithm（base 10）of odds）スコアの最も高いところに位置する可能性が高い．QTLが存在すると考えられる候補ゲノム領域は95%信頼区間として示され，この領域の長さは10～30 cMとなる．

中小家畜であるブタ，ニワトリやウズラなどでは，1つの品種内で互いに血縁関係のない数千個体からなる一般集団を集めることができる場合は，GWASを行う．一方で集めることができない場合は，実験動物の場合と同様に，形質値の異なる2つの品種間で3世代にわたるF_2家系を生産し，連鎖解析を行うことになる．

b. QTGとQTNの同定

上述のQTL解析により，QTLの候補ゲノム領域が数十kb～数Mbに絞り込まれたとする．この候補領域内に遺伝子が1個のみ存在すればよいが，通常は数個～数百個の遺伝子が存在するものと考えられる．このような多数の遺伝子群の中から少数の候補QTGを選び出す方法として，主として以下の3つが考えられる．

① SNPを用いたハプロタイプ解析：QTLの候補ゲノム領域について稠密なSNP解析を行い，形質値との関連を示す，できる限り短いSNPハプロタイプのLDブロックを検出する．

②候補ゲノム領域のシークエンス解析：次世代シークエンサーを用いて候補ゲノム領域の全塩基配列を決定し，SNP，挿入（insertion）や欠失などのDNA変異を検出する．

③遺伝子発現解析：リアルタイム PCR（real-time PCR）解析，マイクロアレイ発現解析や次世代シークエンサーを用いた RNA sequencing（RNA-seq）解析により，mRNA 発現量に差異が見られる遺伝子を検出する．

①〜③のいずれか，あるいは①〜③を組合せた解析により，候補 QTG を数個に絞り込むことができる．さらに，得られた DNA 変異のゲノム上の位置情報と形質に及ぼす遺伝子の機能などを考慮して，絞り込んだ候補 QTG に順位をつけることができる．

QTN の候補となる DNA 変異は，一般的に，アミノ酸をコードしている翻訳領域に存在することは少なく，転写調節領域，イントロンや遺伝子間などの非翻訳領域に存在することが多い．量的形質の変異が生じる基本原理は，最初に何らかの DNA の変異が生じ，その DNA 変異が遺伝子の発現量の変化を引き起こし，最終的にこの発現量の変化により量的形質に変異が生じるものと考えられる．

候補 QTG が責任 QTG であることを究極的に証明するためには，ノックアウト動物を用いて解析する必要がある．CRISPR/Cas システムなどのゲノム編集技術（第10章参照）の進展により，マウスやラットでは数ヶ月でノックアウト動物を作出することが可能となった．現在，マウスでは国際的なノックアウトプロジェクトが進行しており，従来の ES 細胞法とゲノム編集により，数年後には全遺伝子のノックアウトが完了するものと見込まれている．家畜では，ゲノム編集技術やその他の方法によるノックアウト家畜の作出例は現在のところほとんど報告されていない．したがって，ノックアウトマウスの利用は，家畜の QTG を同定する際に有用である可能性がある．

責任 QTN を同定するための究極的な方法は，候補 QTN 領域について突然変異型の DNA と野生型の DNA を互いに入れ替えたノックイン動物を作製し，表現型の回復や突然変異型への誘発が起きるか否かを調査することである．マウスでは CRISPR/Cas システムにより，このようなノックインマウスが容易に作製できるようになってきている．

6.6.2　同　定　例

ヒトとマウスでは，多因子性疾患，体重，身長やその他の様々な量的形質に関わる QTG と QTN が大規模集団などを用いて急速に同定されつつある．家畜においても，経済形質に関わる QTG と QTN の同定報告数が年々増加してきている．その一例を表 6.9 に示した．ウシの骨格異常，ブタの椎骨数のように比較的大きな遺伝子効果をもつと考えられる QTG に関する QTN は，翻訳領域に検出されている．一方，ウシの脂肪交雑と分娩率，ヒトの血中脂質濃度などの比較的効果の小さいと考えられる QTG に関する QTN は，非翻訳領域に発見されている．この傾向は，今までのヒト

表6.9　ヒトを含めた代表的な動物種における QTG の同定例

動物	形質	染色体番号	遺伝子	変異領域	DNA 変異
肉牛	脂肪交雑	4	*SYPL1*	5'UTR	SNP
	枝肉重量/骨格形成異常	8	*FGD3*	コーディング	SNP
	分娩率	12	*GTF2F2*	3'UTR	SNP
乳牛	乳脂肪率	14	*DGAT1*	コーディング	SNP
	乳タンパク質含量	20	*GHR*	コーディング	SNP
ブタ	肉量	2	*IGF2*	イントロン	SNP
	椎骨数	1	*NR6A1/GCNF*	コーディング	SNP
イヌ	体の大きさ	15	*IGF1*	コーディング	SNP
ヒツジ	ダブルマッスル	2	*GDF8/MSTN*	3'UTR	SNP
マウス	絶望行動	5	*Usp46*	コーディング	欠失
ヒト	血中コレステロール	1	*SORT1*	3'UTR	SNP

UTR は非翻訳領域.

やマウスの様々な形質に関する報告例とも一致する．家畜における QTN の同定は，最も直接的な遺伝子アシスト選抜（gene-assisted selection）を可能とするが，この直接選抜が育種改良の効率を格段に高めるものと期待される．　　　［石川　明］

文　献

Falconer, D. S. and Mackey, T. F. C.: Introduction to Quantitative Genetics（4th ed.）. Longman（1996）.
祝前博明（国枝哲夫・今川和彦・鈴木勝士編）：獣医遺伝育種学．pp.48-75，朝倉書店（2014）.
Ron, M. and Weller, J. I.: From QTL to QTN identification in livestock — winning by points rather than knock-out: a review. *Anim. Genet.*, 38: 429-439（2007）.
佐々木義之：動物の遺伝と育種．朝倉書店（1994）.

7 選抜と選抜育種

育種のプロセスは選抜と交配からなる．選抜では設定した基準に基づいて集団から優秀な個体を選び出し，選抜個体を交配させ次世代を作り出すことによって，対象形質の遺伝子頻度が望ましい方向へ変化し，集団平均も変化する．したがって，効率的な育種計画の策定には，本章で扱う選抜とともに交配（第8章参照）に関する十分な知識が必要となる．

7.1 質的形質の選抜

毛色や角の有無などの質的形質は一般に関与する遺伝子の数が少なく，表現型への環境の影響が小さいので，表現型に基づき個体を選抜すれば，望ましい遺伝子の頻度を高めることができる場合が多い．特に，表現型と遺伝子型が完全に一致するような場合の育種は容易である．

望ましい遺伝子が優性であった場合の例として，無角ヘレフォード種の作出が挙げられる．イギリス原産の肉用牛ヘレフォード種は有角であるが，突然変異により生まれた無角のヘレフォード種を利用することで，無角の個体群を作り上げ品種として固定した．仮に，突然変異で無角となった1頭の雄牛（P/h）を有角の雌牛（h/h）群に交配すると，次世代は無角と有角が1：1となる．この時点でのP遺伝子の頻度は0.25であり，無角はすべてP/hのヘテロ接合体である．この無角のみを選抜し次世代をつくれば，次世代は無角と有角が3：1，P遺伝子の頻度は0.50となる．さらに次世代は，無角と有角が8：1，遺伝子頻度は0.67に上昇することが期待され，表現型による選抜で望ましい遺伝子が固定されていく．

育種で問題となるのは，致死遺伝子を代表とする劣性の不良遺伝子の場合である．特に人工授精が普及している動物種において，不良遺伝子のキャリアが種雄として供用されれば，その遺伝子はヘテロ接合体として集団中に潜行し，後の世代でその不良形質が発現するという，極めて深刻な事態となる．

したがって，不良遺伝子のキャリアであることが判明した個体は，人工授精用の種雄として供用しないことが原則である．キャリアの疑いがある種雄についても同様であるが，生産能力の点で特に優れている場合，簡単には淘汰しがたいこともある．このような個体がキャリアでないことを推定するには後代検定が必要である．

後代検定により，後代に1頭でも不良形質が発現すれば，当該種雄はキャリアである．一方キャリアを正常ホモ接合体と間違う危険率Mは，交配雌数をk，雌集団における正常ホモ接合体の割合をP，キャリアの割合をH，一腹産子数をnとすると，

$$M=\left\{P+H\times\left(\frac{3}{4}\right)^n\right\}^k$$

で求められる．すなわち，k頭の雌に交配して，いずれの交配からも正常な後代が生まれたにもかかわらず，当該種雄がキャリアである確率がMである．

ここで交配の相手集団として，キャリア種雄の娘を選んだ場合，娘の半数は正常ホモ接合体であり，半数はキャリアである．そこで，この場合を上式にあてはめると

$$M=\left\{\frac{1}{2}+\frac{1}{2}\times\left(\frac{3}{4}\right)^n\right\}^k$$

となる．これらの式から，キャリアを正常ホモ接合体と間違う危険率を1%以下に抑えるために必要な雌の数は，単胎動物で35頭，平均一腹産子数が5の多胎動物で10頭であることがわかる．

● 7.2 量的形質の選抜の方法 ○

表7.1のように，3つの家系に属する9頭の子牛の体重が得られ，ここから表現型値に基づいて体重の大きな3頭を選抜する状況を考える．

集団平均からの偏差で表した個体の表現型値Pは，次のように家系内偏差P_wと集団平均からの偏差で表した家系平均P_fの和で表現できる．

$$P=P_w+P_f \tag{7.1}$$

例えば，家系Bの1番目の個体（B1）のPは23 kg（=152−129）であるが，式(7.1)を用いれば，

$$P=P_w+P_f=(152-128)+(128-129)=24+(-1)=23$$

と表現できる．選抜される個体は，これらP_wとP_fに与える重みにより異なってくる．以下，重み付けの違いによる選抜方法について説明する．

7.2.1 個体選抜（individual selection）

自身の表現型値のみに基づく選抜で，P_wとP_fに等しい重みを与える．ここでは

表7.1 3つの家系に属する9個体の子牛体重
（9個体の平均は129 kg）

家系	個体1	個体2	個体3	家系平均
A	169 kg	145 kg	127 kg	147 kg
B	152 kg	127 kg	105 kg	128 kg
C	138 kg	114 kg	84 kg	112 kg

A1，B1 および A2 が選抜される．実施が容易であるだけでなく，特に遺伝率が高い形質を対象とする場合には有効である．他の選抜方法が有効であるという理由がない限り，通常用いるべき選抜である．

7.2.2　家系選抜（family selection）

家系平均のみに基づく選抜で，P_f のみに重みを与える．ここでは A1，A2 および A3 が選抜される．表現型値の変異に環境の影響が強い（遺伝率が低い）とき，表現型値は個体の遺伝的能力を示す指標として有効ではない．そこで，多くの家系内の個体で環境要因を相殺して平均の高い家系すべてを選抜する方法である．

7.2.3　家系内選抜（within-family selection）

家系内偏差のみに基づく選抜で，P_w のみに重みを与える．ここでは C1，B1 および A1 が選抜される．ブタの離乳前発育のような，家系に働く共通環境効果が大きいときに有効である．家系 C は劣悪な環境に置かれたと考え，そのような環境下でよい成績を残した C1 を選抜するような選抜である．

7.2.4　組合せ選抜（combined selection）

P_w と P_f の 2 つの成分それぞれに適当な重みを与える選抜であり，一般に

$$I = b_w P_w + b_f P_f$$

を指標とする．指数選抜（index selection）とも呼ばれ，選抜個体は与える b_w と b_f により異なる．上で述べた 3 つの選抜は，組合せ選抜の特殊な場合と考えることもできる．

● 7.3　量的形質の選抜 ○

質的形質と同様，形質により程度は異なるが量的形質の差異にも遺伝子が関与している．例えば，1 日の乳量が 25 kg のウシと 30 kg のウシの差は，多かれ少なかれ遺伝子の違いを反映しているが，質的形質と比べ，量的形質には多くの遺伝子と様々な環境要因が関与し，選抜の対象となる個体がどれほど多くの望ましい遺伝子をもっているかを表現型値そのものから判断することは難しい．ゆえに，量的形質の選抜においては，表現型値ではなく育種価（第 6 章参照）が優れた個体を選ぶ必要がある．しかし真の育種価を直接測定することはできず，表現型値をはじめとする情報を活用して「予測」するしか方法はない．

第 6 章で述べたように，集団平均からの偏差で表した個体の表現型値 P は，育種価 A と育種価以外の効果 e に分けられる．すなわち

$$P=A+e$$

である．しかし，われわれが得ることができる記録（観測値）は，出生季節，飼育場所などの種々の大環境効果（第6章参照）の影響を受けているため，表現型値そのものではない．したがって，表現型値から育種価を予測するためには，集団平均や種々の大環境効果による影響を取り除く必要がある．ここではまず，集団平均や大環境効果の影響を取り除いて，表現型値が得られたものと仮定して，いくつかの育種価の予測方法と予測された育種価に基づく選抜の概略について見てみよう．さらに，集団平均や大環境効果の推定と育種価の予測を同時に行うことができるBLUP法について，その概略を示す．

7.3.1　個体自身の記録に基づく育種価の予測と選抜

発育能力，飼料利用能力などのように，選抜の対象個体自身について記録が得られる場合について考えてみよう．実際には育種価はわからないが，得られた表現型値とそれらの個体の育種価との間には図7.1のような関係を想定することができる．この図からもわかるように，表現型値 P_i から未知の育種価 A_i を予測するということは，表現型値 P に対する育種価 A の線形回帰の問題に帰することができる．

ここで，育種価とそれ以外の効果に共分散が存在しない，すなわち $\mathrm{Cov}(A, e)=0$ と仮定できれば，回帰係数は

$$b_{A\cdot P}=\frac{\mathrm{Cov}(A, P)}{\mathrm{Var}(P)}=\frac{\mathrm{Cov}(A, A+e)}{\mathrm{Var}(P)}=\frac{V_A}{V_P}=h^2 \qquad (7.2)$$

であり，求める回帰直線は $A=h^2P$ となることから，育種価は $\hat{A}_i=h^2P_i$，すなわち遺伝率と表現型値の積として予測される．

例えば，ある雄牛5号と8号の1歳齢体重がそれぞれ430 kgおよび420 kgであっ

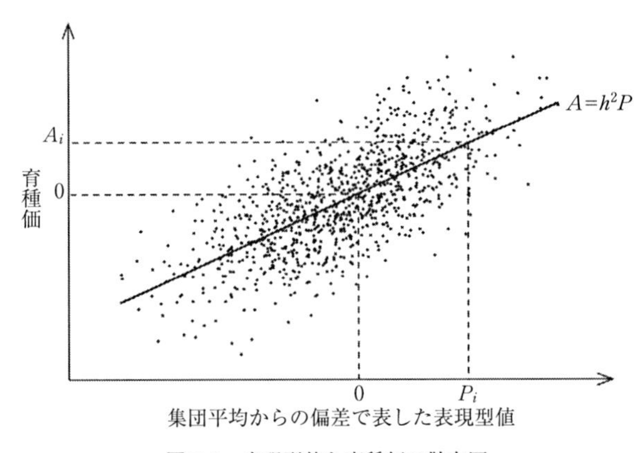

図7.1　表現型値と育種価の散布図

たとしよう．1歳齢体重の集団平均が既知で 390 kg，遺伝率が 0.63 であるとすれば，これらの雄牛の育種価は次のように予測される．

$$\widehat{A}_5=0.63\times(430-390)=25.2$$

$$\widehat{A}_8=0.63\times(420-390)=18.9$$

これより，雄牛5号の方が雄牛8号より 6.3 kg 育種価が大きいことがわかる．

一般に，選抜の基準 I と育種価 A の相関係数を選抜の正確度（accuracy of selection，r_{IA}）という．いまの場合，$I=P$ であるので，選抜の正確度は

$$r_{IA}=\frac{\mathrm{Cov}(P,A)}{\sqrt{\mathrm{Var}(P)\mathrm{Var}(A)}}=\frac{\mathrm{Cov}(A+e,A)}{\sqrt{\mathrm{Var}(P)\mathrm{Var}(A)}}=\frac{\mathrm{Var}(A)}{\sqrt{\mathrm{Var}(P)\mathrm{Var}(A)}}=\sqrt{\frac{\mathrm{V}_A}{\mathrm{V}_P}}=h \quad (7.3)$$

である．すなわち，個体自身の表現型値に基づく選抜の正確度は，遺伝率（第6章参照）の平方根に等しい．

7.3.2 血縁個体の記録に基づく育種価の予測と選抜

屠畜後にのみ測定できる枝肉形質，あるいは乳量，分娩間隔などのように発現する性が限られる形質（限性形質）の場合，対象個体の後代をはじめとする血縁個体の情報に基づいて育種価を予測することがある．

一例として，後代検定による雄の育種価の予測と選抜について考えてみる．育種価を予測したい雄を集団から無作為に抽出された雌に任意交配し，生まれた後代の表現型値を利用して親の遺伝的評価を行う後代検定（progeny test）は，肉用牛の種雄牛候補に対する検定としても実施されるが，その場合検定牛は種雄牛候補の雄牛となり，また後代は調査牛という．調査牛の表現型値の平均値から，種雄牛候補の育種価は次式により予測される．

$$\widehat{A}=\frac{(1/2)nh^2}{1+(n-1)t_{HS}}\overline{P}_p$$

ここで，$\overline{P}_p$ は集団平均からの偏差として表された後代の表現型値の平均値，n は後代数，t_{HS} は同父半きょうだいの表現型値間の級内相関係数（第6章参照），すなわち $(1/4)h^2$ である．後代検定の正確度は，$I=\overline{P}_p$ とおけば

$$r_{IA}=\frac{1}{2}h\sqrt{\frac{n}{1+(n-1)h^2/4}}$$

として得られる．いくつかの状況における正確度の変化を図 7.2 に示した．ここから同じ後代数では，遺伝率が高い形質は低い形質に比較して常に高い正確度を維持するが，その差は後代数が多くなるほど小さくなることが見てとれる．

しかし，同一の候補雄牛の後代グループに共通環境効果が働くと，同父半きょうだい間に遺伝的要因以外に環境的要因による似通いが生じる．例えば，調査牛をそれらの父親である候補雄牛ごとにまとめて同一の牛舎で飼育した際などに起こる現象であ

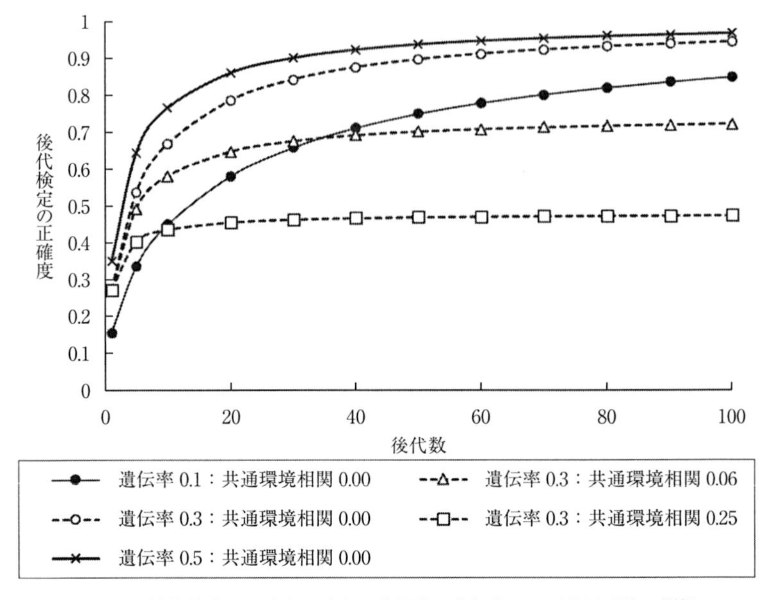

図7.2 後代検定の正確度に対する後代数，遺伝率および共通環境の影響

る．このような場合，後代検定の正確度は

$$r_{IA}=\frac{1}{2}h\sqrt{\frac{n}{1+(n-1)(h^2/4+c^2)}}$$

となる．ここで，c^2 は共通環境効果によって同父半きょうだいの表現型値間に生じる級内相関である．図7.2には，遺伝率が0.3の場合に，c^2 を0.06および0.25とした後代検定の正確度が示してある．共通環境効果が働くと，後代検定の正確度が低下すること，特に後代数を増やすことの効果が著しく減殺されることがわかる．

後代検定の欠点は，調査牛の取得までに長い年月を要することである．この欠点は，育種価予測の情報として半きょうだい，全きょうだい，クローンなどの候補雄牛と同世代の血縁個体を用いる検定によって補うことができる．ただし，これらの情報を利用する際には，評価個体とその血縁個体との間に似通いを生じる共通環境効果や優性効果の寄与に留意すべきである．

7.3.3 複数形質の選抜と総合育種価

動物の育種では多くの場合，複数の形質が同時に選抜の対象となる．ブタの場合でいえば，増体速度，飼料効率，皮下脂肪厚などが選抜の対象となる．このような複数の形質について遺伝的改良を図ろうとする場合の選抜法を考えてみよう．

(1)　順繰り選抜法（tandem selection method）

ある1つの形質について選抜を行い，その形質の改良目標が達成された時点で，次に第2の形質について選抜を始めるというように1形質ずつを順繰りに選抜していく方法である．この方法が効率的であるためには，選抜形質間に拮抗する遺伝相関がない方が望ましい．

(2)　独立淘汰水準法（independent culling levels）

複数の選抜対象形質それぞれについて，図7.3のように個々に淘汰水準（culling level, t）を決めておき，それらすべての水準を満たした個体（a, b, c, d）だけを選抜する方法である．しかし，この方法では個体eおよびfのように，一方の形質がごくわずかに淘汰水準に達しないため，他の形質がいくら優れていても淘汰されてしまう個体がいるという難点がある．

(3)　選抜指数法（selection index method）

いずれの形質についてもぎりぎり淘汰水準を超えている個体を選ぶよりも，図7.3に見られるようにむしろ一方の形質に特に優れている個体（独立淘汰水準法では淘汰されたeおよびf）をも含めて，a, b, e, fを選抜する方が有効かもしれない．その際，どちらの形質にどれだけ重点を置くかは，各形質の経済的重要度，遺伝率，形質相互間の遺伝相関などによって違ってくる．そこで，これらの情報を考慮して複数形質のそれぞれに対する重み付け値を設定しておき，重み付け値による各形質の加重和により選抜を行う方法が考案されている．ここでは，このような複数の形質を考慮した選抜指数法のうち，最も代表的なヘーゼル（Hazel）型の選抜指数法について述べる．

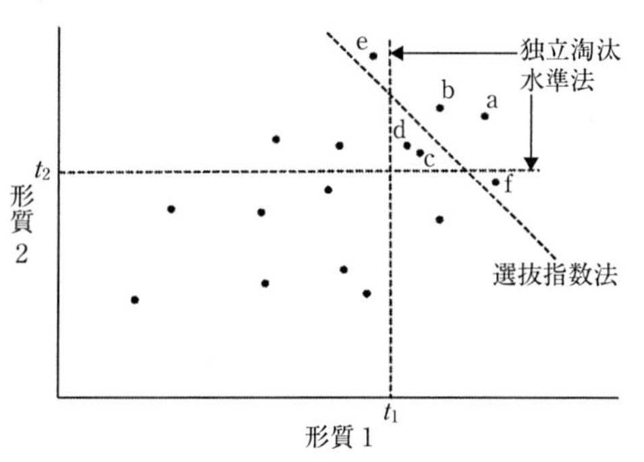

図7.3　独立淘汰水準法と選抜指数法による選抜個体

まず，改良対象としている複数形質（ここでは2形質を取り上げた）の相対経済価値（relative economic value）をそれぞれa_1およびa_2，育種価をそれぞれA_1およびA_2とし，それらの積和を総合育種価（aggregate breeding value）Hと定義する．

$$H = a_1A_1 + a_2A_2$$

一方，2つの選抜形質についての表現型値P_1およびP_2に対して重み付け値b_1およびb_2を積和した指数

$$I = b_1P_1 + b_2P_2$$

を考える．このような指数を選抜指数式（selection index）という．総合育種価Hと

選抜指数式 I との間の相関係数 r_{HI} が最大になるような最適な重み付け値 b_1 および b_2 は，重回帰分析の手法を適用し，次式から得られる．

$$\begin{bmatrix} b_1 \\ b_2 \end{bmatrix} = \begin{bmatrix} \mathrm{Var}(P_1) & \mathrm{Cov}(P_1, P_2) \\ \mathrm{Cov}(P_1, P_2) & \mathrm{Var}(P_2) \end{bmatrix}^{-1} \begin{bmatrix} \mathrm{Var}(A_1) & \mathrm{Cov}(A_1, A_2) \\ \mathrm{Cov}(A_1, A_2) & \mathrm{Var}(A_2) \end{bmatrix} \begin{bmatrix} a_1 \\ a_2 \end{bmatrix}$$

以上2形質の場合について述べたが，3形質以上の場合も同様である．そこで，$\mathbf{b}$ を重み付け値のベクトル，$\mathbf{a}$ を相対経済価値のベクトル，$\mathbf{P}$ を表現型分散共分散行列，$\mathbf{G}$ を相加的遺伝分散共分散行列とおくと，一般に選抜指数式の最適な重み付け値 $\mathbf{b}$ は

$$\mathbf{b} = \mathbf{P}^{-1}\mathbf{G}\mathbf{a}$$

から求められる．選抜指数式に基づく選抜の正確度は，総合育種価 H と選抜指数式 I との間の相関係数 r_{HI} であり，

$$r_{HI} = \sqrt{\frac{\mathbf{b}'\mathbf{P}\mathbf{b}}{\mathbf{a}'\mathbf{G}\mathbf{a}}}$$

により求められる．

選抜指数式による選抜によって総合育種価の改良量を最大化できるが，総合育種価に含まれる個々の形質について改良方向とその大きさをコントロールすることはできない．ところが実際の動物育種では，それぞれの対象形質に個別に目標値を設定したい場合がある．また，改良の対象となる形質の相対経済価値を得るには，経済学的な分析が必要になり，その値を定めることが困難な場合も多い．このような場合に対処するために，形質の相対経済価値を定めずに，各形質の改良目標に基づいて選抜指数式（desired gain index）を作成する方法が開発されている．また，ある形質の集団平均を一定に保ちながらその他の形質を改良したい場合のために，制限つき選抜指数式（restricted selection index）も考案されている．

7.3.4　BLUP法による育種価の予測と選抜

これまでに取り上げてきた方法では，集団平均や大環境効果の真の値が事前にわかっており，観測値からそれらを取り除いて表現型値が得られていることが前提となっている．しかし，実際には集団平均や大環境効果は未知であり，育種価の予測に際しては，それらをデータから推定する必要がある．ヘンダーソン（Henderson, C. R.）は，集団平均や大環境効果の推定とBLUP（best linear unbiased prediction）法による育種価の予測を同時に行う混合モデル方程式（mixed model equations）を考案した．BLUP法によって算出される育種価は，最良線形不偏予測量（best linear unbiased predictor，BLUP）と呼ばれ，線形関数として予測されるもののうちでは予測誤差が最小であり，しかも予測に偏りが生じないという好ましい性質をもつ．

BLUP法では，個体の父親の育種価を予測するための父親モデル（sire model），

父親と母方祖父の育種価を予測するための父親-母方祖父モデル（sire-maternal grandsire model），個体自身の育種価を予測するための個体モデルあるいはアニマルモデル（animal model）など，いくつかのモデルが利用されている．現在，動物の育種において最も普及しているアニマルモデルによるBLUP法の特徴は以下の通りである．

①混合模型方程式を用いることで，集団平均や分析に取り入れた大環境効果を高い精度で推定して観測値を補正し，育種価が予測できる．

②分析に取り入れたすべての個体間の相加的血縁係数（第8章参照）を用いることによって，育種価の予測にあたって，当該個体と血縁関係のあるすべての個体の観測値が利用されるため，正確度の高い育種価が予測できる．

③相加的血縁係数を利用して，観測値をもたない個体の育種価も予測できる．例えば，両親が育種価の予測値をもつなら，第6章で述べた育種価の性質から子どもの育種価は両親の育種価の平均値として予測できる．このようにして予測された育種価を期待育種価という．期待育種価を用いて，将来の種畜候補となる若齢個体の早期の評価や，肉畜における繁殖個体の産肉能力の評価ができる．

④過去のデータも分析に加えることができるため，生年ごとにグループ化した育種価の平均値を求めることで，改良の進み具合，すなわち遺伝的趨勢（genetic trend）が評価できる．

この他にも，BLUP法は形質の特性や対象とする動物の繁殖特性が考慮できるなど高い汎用性をもち，家畜にとどまらずトウモロコシをはじめとする作物，魚類，ミツバチなどの育種に利用されている．

表7.2に示すヒツジの産毛量に関する能力記録を用いて，アニマルモデルBLUP法による育種価の予測の概要を見てみよう．ヒツジの血縁関係は図7.4に示す通りで，1～7までは雄，XおよびYは雌であり，遺伝率は0.4であるものとする．

ヒツジの産毛量に関する記録（観測値）のベクトルを $\mathbf{y}$，各記録がどの時節の記録

表7.2 ヒツジの産毛量（kg）に関する能力記録（佐々木，1994）

時節	ヒツジ（No.）				
	3	4	5	6	7
I	8.0	5.0			
II			5.0	7.0	4.0

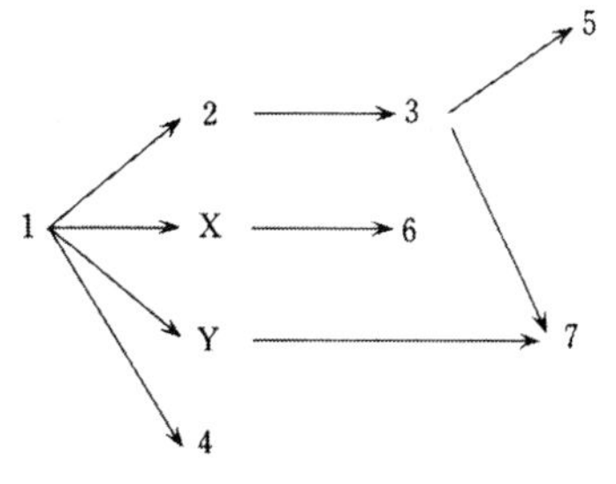

図7.4 記録をもつヒツジおよびそれらの祖先個体の間の血縁関係を示す径路図（佐々木，1994）

であるか，およびどのヒツジの記録であるか示す計画行列（design matrix）をそれぞれ $\mathbf{X}$ および $\mathbf{Z}$，未知の集団平均と時節の効果のベクトルを $\mathbf{b}$，ヒツジおよびそれらの血縁個体の未知の育種価のベクトルを $\mathbf{a}$，記録をもつ個体の環境偏差のベクトルを $\mathbf{e}$ とする．すなわち，

$$\mathbf{y}=\begin{bmatrix}8.0\\5.0\\5.0\\7.0\\4.0\end{bmatrix}\quad \mathbf{X}=\begin{bmatrix}1&1&0\\1&1&0\\1&0&1\\1&0&1\\1&0&1\end{bmatrix}\quad \mathbf{Z}=\begin{bmatrix}0&0&0&0&1&0&0&0&0\\0&0&0&0&0&1&0&0&0\\0&0&0&0&0&0&1&0&0\\0&0&0&0&0&0&0&1&0\\0&0&0&0&0&0&0&0&1\end{bmatrix}$$

$$\mathbf{b}=\begin{bmatrix}\mu\\t_1\\t_2\end{bmatrix}\quad \mathbf{a}'=[a_1\ \ a_2\ \ a_X\ \ a_Y\ \ a_3\ \ a_4\ \ a_5\ \ a_6\ \ a_7]\quad \mathbf{e}=\begin{bmatrix}e_1\\e_2\\e_3\\e_4\\e_5\end{bmatrix}$$

である．ここで，′(プライム）はベクトルや行列の転置（行と列の入れ替え）を示す．これらを用いれば記録のベクトル $\mathbf{y}$ は次のような数学モデルで表すことができる．

$$\mathbf{y}=\mathbf{Xb}+\mathbf{Za}+\mathbf{e}$$

このような数学モデルを設定すると，$\mathbf{b}$ の推定値 $\hat{\mathbf{b}}$ および $\mathbf{a}$ の予測値 $\hat{\mathbf{a}}$ は次の混合モデル方程式の解として得られる．

$$\begin{bmatrix}\mathbf{X}'\mathbf{X} & \mathbf{X}'\mathbf{Z}\\ \mathbf{Z}'\mathbf{X} & \mathbf{Z}'\mathbf{Z}+\mathbf{A}^{-1}\sigma_e^2/\sigma_a^2\end{bmatrix}\begin{bmatrix}\hat{\mathbf{b}}\\ \hat{\mathbf{a}}\end{bmatrix}=\begin{bmatrix}\mathbf{X}'\mathbf{y}\\ \mathbf{Z}'\mathbf{y}\end{bmatrix}$$

ここで，$\mathbf{A}^{-1}$ は個体間の総当たりの相加的血縁係数の行列，すなわち相加的血縁行列（additive relationship matrix）あるいは分子血縁係数行列（numerator relationship matrix）の逆行列である．$\mathbf{A}^{-1}$ は，図7.4の血縁関係から

$$\mathbf{A}^{-1}=\begin{bmatrix}1&0.5&0.5&0.5&0.25&0.5&0.125&0.25&0.375\\ &1&0.25&0.25&0.5&0.25&0.25&0.125&0.375\\ &&1&0.25&0.125&0.25&0.0625&0.5&0.1875\\ &&&1&0.125&0.25&0.0625&0.125&0.5625\\ &&&&1&0.125&0.5&0.0625&0.5625\\ &&&&&1&0.0625&0.125&0.1875\\ &&&&&&1&0.0313&0.2813\\ &&&&&&&1&0.0938\\ &&&&&&&&1.0625\end{bmatrix}^{-1}$$

として得られる．なお，通常は行列 $\mathbf{A}$ を求めて，その逆行列を計算するのではなく，

直接に逆行列 $\mathbf{A}^{-1}$ を計算する方法が用いられる．また，σ_e^2 および σ_a^2 は環境分散（優性およびエピスタシス分散を含む）および相加的遺伝分散，すなわち

$$\sigma_e^2 = V_E,\quad \sigma_a^2 = V_A$$

であり，今の例では

$$\frac{\sigma_e^2}{\sigma_a^2} = \frac{1}{h^2} - 1 = \frac{1}{0.4} - 1 = 1.5$$

である．これらを混合モデル方程式に代入すると，

$$\begin{bmatrix} 5 & 2 & 3 & 0 & 0 & 0 & 0 & 1 & 1 & 1 & 1 & 1 \\ & 2 & 0 & 0 & 0 & 0 & 0 & 1 & 1 & 0 & 0 & 0 \\ & & 3 & 0 & 0 & 0 & 0 & 0 & 0 & 1 & 1 & 1 \\ & & & 3.5 & -1 & -1 & -1 & 0 & -1 & 0 & 0 & 0 \\ & & & & 2.5 & 0 & 0 & -1 & 0 & 0 & 0 & 0 \\ & & & & & 2.5 & 0 & 0 & 0 & 0 & -1 & 0 \\ & & & & & & 2.75 & 0.75 & 0 & 0 & 0 & -1.5 \\ & & & & & & & 4.25 & 0 & -1 & 0 & -1.5 \\ & & & & & & & & 3 & 0 & 0 & 0 \\ & & & & & & & & & 3 & 0 & 0 \\ & & & & & & & & & & 3 & 0 \\ & & & & & & & & & & & 4 \end{bmatrix} \begin{bmatrix} \widehat{\mu} \\ \widehat{t}_1 \\ \widehat{t}_2 \\ \widehat{a}_1 \\ \widehat{a}_2 \\ \widehat{a}_X \\ \widehat{a}_Y \\ \widehat{a}_3 \\ \widehat{a}_4 \\ \widehat{a}_5 \\ \widehat{a}_6 \\ \widehat{a}_7 \end{bmatrix} = \begin{bmatrix} 29.0 \\ 13.0 \\ 16.0 \\ 0 \\ 0 \\ 0 \\ 0 \\ 8.0 \\ 5.0 \\ 5.0 \\ 7.0 \\ 4.0 \end{bmatrix}$$

となる．ただし左辺の係数行列にはランク落ちがあり，逆行列は存在しない．そこで一例として $t_1=0$ という制約を与えた一般化逆行列（2 行 2 列を削除した部分行列の逆行列）を求め，左から両辺に掛けることで，解 $\widehat{\mathbf{b}}$ および $\widehat{\mathbf{a}}$ が，

$\mathbf{b}' = [6.6962\ 0.0\ -1.4670]$

$\mathbf{a}' = [-0.2301\ 0.0078\ 0.1662\ -0.3373\ 0.2497\ -0.6421\ 0.0068\ 0.6457\ -0.3402]$

として得られる．

この例では μ そのものは推定できないが，$\mu+t_1$，$\mu+t_2$ および t_1-t_2 は推定可能であり，それぞれ 6.6962 kg，5.2292 kg および 1.4670 kg となる．また，ヒツジ No.6 の育種価が +0.6457 kg と予測され，遺伝的に最も優れていることがわかる．さらに，祖先個体 No.1 および No.2 もそれら自身は記録をもたないが，相加的血縁行列を通じてそれぞれの育種価が −0.2301 kg および +0.0078 kg として予測される．

なお，この例で遺伝率を 0.4 としたように，BLUP 法では遺伝率のようなパラメータは既知であることを前提としている．しかし通常は未知なので，分析対象のデータから REML やベイズ法を用いて遺伝率を推定し，それを真の値とみなして BLUP 法を適用する．

● 7.4　選抜による遺伝的改良量 ○

7.4.1　遺伝的改良量の予測

個体の表現型値に対する選抜を取り上げて，遺伝的改良量（genetic gain）の予測について考えてみよう．対象形質に対する選抜で選ばれた個体群を選抜個体群と呼ぶ．大きい値を望ましいとする上方向選抜の場合，その平均値は選抜個体群とそれ以外の淘汰個体群からなる選抜前のもとの集団の平均値より大きいはずである（図7.5）．

選抜個体群の平均値を μ_s，選抜前のもとの集団の平均値を μ_0 としたときに，その差 $\Delta P=\mu_s-\mu_0$ を選抜差（selection differential）といい，選抜個体群の集団全体に対する割合，すなわち選抜率が小さいほど選抜差は大きくなる．図7.5のように，ある淘汰水準以上のものをすべて選抜し，それ以外のものをすべて淘汰するような選抜を切断型選抜（truncation selection）と呼ぶ．

選抜個体間で交配が行われ次世代が形成されると，世代間で選抜形質の平均値が変化する．次世代の平均値を μ_1 としたときに，$\Delta G=\mu_1-\mu_0$ を遺伝的改良量あるいは選抜反応（selection response）という．

式（7.2）から，ΔP の選抜差をもつ選抜個体群の育種価の平均は，もとの集団より $h^2\Delta P$ だけ大きいと予想される．選抜個体間で任意交配されて生まれる次世代の表現型値の平均値もまた $h^2\Delta P$ だけ大きくなるので，遺伝的改良量は

$$\Delta G=h^2\Delta P \tag{7.4}$$

となる．この式を用いると，選抜差が判明した時点で遺伝的改良量が予測できることになる．また式（7.4）から $h^2=\Delta G/\Delta P$ が得られ，遺伝的改良量と選抜差の比から遺伝率が推定できる．このようにして求めた遺伝率は実現遺伝率（realized heritability）と呼ばれている．実現遺伝率は，ショウジョウバエやマウスなどの実験動物を用いた選抜実験の結果を評価する際に計算されることが多い．

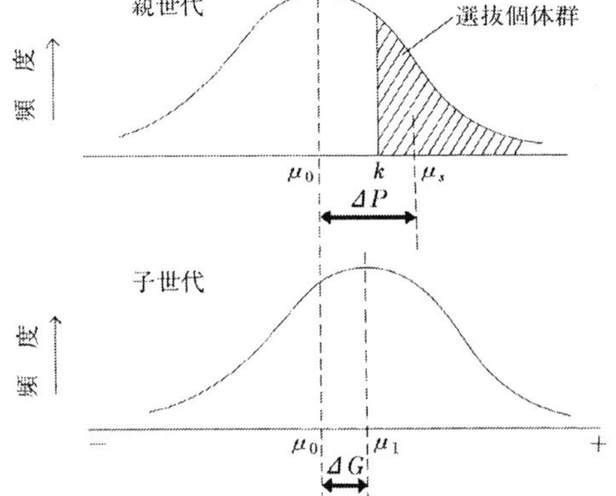

図7.5　親世代の選抜差 ΔP と子世代の遺伝的改良量 ΔG（佐々木，1994）

選抜差の大きさは，選抜率はもちろん対象形質のばらつきの大き

表 7.3　選抜率と選抜強度

選抜率	選抜強度	選抜率	選抜強度	選抜率	選抜強度	選抜率	選抜強度
0.001	3.367	0.01	2.665	0.10	1.755	0.55	0.720
0.002	3.170	0.02	2.421	0.15	1.554	0.60	0.644
0.003	3.050	0.03	2.268	0.20	1.400	0.65	0.570
0.004	2.962	0.04	2.154	0.25	1.271	0.70	0.497
0.005	2.892	0.05	2.063	0.30	1.159	0.75	0.424
0.006	2.834	0.06	1.985	0.35	1.058	0.80	0.350
0.007	2.784	0.07	1.918	0.40	0.966	0.85	0.274
0.008	2.740	0.08	1.858	0.45	0.880	0.90	0.195
0.009	2.701	0.09	1.804	0.50	0.798	0.95	0.109

さやその測定単位に依存し，選抜差そのものからどの程度の強さの選抜が行われたのかを知ることはできない．このため，選抜差を表現型値の標準偏差（$\sigma_p=\sqrt{V_P}$）で割って標準化した値

$$i=\frac{\Delta P}{\sigma_p}$$

が選抜の強さの指標として用いられる．i は標準化選抜差（standardized selection differential）あるいは選抜強度（selection intensity）と呼ばれる．選抜強度は，選抜率にのみ依存する．表 7.3 には，与えられた選抜率に対する選抜強度が示されている．選抜強度を用いれば式（7.4）から，

$$\Delta G=h^2 i\sigma_p=ih\sigma_a \tag{7.5}$$

が導かれる．なお，式（7.5）の右辺の h は個体自身の表現型値に基づく選抜の正確度（式（7.3））であり，一般に選抜基準が I のときの遺伝的改良量は，選抜の正確度 r_{IA} を用いて

$$\Delta G=ir_{IA}\sigma_a \tag{7.6}$$

と書ける．すなわち，遺伝的改良量は，選抜強度，改良対象形質の相加的遺伝分散の平方根（育種価の標準偏差），選抜の正確度の積として予測できる．ただし，個体の表現型値に基づく選抜の場合，ある対象集団に対して選抜形質が決まれば σ_a と h が自ずと決まる．したがって，遺伝的改良量を人為的にコントロールできる要因は選抜強度のみということになる．

ここまで，選抜個体群における雄と雌の数は等しいと仮定してきた．しかし多くの場合，次世代の形成に用いられる雄と雌の数は異なり，その結果として選抜差にも雌雄差が生じる．このとき，選抜差や選抜強度の雌雄での平均値

$$\Delta P=\frac{1}{2}(\Delta P_m+\Delta P_f)\quad および\quad i=\frac{1}{2}(i_m+i_f)$$

が全体の選抜差として用いられる．ここで，添え字の m と f はそれぞれ雄と雌を表す．

選抜差や選抜強度の雌雄の平均値を集団全体の値とする理由は，個体数の多少にかかわらず，雄親群と雌親群はそれぞれ半分ずつ子集団へ遺伝子を寄与するからである．

7.4.2　相関反応

ある形質に対して選抜を行うと，その形質の集団平均に変化が生じるだけでなく，遺伝的に関連のある他の形質の集団平均にも変化が生じることがある．例えば乳牛では，乳量を対象に選抜を実施すると乳脂量が増加することが一般的である（第6章参照）．これは図7.6に示すように育種価に相関関係があることに起因し，横軸の形質1に対して選抜を行うことで，縦軸の形質2に優れた個体が自動的に選抜されることによる．

このように選抜に伴い，選抜形質以外の集団平均に間接的に生じる遺伝的な変化を相関反応（correlated response）という．ここから，先述の選抜反応を直接選抜反応（direct selection response），相関反応を間接選抜反応（indirect selection response）と呼ぶこともある．

相関反応は，h_1 を形質1における選抜の正確度，σ_{a2} を形質2の相加的遺伝標準偏差，r_{12} を両形質間の遺伝相関係数とすれば，

$$\Delta G_C = i h_1 r_{12} \sigma_{a2} \tag{7.7}$$

で予測される．この式より，両形質の遺伝相関が相関反応に寄与し，もし遺伝相関が0であれば相関反応は起きず，図7.6のように相関が正であれば2つの形質は同じ方向に，負であれば逆の方向へ変化することがわかる．

動物の価値はただ1つの形質で決まるものではなく，多くの形質の良否が関与している．したがって，ある形質に対する選抜が他の重要な形質の低下につながらないよう，育種計画の策定では相関反応を考慮しておくことが重要である．

相関反応の現象は，非常に遺伝率が低かったり，あるいは測定が面倒でコストがかかる形質を改良するような場面に応用することができる．すなわち，先の例でいえば形質2の測定が困難な場合に，容易に測定が可能な形質1を利用して間接的に形質2の改良を実施するのである．ここでは改良の本当の対象は形質2であるから，形質2を直接選抜して得られる選抜反応 $\Delta G_{2\cdot2} = i_2 h_2 \sigma_{a2}$ と，形質1の選抜により形質2に生じる相関反応 $\Delta G_{1\cdot2} = i_1 h_1 r_{12} \sigma_{a2}$ を比較して，有利な方を選べばよいことになる．つまり，そ

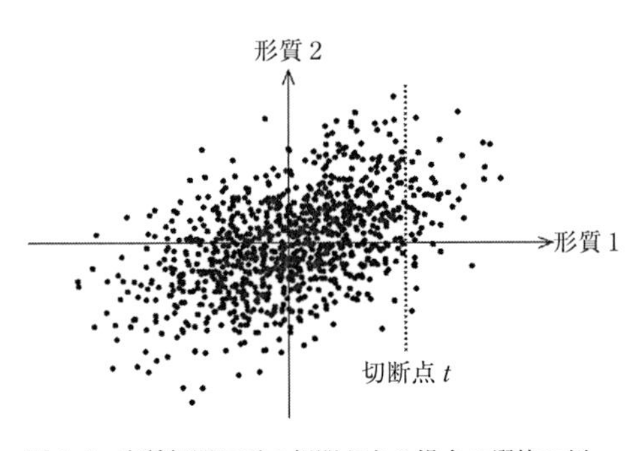

図7.6　育種価間に正の相関がある場合の選抜の例

れらの比である直接選抜に対する間接選抜の選抜効率（selection efficiency）が

$$\frac{\Delta G_{1\cdot2}}{\Delta G_{2\cdot2}}=\frac{i_1h_1r_{12}}{i_2h_2}>1$$

であれば，相関反応を利用した改良が有効であるといえる．ここから，形質 2 より多数の個体を測定でき（選抜強度が高い），遺伝率が高く，望ましい方向への遺伝相関が高い形質 1 が見つかれば間接選抜が有利であることがわかる．

7.4.3　遺伝的改良速度

これまでは 1 世代あたりの遺伝的改良量について見てきたが，育種に携わるわれわれにとってはむしろ単位時間あたり（多くの場合，年あたり）の遺伝的改良量に興味がある．また，育種計画の比較を行う際にはそれぞれの計画の間で世代の長さが異なることも多く，1 世代あたりの遺伝的改良量で比較することが妥当でないこともある．このような場合，1 世代あたりではなく，一定期間あたりの改良量 ΔG_y で比較するのが望ましい．例えば，年あたりの遺伝的改良量は，1 世代あたりの改良量を年単位で表した世代間隔 L（第 5 章参照）で割ることにより計算できる．すなわち

$$\Delta G_y=\frac{\Delta G}{L} \tag{7.8}$$

である．この場合の年あたりの遺伝的改良量を遺伝的改良速度（rate of genetic gain）という．

世代間隔は一般に子を産んだときの親の平均年齢で定義される．親から子への 4 つの径路，すなわち，父から息子 L_{SS}，父から娘 L_{SD}，母から息子 L_{DS}，母から娘 L_{DD} ごとに世代間隔が異なる場合には，4 つの径路の子世代への寄与はいずれも 1/4 であるから，平均世代間隔 L は

$$L=\frac{L_{SS}+L_{SD}+L_{DS}+L_{DD}}{4}$$

として求められる．ちなみに，黒毛和種における近年の世代間隔は 9.3 年（$L_{SS}=12.2$，$L_{SD}=10.9$，$L_{DS}=7.7$，$L_{DD}=6.4$）となっている．

式（7.7）からわかるように，世代間隔が短い方が改良の効率は高い．したがって，DNA 情報の利用などにより，より若い時期に遺伝的能力評価ができるようになると，世代間隔の短縮，さらには遺伝的改良速度の向上につながるものと考えられる．

● 7.5　育種計画の策定 ○

式（7.6），（7.7），（7.8）から，遺伝的改良速度は次の 5 つの要因によって決定されることがわかる．

①選抜の正確度

②選抜強度

③選抜対象形質の相加的遺伝分散（相加的遺伝標準偏差）

④世代間隔

⑤遺伝相関

これらの要因，特に①～④は独立に遺伝的改量速度に作用するのではなく，育種の多くの場面では，いくつかの要因間に拮抗的な関係が生じる．例えば，世代間隔を短縮するためには，高齢の親をできるだけ早期に淘汰し，若齢の親で更新する必要がある．しかし，若齢の親数を増やすためには，毎年より多くの親を選抜する必要が生じ，検定できる候補畜の数が限られているときには，選抜強度の低下を招く．

育種計画は，与えられた条件下で最大の改良成果が得られるように策定されなければならない．以下では，育種計画の策定に際して遭遇するいくつかの問題について概説する．

a. 選抜方法の比較

例えば，候補個体の後代の表現型値に基づく選抜（後代検定）と候補個体自身の表現型値に基づく選抜（個体選抜）を比較してみよう．この比較には，後代検定での遺伝的改良量 ΔG_P と，直接選抜での遺伝的改良量 ΔG_I を参考にすればよく，その比として表される選抜効率は，

$$\frac{\Delta G_P}{\Delta G_I}=\frac{i_P\sigma_a\left\{\dfrac{1}{2}h\sqrt{\dfrac{n}{1+(n-1)h^2/4}}\right\}}{i_I\sigma_a h}=\frac{i_P}{2i_I}\sqrt{\frac{n}{1+(n-1)h^2/4}}$$

と整理できる．仮に両選抜における選抜強度を等しい（$i_P=i_I$）とおけば，遺伝率0.5の形質では7頭の後代を用いた後代検定と直接選抜の選抜効率が等しくなる．したがって，候補個体あたり8頭以上の後代を利用できるときには後代検定の方が優れ，逆に候補個体あたり6頭以下の後代しか利用できないときには個体選抜の方が優れていることがわかる．

b. 近交度の上昇

検定できる候補雄の数が一定数に限られているものとすると，選抜強度を上げるためには選抜する雄の数 N_m を少なくすることが必要である．一方で，第5章では N_m 個体の雄親が多数の雌親に交配される集団の有効な大きさはおおよそ $N_e\approx 4N_m$ となること，したがって集団の近交係数の世代あたりの上昇率は，$\Delta F=1/2N_e\approx 1/8N_m$ となることを示した．したがって，近交係数の上昇をできるだけ低く抑えるには，選抜する雄の数をできるだけ多くすることが求められる．このように，選抜強度の強化と近交係数の上昇の抑制にも拮抗的な関係が生じる．

さらに第5章で示した集団の有効な大きさに関する公式は，厳密には選抜が行われ

ていない集団にしか適用できない．選抜が行われている集団では，優れた家系から多くの個体が選ばれる傾向があるため，集団の有効な大きさは公式から得られる値よりも小さくなり，近交係数の上昇量も無選抜の集団よりも大きくなる．実際に，アニマルモデル BLUP 法による予測育種価に基づく選抜では，集団の有効な大きさが公式から得られる値の数分の一になることがある．

改良の対象形質が近交退化（第 8 章参照）を示すなら，選抜による遺伝的改良量を相殺する可能性がある．したがって，事前に設定した ΔF の許容値のもとで遺伝的改良量を最大化できるように選抜する親の数を決定すべきである．さらに，集団の近交係数の上昇が，集団の遺伝的多様性の低下を招くことがある点（第 11 章参照）にも留意すべきである．

c.　中長期的な遺伝的改良量

1 世代の選抜による遺伝的改良量は，式（7.4）によって予測できる．しかし，外部から個体を導入しない閉鎖集団において継続して選抜を行った場合，世代あたりの遺伝的改良量は，相加的遺伝分散の減少によって当初に式（7.4）から期待された値よりもしだいに小さくなっていく．最終的には，相加的遺伝分散は枯渇し，遺伝的改良量は見られなくなり集団平均は一定値にとどまるであろう．この状態をプラトーといい，プラトーに達した時点での集団平均を選抜限界（selection limit）という．

ロバートソンは選抜限界について理論的解析を行い，選抜強度を高めて初期の遺伝的改良量を増大させると選抜限界が低下すること，選抜率を 1/2 とした選抜が選抜限界を最大化することを示した．実際の育種において，集団がプラトーに達するまで選抜を継続することはないと考えられるが，ロバートソンの理論は，中長期的な視点からは，性急な改良成果を求めることが必ずしも最適な育種計画にならないことを示している．現実には，育種計画の目標と期間を明確にして，その目標が達成できるように選抜強度を決定すべきである．

以上，遺伝学的側面から育種計画の策定について見てきたが，実際の育種計画の策定に際しては，育種計画を実施するために要する費用や実施することによって得られる収益など経済学的側面も考慮する必要がある．　［**大山憲二・三宅　武**］

文　献

D. S. ファルコナー著，田中嘉成・野村哲郎共訳：量的遺伝学入門．蒼樹書房（1993）．
佐々木義之：動物の遺伝と育種．朝倉書店（1994）．
佐々木義之編著：変量効果の推定と BLUP 法．京都大学学術出版会（2007）．

8 交配とその様式

家畜，家禽などの高等動物は，雄の精子と雌の卵が融合して受精することによって次世代の個体（後代）を形成する．後代を生産するために雄と雌との間で受精を行うことを交配（mating）という．本章では選抜された個体をどのように交配するか，それによって集団の遺伝的構成がどのように変化するかについて考える．

8.1 交配様式の基本分類

雄と雌をどのように交配させるかを交配様式（mating system）といい，図8.1のように，大きく任意交配と非任意交配（non-random mating）に分類される．任意交配は，集団から無作為に取り出された雄と雌の間の交配であり，どの個体も相手の性のすべての個体と等しい確率で交配する機会をもつ．非任意交配は，交配の組合せにランダムからのずれを生じる要因が，個体間の類似性による場合と血縁関係の遠近による場合に分けられる．前者の場合は同類交配と異類交配に分けられ，後者の場合は近親交配と遠縁交配に分けられる．

同類交配（assortative mating）は，集団の中から無作為に取り出された組合せよりも形質の表現型や遺伝子型がより似たもの同士の交配であり，逆に異類交配（dis-assortative mating）はより似ていないもの同士の交配である．種雄畜候補を生産するために育種価の高い雄と雌を交配して産子を計画的に生産することを計画交配というが，これも同類交配とみなすことができる．一方，群内の雌のある形質の育種価が相対的に低い場合に，その形質について育種価の高い雄を交配して産子の能力を高めることは矯正交配と呼ばれるが，これは異類交配の１つである．同類交配により産子の遺伝的変異が増大し，異類交配により産子の斉一性を高めることができる．

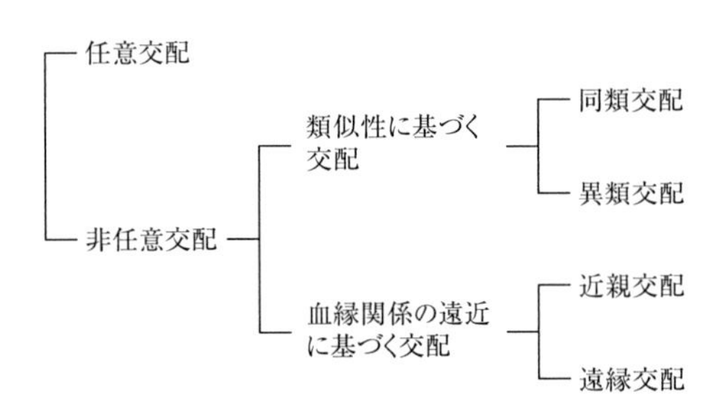

図8.1　交配様式の分類

近親交配（inbreeding）は品種あるいは集団において，その平均的な血縁関係よりも血縁関係が近い個体間の交配をいい，遠縁交配（out-breeding）は逆に平均的な血縁関係よりも遠い関係の個体間の交配をいう．近親交配は，集団遺伝学では共通な個体を祖先にもつ個体間の交配，すなわち血縁関係がゼロでない個体間の交配を指すが，動物育種では上記の定義で用いられることが多い．動物において最も強い近親交配であるきょうだい間の交配は，実験動物では兄妹交配と呼ばれるが，家畜育種では両親が共通した交配を全きょうだい交配（full-sib mating），片親だけが共通した交配を半きょうだい交配（half-sib mating）と呼んでいる．

● 8.2　近交度と血縁度の尺度 ○

近親交配の程度は，近交係数によって表される．また，個体間の血縁の程度は，共祖係数および血縁係数によって表される．ここでは，血統図（家系図）からこれらの係数を計算する方法を解説する．

8.2.1　近 交 係 数

第5章で述べたように，血縁個体間の交配，すなわち集団遺伝学でいう近親交配が行われると，生まれる子どもは同一の祖先遺伝子を相同遺伝子として対にもつ可能性が生じる．過去のある世代の単一の遺伝子に由来する2つの遺伝子を同祖的であると定義したが，同祖的遺伝子を相同遺伝子としてもつ個体を同祖接合（autozygote）という．一方，同祖的でない2つの遺伝子を相同遺伝子としてもつ個体を異祖接合（allozygote）という．個体の任意の遺伝子座が同祖接合となる確率を近交係数といい，一般的に F で表記する．

血統図から近交係数を計算する場合，過去のある祖先集団では，すべての遺伝子は異祖的であるとみなす．このような集団を基礎集団（第5章参照）と呼び，そこに属するすべての個体の近交係数は0とする．それ以降の世代で計算される近交係数は基礎集団に対する相対値である．つまり，血統図から計算する近交係数は，基礎集団を出発点として問題としている個体までの間に存在した祖先遺伝子によって，個体が同祖接合になる確率である．血統図を用いる場合には，通常，基礎集団は両親が不明の個体（血統をそれ以上遡れない個体）の集まりである．

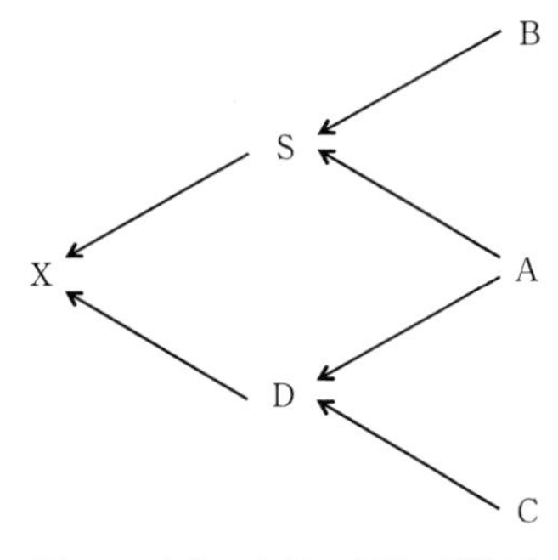

図8.2　半きょうだい交配の経路図

近交係数は，血統図における遺伝子の流れに沿って両親から受け取る2つの遺伝子が，同祖的となる確率を求めることによって得られる．例として図8.2の半きょうだい家系において，個体Xの近交係数を考えてみよう．Xの両親SとDは共通祖先

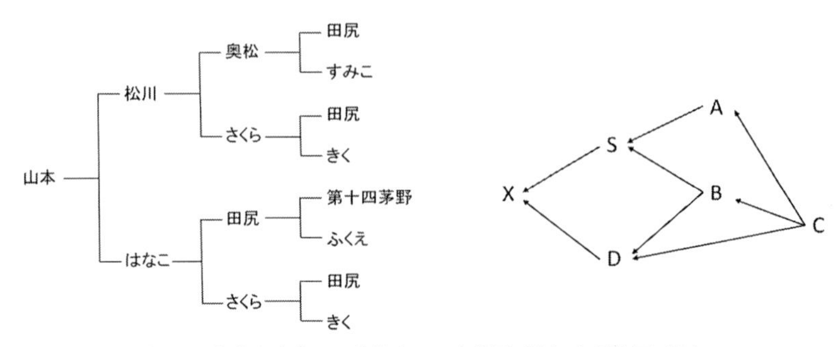

図8.3 和牛山本号の3代祖までの血統図(左)と経路図(右)

Aをもつ.Aのある遺伝子座の相同遺伝子を$[A_1 A_2]$と表記する.A_1がSを通してXに伝わる確率は$1/2\times1/2=(1/2)^2$, Dを通してXに伝わる確率も$(1/2)^2$であり,Xにおいて$[A_1 A_1]$となる確率はそれらの積である$(1/2)^4$である.同様に,Xが$[A_2 A_2]$となる確率も$(1/2)^4$である.したがって,XがA_1かA_2の同祖接合になる確率は$(1/2)^3$であり,これがSとDの共通祖先Aによって生じた個体Xの近交係数である.

以上の計算では,共通祖先Aの両親は不明である,すなわちAは基礎集団の個体であると仮定されている.もし,Aの血統図が得られるなら,A自身が近親交配によって生まれた個体である可能性も生じる.そのときはXの遺伝子型が$[A_1 A_2]$あるいは$[A_2 A_1]$であっても,A_1とA_2はAの祖先がもっていた同一の遺伝子に由来し同祖的となる可能性が生じる.上記と同じように考えれば,Xの遺伝子型が$[A_1 A_2]$あるいは$[A_2 A_1]$となる確率は$(1/2)^4+(1/2)^4=(1/2)^3$であり,Aが同祖接合になる確率はAの近交係数F_Aなので,Aが同祖接合であることのXの近交係数への寄与は$(1/2)^3F_A$となる.以上より,Xの近交係数は,$F_X=(1/2)^3+(1/2)^3F_A=(1/2)^3(1+F_A)$となる.ここで,この式の指数3は,共通祖先を介してXの両親を結びつける径路に現れる個体(S-A-D)の数である.したがって,血統情報から血統図を作成し,両親と共通祖先を結ぶ径路上の個体数を数えれば近交係数を求めることができる.

この考え方をもとに,個体の近交係数を計算する一般公式は次のようになる.

$$F_X=\sum_i\left(\frac{1}{2}\right)^{n_i}(1+F_{A_i}) \tag{8.1}$$

ここで,n_iはXの一方の親から共通祖先を介してもう一方の親を結びつける径路のうちi番目の径路上の個体数,A_iはその径路上の共通祖先の近交係数,$\sum$はすべての径路について和を求めることを示す.なおn_iについては,両親と共通祖先の間の世代数に1を加えたもので表すこともある.近交係数は確率であるから,0〜1の値をとる.

実例として和牛山本号の3代祖までの血統図を見てみよう(図8.3左).山本号をXとし,両親をSとDとする.その祖先にはアルファベットを順次当てはめるが,

表 8.1　山本号の近交係数の計算

共通祖先	径路	両親から共通祖先までの世代数と個体数			共通祖先の F_A	$\left(\frac{1}{2}\right)^n(1+F_A)$
		父から	母から	個体数		
B	S←B→D	1	1	3	0	$\left(\frac{1}{2}\right)^3=0.125$
C	S←A←C→D	2	1	4	0	$\left(\frac{1}{2}\right)^4=0.0625$
C	S←A←C→B→D	2	2	5	0	$\left(\frac{1}{2}\right)^5=0.03125$
C	S←B←C→D	2	1	4	0	$\left(\frac{1}{2}\right)^4=0.0625$

同一の個体には同一のアルファベットを用いる．血統図から径路図を作成すると図 8.3 右のようになる．なお，両親から共通祖先を結ぶ径路に関わらない個体は省略している．この径路図から両親と共通祖先を結ぶ径路は表 8.1 にまとめることができる．ここで，すべての共通祖先について，すべての径路ごとに同祖接合になる確率を合計すると $F_X=0.28125$ となり，山本号の近交係数は 0.281 となる．

8.2.2　共祖係数

共祖係数（coancestry）あるいは近縁係数（coefficient of kinship）と呼ばれる係数は，ある遺伝子座について 2 個体のそれぞれから遺伝子を 1 個ずつ無作為に取り出したときに，それら 2 つの遺伝子が同祖的である確率である．一般的に記号 f で表記される．この定義から，2 個体間の共祖係数はそれらの産子の近交係数に等しい．共祖係数を用いると，閉鎖群育種など集団として血統管理を行っている場合に次世代の近交係数を簡単に計算することができる．このため，近交係数を抑制する交配計画の検討や集団の遺伝的構造の解析に用いられる．

図 8.4 のような血統図を考えてみよう．個体 X は両親 S，D，祖父母 A，B と P，Q をもつ．ある遺伝子座について，S と D から無作為に遺伝子を 1 つずつ抽出したとき，S の遺伝子は 1/2 の確率で A の遺伝子あるいは B の遺伝子に由来する．同様に，D から抽出した遺伝子は 1/2 の確率で P あるいは Q の遺伝子に由来する．したがって，S と D から無作為に抽出した 2 つの遺伝子は，1/4 の確率で A と P の遺伝子に由来する．同様に，抽出した 2 つの遺伝子が A と Q，B と P，B と Q の遺伝子に由来する確率も 1/4 である．したがって，S と D から無作為に取り出した遺伝子が同祖的である確率，すなわち S と D の共祖係数 f_{SD} は，

$$f_{SD}=\frac{1}{4}(f_{AP}+f_{AQ}+f_{BP}+f_{BQ}) \tag{8.2}$$

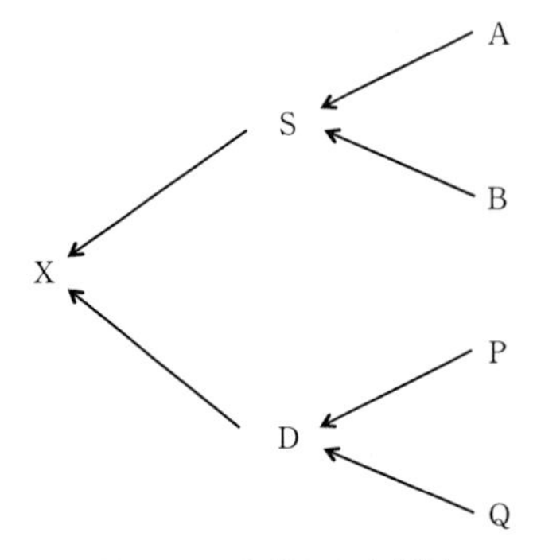

図8.4　一般化した血統図

となる．この規則により，世代から世代へと共祖係数を計算することができる．先に述べたように，個体Xの近交係数はその両親SとDの共祖係数であるから，

$$F_X = f_{SD} \tag{8.3}$$

である．

子世代の個体と親世代の個体の共祖係数は，親世代の個体と子世代の個体の両親との間の共祖係数の平均となる．例えば，子世代Sと親世代PあるいはQとの共祖係数は，

$$\begin{aligned} f_{SP} &= \frac{1}{2}(f_{AP} + f_{BP}) \\ f_{SQ} &= \frac{1}{2}(f_{AQ} + f_{BQ}) \end{aligned} \tag{8.4}$$

となる．この式から，さらに，

$$f_{SD} = \frac{1}{2}(f_{SP} + f_{SQ})$$

が得られる．この式に（8.4）を代入して式（8.2）を得ることもできる．

個体X自身の共祖係数は，Xから復元抽出した2つの遺伝子が同祖的である確率なので，

$$f_{XX} = \frac{1}{2}(1 + f_{SD})$$

である．ここで，SとDの共祖係数はXの近交係数であるので，

$$f_{XX} = \frac{1}{2}(1 + F_X) \tag{8.5}$$

と書くこともできる．

図8.3の山本号の近交係数を両親の共祖係数から求めてみよう．まず，式（8.2）と（8.3）より

$$F_X = f_{SD} = \frac{1}{4}(f_{AB} + f_{AC} + f_{BB} + f_{BC}) \tag{8.6}$$

ここで，式（8.4）と（8.5）を用いると

$$f_{AB} = \frac{1}{4} f_{CC} = \frac{1}{4}\left\{\frac{1}{2}(1+0)\right\} = \frac{1}{8}$$

$$f_{AC} = \frac{1}{2} f_{CC} = \frac{1}{2}\left\{\frac{1}{2}(1+0)\right\} = \frac{1}{4}$$

$$f_{BB} = \frac{1}{2}(1 + F_B) = \frac{1}{2}$$

$$f_{BC} = \frac{1}{2} f_{CC} = \frac{1}{2}\left\{\frac{1}{2}(1+0)\right\} = \frac{1}{4}$$

これらを式（8.6）に代入すると

$$F_X=\frac{1}{4}\left(\frac{1}{8}+\frac{1}{4}+\frac{1}{2}+\frac{1}{4}\right)=\frac{9}{32}=0.28125$$

となり，山本号の近交係数が得られる．

8.2.3　血縁係数と相加的血縁係数

血縁の強さを表す尺度として，動物育種でよく用いられるものに血縁係数（coefficient of relationship）がある．血縁係数は 2 個体の育種価間の相関係数に等しい．個体 X と個体 Y との間の血縁係数を R_{XY} と表記すると，血縁係数は次式により求めることができる．

$$R_{XY}=\frac{\sum_i \left(\frac{1}{2}\right)^{n_i}(1+F_{A_i})}{\sqrt{(1+F_X)(1+F_Y)}} \tag{8.7}$$

ここで，n_i は X から共通祖先を介して Y を結びつける径路のうち i 番目の径路上の世代数（あるいは径路上の個体数から 1 を引いた数），F_{A_i} はその径路上の共通祖先の近交係数，$\sum$ はすべての径路について和を求めることを示す．血縁係数は 0～1 の値をとる．

血縁係数の式（8.7）における分子部分は相加的血縁係数（additive relationship）あるいは分子血縁係数（numerator relationship）と呼ばれる．また，個体自身の相加的血縁係数は個体の近交係数に 1 を加えた値である．個体自身の相加的血縁係数を対角要素として，個体間の相加的血縁係数を行列で表したものが相加的血縁行列（第 7 章参照）であり，A 行列とも呼ばれる．A 行列は個体の育種価間の分散共分散行列を与え，BLUP 法を用いた育種価の予測において重要な役割を担っている．

個体 X と Y の相加的血縁係数を a_{XY}，個体 X 自身の相加的血縁係数を a_{XX} とすると，共祖係数および近交係数との間に次の関係がある．

$$a_{XY}=2f_{XY}$$

$$a_{XX}=2f_{XX}=1+F_X$$

したがって，式（8.7）は共祖係数を用いると

$$R_{XY}=\frac{f_{XY}}{\sqrt{f_{XX}f_{YY}}}$$

と表すこともできる．

● 8.3　近親交配による集団の遺伝的構成の変化 ○

近親交配によって近交係数が上昇するが，有限集団であれば意識的な近親交配を行わなくても集団の近交係数が上昇する．このような近交係数の上昇が集団に対してど

のような影響を及ぼすかについて，集団の遺伝子型頻度，集団平均および遺伝分散の面から見てみよう．

8.3.1　遺伝子型頻度の変化

近親交配による遺伝子型頻度の変化について，極端な例として，自殖（自家受粉）を繰り返した場合の推移を見てみよう．表8.2は，ある遺伝子座について対立遺伝子A_1とA_2の頻度がそれぞれ0.5であり，ハーディー・ワインベルグ平衡に達した集団を世代0として，自殖を3世代行った場合の遺伝子型頻度を示す．世代0ではA_1A_1あるいはA_2A_2というホモ接合体の頻度は0.5（=1/4+1/4）であるが，3世代目では0.9375（=15/32+15/32）に増加し，ヘテロ接合体の頻度は0.5（=1/2）から0.0625（=1/16）に減少する．この間，近交係数は0.875に上昇する．このように，集団の近交係数の上昇に伴いホモ接合体が増加し，ヘテロ接合体が減少する．

この過程を一般化するために，近交係数がFの個体からなる集団を考えよう．この集団における対立遺伝子A_1とA_2の頻度は，pおよびqである．近交係数の定義を集団レベルに当てはめると，図8.5に示すように，集団中の個体のうちFの割合が同祖接合であり，残りの$1-F$の割合が異祖接合である．同祖接合の個体群の中では，ヘテロ接合体は存在せず，ホモ接合体A_1A_1およびA_2A_2のみである．この個体群の中でのA_1A_1とA_2A_2の頻度は，pとqである．なぜなら，同祖接合であれば一方の遺伝子が決まれば，もう一方の遺伝子も必然的に同じ遺伝子であるからである．一方，異祖接合の個体群の中には3つの遺伝子型A_1A_1，A_1A_2，A_2A_2が存在する．これらはA_1およびA_2遺伝子のランダムな組合せで決まるので，異祖接合の個体群の中ではハーディー・ワインベルグの法則より，A_1A_1，A_1A_2，A_2A_2の頻度はそれぞれp^2，$2pq$，q^2である．

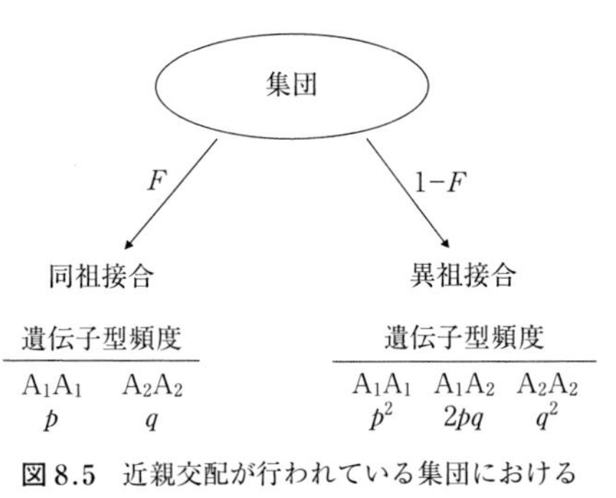

図8.5　近親交配が行われている集団における遺伝子型頻度を求めるための図

表8.2　自殖を繰り返したときの遺伝子型頻度と近交係数の推移

世代	A_1A_1	A_1A_2	A_2A_2	F
0	1/4	1/2	1/4	0
1	3/8	1/4	3/8	0.5
2	7/16	1/8	7/16	0.75
3	15/32	1/16	15/32	0.875

任意交配集団を世代0として，自殖を3世代行った場合の遺伝子型頻度を示す．

したがって，集団全体での A_1A_1，A_1A_2，A_2A_2 の頻度を P_F，H_F，Q_F とすれば

$$P_F = pF + p^2(1-F) = p^2 + pqF$$
$$H_F = 2pq(1-F) \quad (8.8)$$
$$Q_F = qF + q^2(1-F) = q^2 + pqF$$

と表すことができる．式（8.8）は，近親交配が起こると集団中のヘテロ接合体の頻度が減少し，ホモ接合体の頻度が増加することを示している．近親交配が起こっている集団の A_1 および A_2 遺伝子の頻度を，それぞれ p' および q' とすれば式（5.1）より

$$p' = P_F + \frac{1}{2}H_F = p$$
$$q' = Q_F + \frac{1}{2}H_F = q$$

である．したがって，近親交配は遺伝子型頻度を変化させるが，遺伝子頻度は変化させないことがわかる．

近親交配によりホモ接合体の頻度が高まるということは，集団中に低頻度で分離する有害劣性遺伝子がホモ接合体になる確率が高まり，有害形質が発現する機会が増えることを示している．例えば，ある有害劣性遺伝子の頻度が 0.01 の集団を考えよう．この集団で半きょうだい交配が行われると，産子の近交係数は 0.125 であるから，産子が有害劣性遺伝子のホモ接合体になる確率は $(0.01)^2 + 0.99 \times 0.01 \times 0.125 = 0.00134$ となる．近親交配でない交配（$F=0$）からの産子では，その確率は $(0.01)^2 = 0.0001$ であるから，この集団での半きょうだい交配は産子が有害劣性形質を発現するリスクを約 13.4 倍に増加させることがわかる．

8.3.2　集団平均の変化

近親交配を行うと強健性や繁殖性などが低下することが知られており，これは近交退化（inbreeding depression）と呼ばれる．なお，遺伝学ではこれを近交弱勢という．表 8.3 には家畜における近交退化の例が示されている．一腹産子数や産卵数，乳量など，適応度の重要な成分を構成する形質は近交係数の上昇に伴い減少するが，枝肉形質などの適応度とは関連性が低い形質ではほとんど近交退化が認められない．

近交退化について詳しく見るために，ある遺伝子座に 2 つの対立遺伝子 A_1 と A_2 が p と q の頻度で分離し，3 つの遺伝子型

表 8.3　近交退化の推定値（佐々木，1994）

家畜種	形　質	近交係数 10%増加あたりの低下量
乳　牛	乳　量	13.5 kg
肉　牛	離乳時体重	4.4 kg
	産子率	1.1%
	成熟時体重	13.0 kg
ブ　タ	一腹産子数	0.38 頭
ヒツジ	毛　長	0.12 cm
	1 歳時体重	1.32 kg
ニワトリ	産卵数	9.26 個
	ふ化率	4.36%
	体　重	18.1 g

A_1A_1，A_1A_2，A_2A_2 の遺伝子型値がそれぞれ a，d，$-a$ であるとしよう．近親交配が起こっていない任意交配集団の集団平均 M_0 は

$$M_0=a\times p^2+d\times(2pq)+(-a)\times q^2$$
$$=(p-q)a+2pqd$$

である．一方，近交係数が F の集団の集団平均 M_F は，式（8.8）より

$$M_F=a\times(p^2+pqF)+d\times\{2pq(1-F)\}+(-a)\times(q^2+pqF)$$
$$=M_0-2pqdF$$

となる．したがって，$d>0$ のとき近交係数 F に比例した集団平均の低下が生じる．複数の遺伝子座が形質に関与する場合にも，それらの遺伝子座の優性効果が $d>0$ の方向に偏るとき，近親交配に伴う集団平均の低下，すなわち近交退化が生じる．

8.3.3　遺伝分散の変化

近交係数の上昇に伴う遺伝分散の変化について見てみよう．説明を単純にするために，優性効果はないものとして，相加的遺伝子効果だけを考える．ある1つの遺伝子座について，2つの対立遺伝子 A_1 と A_2 の初期頻度を p_0 と q_0，3つの遺伝子型 A_1A_1，A_1A_2，A_2A_2 の遺伝子型値を a，0，$-a$ とすると，遺伝分散は

$$V_{G_0}=2p_0q_0a^2$$

である．t 世代後に集団の近交係数が F になると，遺伝分散は式（8.8）より，

$$V_{G_t}=2p_0q_0a^2(1-F)$$
$$=V_{G_0}(1-F) \qquad (8.9)$$

となる．この式は複数の遺伝子座が関与する場合にも成り立つ．

式（8.9）は集団の近交係数が上昇するに従って遺伝分散が減少することを示している．すなわち，近交係数が1に近づくにつれて遺伝分散は0に近づき，集団内で遺伝的な均質化が進む．

次に集団が多数の系統によって構成されている場合について考えてみよう．初期の集団（基礎集団）の遺伝分散は，すでに見たように $V_{G_0}=2p_0q_0a^2$ である．集団内の1つの系統内での A_1 と A_2 遺伝子の頻度を p と q とすれば，系統内の遺伝分散の全系統にわたる平均値は

$$V_{G_w}=2\overline{pq}a^2$$

である．ここで，$\overline{pq}$ は全系統にわたる pq の平均値である．したがって，$2\overline{pq}$ は集団全体のヘテロ接合体の頻度であり，式（8.8）より

$$V_{G_w}=2p_0q_0(1-F)a^2=V_{G_0}(1-F)$$

となる．これは，複数の遺伝子座が関与する場合にも成り立つ．この式から，系統内の遺伝分散は近交係数 F の上昇とともに低下し，$F=1$ に達したときに消失すること

がわかる．

さらに系統間の遺伝分散 V_{G_b} について考えてみよう．この分散は，ある系統内での A_1 と A_2 遺伝子の頻度を p と q としたとき，系統内の遺伝子型値の平均値の全系統にわたる分散であり，

$$V_{G_b}=4a^2p_0q_0F=2FV_{G_0}$$

となる．この式も複数の遺伝子座が関与する場合にも成り立ち，近交係数が上昇するに従って系統間の遺伝分散は大きくなり，系統間の遺伝的分化が進むことがわかる．

最後に，集団全体の遺伝分散について見てみよう．これは，系統間と系統内の遺伝分散の和として表されるので，

$$V_G=2FV_{G_0}+(1-F)V_{G_0}=(1+F)V_{G_0}$$

となる．近交係数が上昇するに従って，集団全体の遺伝分散は増加し，$F=1$ に達すると集団全体の遺伝分散は系統間の遺伝分散に等しくなり（すなわち系統内の遺伝分散は消失し），基礎集団の遺伝分散の 2 倍になる．

● 8.4　代表的な交配様式 ○

8.4.1　系統交配と系統間交配

品種内で血縁的に近縁にある集団を系統（line，strain）といい，系統内での交配を系統交配（line breeding）と呼ぶ．ブタやニワトリでは閉鎖群で選抜と交配を数世代重ねて，能力が高く血縁関係の強い集団を構築する育種が行われており，これを系統造成という．系統造成では交配，分娩，検定，選抜の各段階が，それぞれ同時期に行われる．そのため世代内での環境のばらつきが少なく，高い精度で個体間の遺伝的能力が比較できる．閉鎖群で 5〜7 世代の選抜を行うと，集団の遺伝的能力が向上するとともに近交係数が上昇して遺伝分散が減少する．集団を構成する個体間の血縁関係も強くなり，集団として遺伝的斉一性が高まる．系統造成の過程では強い近親交配は避ける必要があり，世代ごとに共祖係数を計算して，共祖係数の低い組合せの交配を行うことが推奨されている．

このようにして造成された系統の系統間交配により生産集団が作出される．系統は遺伝的斉一性が高いことから，系統間で交配を行うことにより，生産集団においても斉一性が高まることが期待できる．ブタでは系統は品種ごとに造成されるので，系統間交配は品種間交配でもあり，第 9 章で述べるヘテローシスの効果による能力の向上も期待できる．また，純粋種内での系統間交配においても，系統間では遺伝的分化が生じていることから，一種のヘテローシス効果が生じることがある．

一方，主に大家畜においては，ある卓越した優秀な個体との血縁関係をできるだけ

高く保ちながら，近交度はあまり高くならないように考慮した交配のことを系統交配と呼ぶことがある．このような交配は，血縁情報に基づいて祖先の能力を引き継ぐ個体を作出する方法として，重要な役割を果たしてきた．

8.4.2　近親交配を回避する交配

家畜においては，遺伝資源の保全を目的とする集団においても遺伝的改良を目的とする集団においても，近交度を低く保つことが重要である．しかし，目的によってその方法は異なる．遺伝資源の保全においては，現在の遺伝的構成をできるだけ変化させないことが求められるが，遺伝的改良においては希望する方向へ集団を変化させることが求められている．

遺伝資源の保全では，限られた施設の中で，一定の頭数を飼育することが多い．一定の頭数のもとで近交度の上昇を抑制するには，第5章で見たように集団の有効な大きさを大きくする必要がある．そのためには，雄と雌の頭数をできるだけ等しくすることと，家系あたりの後代数（家系サイズ）をそろえることが有効である．交配方法としては，近交最大回避交配やグループ交配がある．これらの方法については，第11章で述べる．

遺伝的改良を行う集団においては，遺伝的改良量を高めるために選抜強度を強くする必要があり，選抜される個体数が少なくなる．また，BLUP法を用いて育種価を評価する場合は，血縁情報が利用されるため，特定の家系に属する個体が選抜される可能性が高まる．いずれの場合も集団の近交度を上昇させる要因となる．このため，選抜集団においては遺伝的能力の向上と近交係数の抑制とを総合的に考慮する必要がある．その方法の1つとして，近交係数の世代あたり上昇量を一定の値に抑えるという制約のもとで，遺伝的改良量を最大にする交配組合せを決定する方法（mate selection）がある．

［古川　力］

文　献

Falconer, D. S. 著，田中嘉成・野村哲郎訳：量的遺伝学入門（原著第3版）．蒼樹書房（1993）．
猪　貴義：新家畜育種学．pp.102–110，朝倉書店（1996）．
祝前博明（国枝哲夫・今川和彦・鈴木勝士編）：獣医遺伝育種学．pp.48–75，朝倉書店（2014）．
佐々木義之：動物の遺伝と育種．朝倉書店（1994）．

9 交雑と交雑育種

異なる集団（品種，系統など）に属する個体間での交配を交雑（crossing）という．1900年代の初頭に，トウモロコシの近交系間で交雑を行うと非常に高い収量が得られることが明らかにされ，植物育種に革命をもたらした．動物育種の分野でも，1930年代にニワトリの育種で活用され，ついでブタ，さらに肉牛へと波及していった．交雑により改良を図ろうとする育種を交雑育種（crossbreeding）と呼ぶ．

● 9.1 交雑のねらい ○

交雑の主なねらいは，ヘテローシスと補完である．

9.1.1 ヘテローシス

2品種，または2系統を交雑して雑種第1代 F_1 をつくった場合，F_1 は両親のもっている能力，すなわち両親の平均値よりも高い能力を発現する場合がある．雑種に現れるこのような現象を，ヘテローシス（heterosis）あるいは雑種強勢（hybrid vigor）と呼ぶ．ヘテローシスは古くから動植物の育種家によって注目されてきた現象であり，20世紀に入って，トウモロコシで得られた研究成果から産業利用がはかられるようになった．ニワトリでは，1930年代から近交系の確立と近交系間交配種の作出が試みられた．ブロイラー，ブタ，肉牛，肉用めん羊などの肉畜生産では，品種間交雑によるヘテローシスの利用が古くから行われてきた．現在では，純粋種のブロイラーやブタによる食肉生産は畜産先進国ではほとんど行われず，雑種からの肉や卵などを食用に供している．

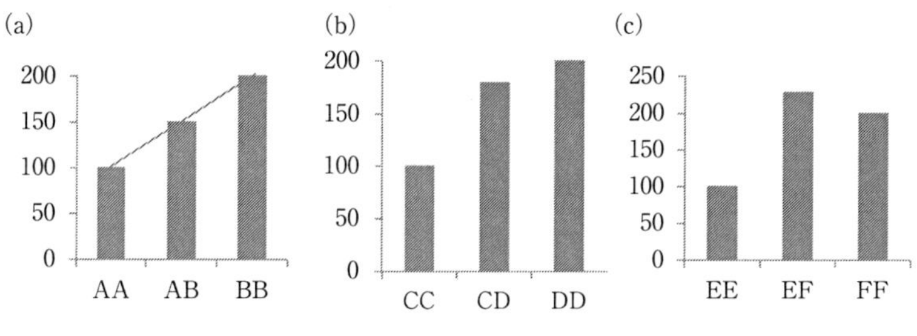

図 9.1 ヘテローシスの説明図

ヘテローシスは，交雑により生まれた後代の表現型値と両親の表現型値の平均値との間の差によって評価される．例えば，図9.1 (a) では品種あるいは系統Aと他の品種あるいは系統Bの間の交雑により生まれたF_1をABで表し，それらの表現型値が棒グラフで示してある．この場合，ABの表現型値はAとBの表現型値の平均値と等しいのでヘテローシスは認められない．一方，図9.1 (b) および (c) では，交雑によって生まれたF_1であるCDおよびEFは，いずれもそれらの両親の系統あるいは品種 (CとD，EとF) の平均値よりも高い表現型値を示しているので，ヘテローシスがあることがわかる．

F_1世代の表現型値については，子自身の遺伝子型に加えて，母親の示す母性能力が関与する形質もある．このような形質について，交雑される両集団間に母性能力の差がある場合，どちらの集団を母親にするかによって子の表現型値に差が生じる．そこで，ヘテローシスの大きさH_cを調べるには，一方の集団を雄にした場合と，逆に雌にした場合の両方の交雑，すなわち正逆交雑 (reciprocal crossing) を行い，それらによるF_1平均値と両親純粋種の平均値との差から次のように推定する方法をとる．

$$H_c=\frac{\{(A^*B)+(B^*A)\}/2-\{(A^*A)+(B^*B)\}/2}{\{(A^*A)+(B^*B)\}/2}$$

ただし，( ) 内は品種あるいは系統の組合せを示し，前の文字が雄を，後の文字が雌を示す．

各家畜について推定されたヘテローシスの実際例を，表9.1に示す．これらの結果

表9.1 家畜の重要な経済形質におけるヘテローシス推定値 (佐々木，1994)

動物	ヘテローシス(%)		動物	ヘテローシス(%)	
	個体自身	母親		個体自身	母親
肉牛			ブタ		
離乳時生存率	+3.0	+6.4	一腹子数	+3.0	+8.0
離乳時体重	+4.6	+4.3	離乳時一腹子数	+6.0	+11.0
雌牛1頭あたりの離乳子牛重量	+8.5	+14.8	離乳時一腹子総体重	+12.0	+10.0
泌乳量 (6週間)		+7.5	離乳後1日あたり増体量	+6.0	0
泌乳量 (29週間)		+37.9			
離乳後1日あたりの増体量	+3.0		ヒツジ		
枝肉等級 (去勢牛)	+0.3		離乳時体重	+5.0	+6.3
初発情日齢 (雌牛)	+9.8		繁殖率	+2.6	+8.7
			生時から離乳時までの生存率	+9.8	+2.7
			雌羊1頭あたりの離乳子羊頭数	+15.2	+14.7
			雌羊1頭あたりの離乳子羊重量	+17.8	+18.0

個体自身が雑種である場合に示すヘテローシスと，母親が雑種の場合に示す哺育能力などにおけるヘテローシスを示す．

からわかるように，ヘテローシスは繁殖性，生存性，活力，哺育能力など，一般に遺伝率の低い形質に認められることが多い．肉畜にとって最も重要な雌1頭あたりの離乳子畜重量でみると，ヒツジの場合は母親が雑種になることで18%ものヘテローシスが認められている．逆に遺伝率が高い形質，例えば肉牛の枝肉等級などではあまりヘテローシスを期待することができない．

9.1.2 補　　完

交雑育種により期待できる利点として，ヘテローシス以外に補完（complementarity）がある．これは，片方の親の品種の短所あるいは改良の困難な形質が，もう一方の親の品種を用いることにより改良される効果である．例えば，ゼブ牛は熱帯の暑熱に強いが，乳量や産肉性では改良されたヨーロッパのウシより劣る．一方，ヨーロッパの品種は耐暑性がない．そこでゼブ牛とヨーロッパ牛の交雑種をつくることで，耐暑性もあり乳量や産肉性の優れたウシの生産が可能になる．家畜に求められる形質は乳量や産肉量ばかりではなく，環境に適応するための耐暑性，抗病性，哺育能力，繁殖能力など多様であり，様々な特徴をもった品種間の交雑が考えられる．

● 9.2 交雑の種類 ○

交雑の種類には，用いられる系統あるいは品種の数により二元交雑（あるいは単交雑ともいう），三元交雑，四元交雑などがある．また，二元交雑で得られたF_1に一方の親系統あるいは親品種を交雑することを，戻し交雑（backcross）という．戻し交雑を複数世代にわたって連続して行う交雑システムの1つが，累進交雑システムである．交雑には近交系が用いられる場合と非近交系が用いられる場合とがある．交雑により最大の生産効率を発揮させるために，これら種々の交雑を組合せたシステムが考案されてきた．それらを大別すると末端交雑システムと輪番交雑システムになる．

9.2.1 末端交雑システム

末端交雑システム（static crossbreeding system），あるいは止雄を用いた交雑システム（static terminal sire crossing system）の概略は，図9.2に示す通りである．農家1において2つの純粋品

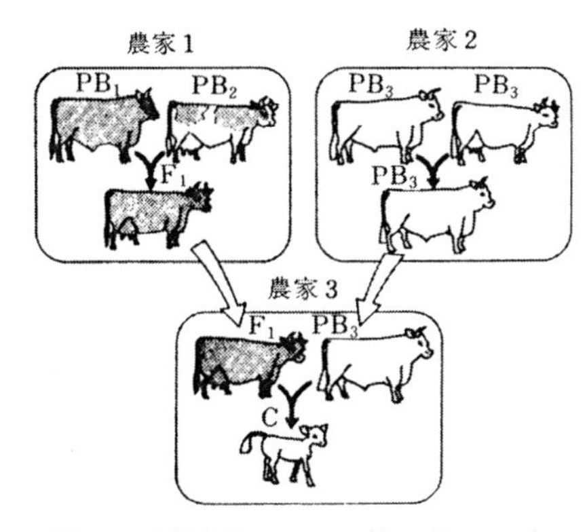

図9.2 末端交雑システム（佐々木，1994）

種あるいは系統 PB_1 と PB_2 との交雑によって生まれた F_1 を実用畜として雌雄ともに利用すれば，この交雑は二元交雑（single crossing）である．これらの F_1 のうち雌に，第3の品種あるいは系統 PB_3 の雄を交配し，それらの後代Cを実用畜として雌雄ともに利用するならば，三元交雑（three-way crossing）となる．三元交雑において第3番目に交配する雄の後代はすべて実用畜として利用され，繁殖に供されることがないのが普通であるから，この雄を末端種雄あるいは止雄（terminal sire）と呼ぶ．さらに4つの品種あるいは系統が関与する交雑を四元交雑という．

末端交雑システムでは，純粋種の維持と実用畜生産のために雌を常に補充しなければならない．このため，一般に雌が多産性のニワトリ，ブタ，ウサギなどの交雑システムとして採用される．

a. 近交系間交雑

これは組合せ能力の高い近交系を作出し，それらの間で交雑することによりヘテローシスを利用しようとするものであり，前述のようにトウモロコシの生産に利用されたのが始まりで，ニワトリ，ブタ，実験動物などで多くの近交系が確立されて利用されている．しかし，大家畜のウシなどでは近交系の作出が困難であることから，あまり利用されていない．

これに属するものとして，同一品種内に属する近交系間交雑のことをインクロス（incrossing），また異なる品種に属する近交系間の交雑をインクロスブレッド（incrossbred）と呼ぶことがある．さらに近交系と非近交系との間の交雑はトップクロス（topcrossing）と呼ばれ，通常，近交系側を雄として用いる．英語では，同一品種内でのこのような交雑を topincross（ing），異なる品種間での交雑を topcrossbred と区別して呼んでいる．

b. 品種間交雑

大中家畜の場合，むしろ既存の品種と品種との間での交雑，すなわち品種間交雑（crossbred）が一般的である．品種間交雑は次のような場合に行われる．

①新しく育種を開始する際に必要となる基礎集団の遺伝的変異の作成を目的とする場合．この場合，2品種あるいはそれ以上の品種間交雑をすることにより，有用な遺伝的変異をもつ集団が作出できる．このようにして作出された基礎集団は，単一品種のもつ欠点を補完することができ，この集団内で選抜，交配を繰り返すことにより，もとの品種の長所をあわせもち，さらにそれらの能力のより高い新品種の作出が可能となる．

②品種間交雑 F_1 において発現するヘテローシスの利用を目的とする場合．F_1 では，ヘテローシスにより両親として用いた品種よりも発育性，繁殖性，生存率，抗病性などに高い能力が期待できる．

具体的な例として，ブタの三元交雑を例に挙げる．わが国では3種類の純粋種を用いた三元交雑による雑種豚をつくり，この雑種豚を食肉として供給する方法がよく用いられる．例えば，ランドレース種と大ヨークシャー種はともに繁殖性に優れており産子数も多い品種である．一方，デュロック種は産子数は少ないが，発育がよく肉に脂肪交雑が入りやすい．そこで，繁殖性の優れたランドレース種と大ヨークシャー種の交雑によって生産したF_1の雌を子取り用の母豚（肉豚の母）とし，このブタに肉質の優れたデュロック種の雄を交雑し，食用となる肉豚を生産する．市販されている豚肉のほとんどは，純粋種ではなくこのようにしてつくられた雑種から生産されたものである．母豚となるF_1雌はランドレース種と大ヨークシャー種の産子なのでもともと母豚として優れているが，ヘテローシスの効果によりさらに産子数も増え，抗病性も優れたものになる．この雌に交配するデュロック種は優れた肉質や成長の速さをもつため，ヘテローシスに加え他の2品種にない能力の補完的な効果が期待できる．

9.2.2 輪番交雑システム

輪番交雑（rotational crossing）は循環交雑とも呼ばれる．2つ以上の品種あるいは系統を逐次循環的に交雑させる交雑法であり，ブタなどで用いられる．一般に雌のみを循環させ，雄は純粋種を使用する．例えば，3つの品種あるいは系統間の輪番交雑では，第1世代でA♀×B♂，第2世代で（A×B）♀×C♂，第3世代で（A×B×C）♀×A♂，第4世代で（A×B×C×A）♀×B♂，…と交雑を進めてゆく．この方式は，雌にヘテロ性を保持させ，母親の能力にヘテローシスを維持させながら，優れた能力をもつ純粋種の雄を交雑し，家畜の生産能力を発揮させようとするものである．2つの品種あるいは系統で輪番交雑を行う場合は，特に十文字交雑（criss-crossing）と呼ばれる．

9.2.3 累進交雑

累進交雑（grading-up）は，在来品種や未改良種の改良に利用される．現在飼育している品種がその地域では十分に順応しているが，他の品種に比較して著しく能力が劣っている場合，優れた能力をもつ他品種を数代にわたって交雑し，能力の向上をはかる方法である．

例えば，未改良の在来品種Aを，優れた能力をもつ品種Bを用いた累進交雑によって改良する場合，まずA品種の雌にB品種の雄を交雑して1回雑種を生産する．この場合，雑種の生産がこの交雑世代だけで終わらないので，F_1（雑種第1代）とは呼ばない．次に，この1回雑種に再びB品種の雄を交雑（2回雑種）し，さらに2回雑種にB品種の雄を交雑（3回雑種）する．このようにして，数代にわたってB品種の雄を繰り返し交雑していくと，その子孫はしだいにA品種の特徴を失い，同時にB品種の能力に置き換えられていく．

表9.2 ゼブ牛(Z)にホルスタイン種(H)を累進交雑した場合の総乳量と分娩間隔
(エチオピアで飼養した場合のデータ：Tadesse and Dessie, 2003)

品種（遺伝子の割合）	総乳量（kg）		分娩間隔（日）	
	頭数	平均	頭数	平均
在来ゼブ牛（Z）	35	869	43	397
1/2 Z + 1/2 H	109	2,055	91	415
1/4 Z + 3/4 H	87	2,214	77	474
ホルスタイン種（H）	90	3,028	82	460

累進交雑によって導入される遺伝子の割合は，$1-(1/2)^n$（n は累進交配の回数）で表されるので，B 品種の遺伝子が 1 回雑種では 1/2，2 回雑種では 3/4，3 回雑種では 7/8 の割合で導入されることになる．交配のたびに B 品種に由来する遺伝子の割合が増えていくが，B 品種がもとの A 品種よりすべての形質において優れているわけではない．例えば，前述のようにホルスタイン種は熱帯地方で飼養されているゼブ牛より泌乳は多いが，耐暑性や抗病性の面で劣る．この場合，単にゼブ牛の遺伝子を累進交雑によってホルスタイン種の遺伝子で置き換えるのではなく，交雑と並行してゼブ牛の利点を残す選抜も必要になる．

表 9.2 はエチオピアのゼブ牛を，ホルスタイン種を用いた累進交雑によって改良した例である．表に見られるように，総乳量はホルスタイン種の遺伝子の割合が 1/2 の交雑（ゼブ牛の雌とホルスタイン種の雄の交雑による産子）で 2,055 kg，さらにその 1 回交雑にホルスタイン種の雄を交配してできた産子（遺伝子割合は 1/4 がゼブ牛，3/4 がホルスタイン種）では 2,214 kg と向上している．一方で分娩間隔は 415 日から 474 日となっており，現地での繁殖に関しては純粋なホルスタイン種の平均 460 日よりも長くなっている．このような例を見ると，単純に累進交雑を繰り返すのではなく，泌乳量の向上とともに現地の風土に適した能力（耐暑性など）に関する選抜が必要なことがわかる．

● 9.3 特定組合せ能力の選抜 ○

ヘテローシスはすべての品種あるいは系統間の交雑において発現するものではない．交雑に用いられる品種あるいは系統の組合せによってヘテローシスの効果が異なることを，組合せ能力（combining ability）という．どのような品種あるいは系統間の交雑で，最も高い組合せ能力が得られるかを検討することが重要である．

9.3.1 ダイアレルクロス

ヘテローシスが最も期待できる品種あるいは系統の組合せを検定する方法として，

表 9.3　ニワトリにおけるダイアレルクロスの例（佐々木，1994）

系　統	産卵数（個）				和 T	GCA
	B	C	D	E		
A	271	205	228	213	917	−22.6
B	↳	271	253	282	1,077	30.7
C		↳	330	214	1,020	11.7
D			↳	195	1,006	7.1
				↳	904	−26.9
総　和	$2\sum X=\sum T=4,924$					
全平均	$\bar{X}=246.2$					

同じ品種あるいは系統内を除く総当たりの交配を行うダイアレルクロス（diallel cross）がある．例えば，表 9.3 はニワトリ 5 系統（A，B，C，D，E）についてダイアレルクロスを行い，産卵数を調べた結果である．ここでは正逆交雑が行われていないので，$(1/2)\times5\times(5-1)=10$ の組合せの結果が得られている．

組合せ能力には，どの組合せに対しても高い能力を示す一般組合せ能力（general combining ablity，GCA）と，ある特定の組合せの場合に特に優れた能力を発揮する特定組合せ能力（specific combining ability）がある．表 9.3 の結果について，一般組合せ能力を推定してみよう．各系統について，自身とそれ以外の系統の組合せの産卵数の和が T である．例えば，系統 A の和は $T_A=271+205+228+213=917$ である．そうすると，系統 A の GCA は

$$\frac{T_A}{n-2}-\frac{\sum T}{n(n-2)}=\frac{917}{3}-\frac{4,924}{5\times3}=-22.6$$

と推定される．ここで，n はダイアレルクロスに用いた系統の数である．この式において，分母が $n-1$ ではなく $n-2$ となっている理由は，系統 A の GCA には他の系統の GCA のうち $1/(n-1)$ の部分が含まれるからである．同様に，その他の系統についても GCA が表 9.3 の最右列のように推定される．その結果，系統 B の GCA が最も高いことがわかる．

いま，GCA のみの情報に基づけば，系統 C と系統 D の組合せの産卵数は，$11.7+7.1+246.2=265$ と期待される．ところが，実際にこれらの組合せから得られた産卵数は 330 であった．したがって，この差 $330-265=65$ が特定組合せ能力にあたる．同様にしてすべての組合せについて特定組合せ能力を推定すると，この C と D との間の特定組合せ能力が最も高い．すなわち，この組合せで最も強くヘテローシスが現れており，最も望ましい組合せであることがわかる．

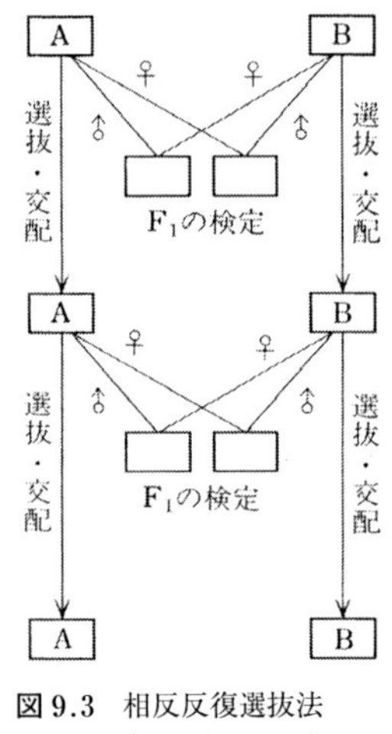

図9.3　相反反復選抜法（佐々木，1994）

9.3.2　相反反復選抜法

ニワトリなどの産子数の多い動物において，特定組合せ能力の高い近交系を選抜によって作出するための方法として，相反反復選抜法（reciprocal recurrent selection，RRS）がある．この方法では，図9.3に示すようにAおよびBの2系統間で正逆交雑を行い，生まれたF_1の改良対象形質について能力検定を実施し，その成績に基づいて，最も優れた組合せの親を選抜する．その他の親およびF_1はすべて淘汰する．これら選抜された親同士をそれぞれの系統内で交配し，次世代の親を生産する．再び，両系統間での交雑により生まれたF_1の能力検定を行う．このようにして組合せ能力の高い系統を選抜していく方法がRRSである．

この方法はダイアレルクロスよりも経済的だが，それでも非常にコストがかかるので，ヒツジなどの中家畜では雌側については既存の品種などに固定し，それらに対して最も組合せ能力の高い雄系統を同様に選抜する方法が用いられる．

● 9.4　遺伝マーカーを利用した交雑 ○

未改良の品種あるいは系統（ドナー集団）がもつ有用遺伝子を，この遺伝子をもたない改良された品種あるいは系統（レシピエント集団）へ導入することを浸透交雑（introgression）という．浸透交雑では，導入すべき遺伝子以外の遺伝子群（遺伝的背景）は，できるだけレシピエント集団に近い集団を造成することが望まれる．毛色に関与する遺伝子のように，導入すべき遺伝子について遺伝子型が表現型から特定できる場合には，通常以下のような戻し交雑と選抜によって，浸透交雑が行われる．

問題を単純化するために，導入しようとする遺伝子をA_2とし，ドナー集団はA_2遺伝子で固定し，レシピエント集団はその対立遺伝子A_1で固定しているものとする．まず，レシピエント集団とドナー集団で交雑を行い，F_1集団（遺伝子型はA_1A_2）をつくる．次に，このF_1集団をレシピエント集団に戻し交雑してBC_1集団（遺伝子型はA_1A_1とA_1A_2）をつくり，BC_1集団から遺伝子型がA_1A_2の個体を選抜する．選抜された個体を再びレシピエント集団に戻し交雑して得られたBC_2集団（遺伝子型はA_1A_1とA_1A_2）から遺伝子型がA_1A_2の個体を選抜する．このような戻し交雑と選抜をn世代繰り返した後，BC_n集団内で交配を行って得られた集団（遺伝子型はA_1A_1，A_1A_2，A_2A_2）から，遺伝子型A_2A_2の個体を選んで目的の集団とする.

ところが，抗病性に関与する遺伝子や量的形質に関与するQTL上の遺伝子のように，導入しようとする遺伝子について遺伝子型の特定が困難な場合がある．このような場合には，導入しようとする遺伝子の近傍に遺伝マーカーを配置して，マーカー遺伝子の遺伝子型に基づいて選抜が行われる．また，遺伝マーカーを多数配置して，遺伝的背景ができるだけレシピエント集団に近い個体をマーカー遺伝子群の情報を用いて選抜することで，戻し交雑の世代数 n を短縮することも期待できる．このような遺伝マーカーを利用した浸透交雑をマーカーアシスト浸透交雑といい，その詳細は第10章で述べる.

● 9.5 種 間 交 雑 ○

これまでに見てきた交雑は，いずれも同一種内の品種あるいは系統間の交配であったが，異種間での交雑（種間交雑，interspecies crossing）によって得られた個体が利用されることがある．代表的な例を挙げておく.

9.5.1 ウマ×ロバ

ウマとロバは属は同じだが異なる亜属に分類される．染色体数は馬は32対（2n=64)，ロバは31対（2n=62）である．この組合せでは，どちら側を雄としても雌としても F_1 が生まれるが，ウマ♀×ロバ♂の F_1 をラバ（mule)，逆交配のロバ♀×ウマ♂の F_1 をケッテイ（hinny）と呼ぶ．染色体数はラバとケッテイともにウマとロバの中間の63本である．F_1 は一般には雌雄ともに生殖不能であるが，まれに F_1 の雌に生殖能力がある場合がある．ラバは乗用に向かないが，持久力があり強健で粗放な飼養管理に耐え役用として用いられる．他方，ケッテイは力が弱く怠惰で実用性が低い．正逆交配で生じるラバとケッテイの形態，能力の違いは遺伝学的に見て興味深い.

9.5.2 ウシ×ヤク

ヤクは，野生ヤク（*Bos mutus*）が家畜化されたもので，チベットや中央アジアの標高が2,000 m を超える高山地帯でウシの代用家畜とされ，主として役用，特に長距離運搬用に用いられるほか，乳が飲まれ，糞が燃料として利用される．ヤクはウシとは種が異なるが，ウシとの間の種間雑種が，ヤクが使われる高山とウシが使われる低地との中間地帯で使役される．また種間雑種は，ヤクに比べ乳量や肉質が改善され，ヤクよりも馴れやすくウシよりも強健である．種間雑種の雌は生殖可能であるが，雄は生殖不能である.

9.5.3　ウシ×バリウシ

バリウシは，ウシと同属のバンテン（*Bos javanicus*）が家畜化されたもので，バリ島を中心にしてかなり広く，肉用および役用として利用されている．バリウシとウシとの間の種間雑種は雌は生殖可能であるが，雄は不能である．ウシとバリウシの間の様々な程度の雑種は，東南アジア一帯でウシと同じ用途で利用されている．

種間交配で F_1 が生まれても，F_1 の雌あるいは雄の一方が生殖不能，または雌雄ともに生殖不能の場合がある．この原因としては，対をなすべき相同染色体の対合不全による，生殖細胞における減数分裂の停止または分裂異常が考えられる．

[野村哲郎・長嶺慶隆]

文　献

猪　貴義：新家畜育種学．pp.102-116，朝倉書店（1996）．

佐々木義之：動物の遺伝と育種．朝倉書店（1994）．

Tadesse, M. and Dessie, T.: Milk production performance of Zebu, Holstein Friesian and their crosses in Ethiopia. *Livest. Res. Rural Dev.*, **15**(3): 28-37 (2003).

10 ゲノム育種とその進展

ゲノム情報に基づく資源動植物の育種は，ゲノム育種と通称される．ゲノム育種における選抜・淘汰では，単純な遺伝様式に従う遺伝性疾患などの質的形質から，より複雑な遺伝様式に従う経済的に重要な量的形質まで，様々な形質が対象となる．また，ゲノム育種には遺伝子改変技術の応用による育種も含まれる．

現代においては，高密度連鎖地図を利用したDNAマーカーと各種の形質との関連解析（第4，6章参照）が進展しており，遺伝子が存在する染色体領域やQTN原因遺伝子の同定が進んでいる．また，多量の関連情報を処理することのできる高度な数値解析法も急速に発達してきていることから，ゲノムの全域にわたる膨大な量のSNP（-塩基多型）マーカーなどの情報を利用した能力予測や選抜育種の推進がはかられている．将来的には，遺伝子の機能やパスウェイの情報，オミックス情報なども利用した，知識駆動型のシステム遺伝学的アプローチに基づいた能力評価の展開も期待される．

本章では，DNAの情報を用いた選抜法や浸透交雑法，遺伝子改変技術の利用などについて概説する．

● 10.1 劣性遺伝性疾患のDNA診断の発達 ○

近年では，家畜のDNAを用いた劣性遺伝性疾患の検査法が次々と開発され，疾患の診断と淘汰に貢献している．表10.1は，わが国におけるウシのDNAを指標とした遺伝性疾患の原因遺伝子（原因変異）の同定と診断法の確立例であり，バンド3欠損症，血液凝固第XIII因子欠損症および尿細管形成不全症は国の指定遺伝性疾患である．

遺伝性疾患の発生は大きな経済的損失をもたらし，また将来の育種改良のための集団の遺伝的な潜在力を低下させるので，原因遺伝子を的確に集団から除去することが重要である．遺伝子の変異を検出するためのDNA診断は，キャリア個体の判別に大きく貢献している．

● 10.2 DNAマーカーを利用した選抜 ○

遺伝子の指標となるDNAマーカーを利用した選抜（淘汰）は，マーカーアシスト選抜（marker-assisted selection，MAS）と総称される．DNAマーカーには，1980

表 10.1 和牛における DNA を指標とした遺伝性疾患の診断例

疾患名	臨床症状	品 種	原因遺伝子
バンド3欠損症*	溶血性貧血	黒毛和種	*EPB3*(*SLC4A1*)
血液凝固第XIII因子欠損症*	臍帯出血，血腫，止血不良	黒毛和種	*F13*
尿細管形成不全症（クローディン16欠損症）*	腎不全，過長蹄	黒毛和種	*CL16/PCLN1*
チェディアック・ヒガシ症候群	出血傾向，淡色化	黒毛和種	*LYST*
眼球形成不全症	小眼球，眼球形成異常	黒毛和種	*WFDC1*
モリブデン補酵素欠損症	腎不全	黒毛和種	*MCSU*
血液凝固第XI因子欠損症	血液凝固遅延	黒毛和種	*F11*
前肢体筋異常症	肩部外貌異常，振戦	黒毛和種	*GFRA1*
1型子牛虚弱症候群	生時起立困難，発育不良，吸乳欲減退	黒毛和種	*IARS*
マルファン症候群様不良形質	削痩	黒毛和種	*FBN1*
X連鎖無汗性外胚葉形成不全症	貧毛，歯列欠損	黒毛和種	*EDA*
軟骨異形成性矮小体躯症	四肢短小，関節異常	褐毛和種	*LIMBIN*
血友病A（第VIII因子欠損症）	血腫，止血不良	褐毛和種	*F8*

*国の指定遺伝性疾患.

年代はRFLP（制限酵素断片長多型）が主として利用され，90年代以降はSTR（縦列型反復配列）マーカーの利用が主であったが，2000年代に入るとゲノムの全域にわたる多数のSNPマーカーが利用できるようになった.

10.2.1 直接マーカーと間接マーカー

MASでのDNAマーカーは，直接マーカーと間接マーカー（連鎖マーカーともいう）に分けられる．量的形質の場合では，直接マーカーは，マーカーがQTL内に位置している場合に，マーカーの特定のアリル（対立遺伝子）を識別することによってQTLの特定の対立遺伝子を識別することができ，マーカーの遺伝子型（すなわちマーカー型）は正確にQTLの遺伝子型の指標となる．この種のマーカーとして，ブタのハロセン遺伝子の指標となるリアノジンレセプター遺伝子や，ウシの「豚尻」遺伝子の指標となるミオスタチン遺伝子などが同定されている．直接マーカーによる選抜は，遺伝子アシスト選抜（GAS）とも呼ばれる.

一方，間接マーカーは，遺伝子座に強く連鎖しているマーカー座のアリルの伝達状況から，遺伝子座の対立遺伝子の伝達状況が確率的に把握できるような場合に用いられる．この場合のMASは，遺伝子座とマーカー座との連鎖不平衡（LD）を利用している．LDとは，2つ（以上）の座位に関する特定のハプロタイプの頻度が，任意交配下でチャンスによって期待される頻度から有意に異なっている状態をいい，逆に異ならない状態は連鎖平衡（LE）と呼ばれる．いま，間接マーカーの例として，Qとqを標的の遺伝子座の対立遺伝子，Mとmをその遺伝子座に連鎖したマーカー座

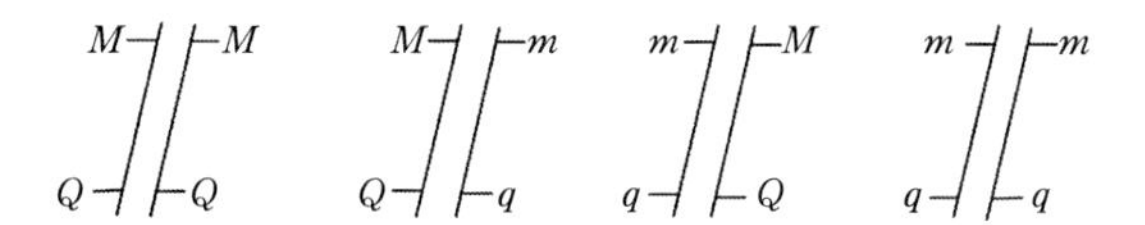

のアリルとすれば，上図のようなマーカー座とQTLとの集団レベルでのLDは，QTLでの突然変異，移入，遺伝的浮動などの歴史的現象の結果によって生じ，両者が強く連鎖している場合には一般に長期にわたって維持される．この場合，Qが望ましい方の対立遺伝子であるとすると，マーカー座のアリルMを保有する個体を選抜すれば，対立遺伝子Qを保有する個体の選抜が期待できることになる．したがって，間接マーカーによるMASでは，望ましい対立遺伝子の頻度を高める上で，マーカー座のマーカー型を指標とした選抜が行われる．ただし，マーカー座とQTLとが集団レベルでLDの場合でも，連鎖相（linkage phase）は集団ごとに異なっている可能性があるため，MASでは対象集団における連鎖相の把握が非常に重要である．なお，マーカー座とQTLとが集団レベルでLEの状態でも，家系内では常にLDが存在するので，家系内のLDもMASに利用できる．

10.2.2 量的形質のMASの有効性

量的形質を対象としたMAS（GASを含む）では，通常は効果の大きなメジャージーン（主働遺伝子）についての選抜が想定されている．その場合，選抜の有効性は，マーカーによってマークされたQTLの対立遺伝子効果の大きさ，対立遺伝子の頻度，マーカーとそのQTLとの組換え価，マークされたQTL以外の残りのQTLによる遺伝分散の大きさ，選抜の世代数，集団構造などの要因によって左右される．DNAマーカーとQTLとの集団レベルでのLDの程度は，世代が進むにつれて組換えによって低下し，マーカー-QTL関連の程度が徐々に低くなっていくほか，選抜世代の経過に伴ってマークされたQTLによる遺伝分散がしだいに減少し，そのQTLでの選抜反応は小さくなっていく．したがって，MASが長期にわたって有効であるためには，対象形質に関与しているQTLが次々と新たに同定あるいはマークされ，それらのQTL情報を継続的に選抜に利用できる状況が必要である．

MASが有効に実施されると，一般に選抜の正確度の向上，選抜強度の増加および世代間隔の短縮を通じ，遺伝的改良の加速が期待できる．特に，遺伝率の低い形質，片方の性でしか発現しない形質（乳量など），性成熟に達する前には記録が得られない形質（繁殖性など），屠殺しないと測定できない形質（屠肉性など）などの場合には，よりMASの利用価値があると考えられている．

量的形質のMASでは，必要に応じてマーカースコア（marker score，分子スコアともいう）や表現型値の情報も利用される．典型的なマーカースコアは，図10.1に

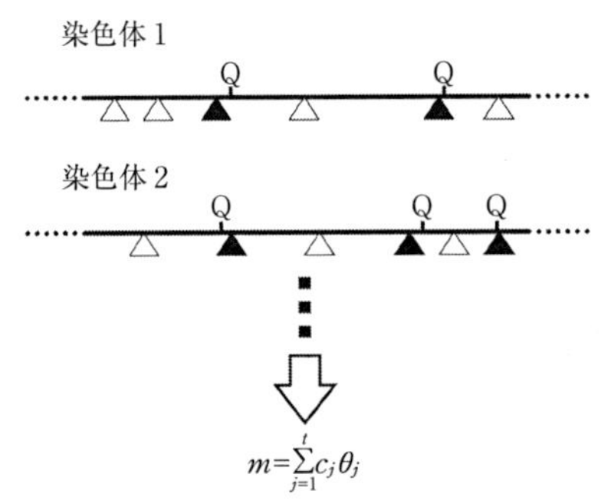

図 10.1　典型的なマーカースコアの説明図
Qは当該形質に関与するQTLを，△および▲はマーカーを示している．m はマーカースコアであり，t はQTLに強く連鎖した有意なマーカー（▲）の数，θ_j は当該個体における j 番目の有意なマーカー座での特定のアリル数（すなわち0，1あるいは2），c_j は j 番目の有意なマーカーの相加的効果である．

例示したようにマーカーとQTLとの関連を利用し，対象形質に関与するQTLの相加的効果の総和（すなわち育種価）を各QTLと強く連鎖したマーカーの有意な効果の和として評価した値である．ただし，ここでのマーカースコアは，ゲノムの全域をカバーしているにしても，比較的低密度のDNAマーカーの利用を想定したものである．

また，マーカースコアと表現型値の両方を利用した選抜では，

$$I=b_m m+b_p p$$

のような選抜指数 I（第7章参照）が利用される．ここで，m はマーカースコア，p は表現型値の集団平均からの偏差であり，2つの係数 b_m と b_p は個体の育種価の予測値の正確度が最大になるように決められる．

図10.2は，マーカースコア，マーカースコアと表現型値による選抜指数，および表現型値の3種を選抜基準とした個体選抜のシミュレーションの例である．マーカースコアのみによる場合の累積改良量は，選抜の初期世代では相対的に大きくなるが，後の世代では表現型値を用いた場合の累積改良量の方が大きくなっている．このよう

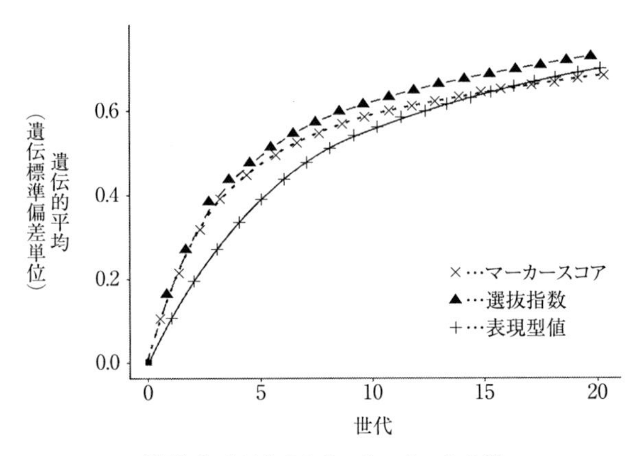

図 10.2　MASのシミュレーションの例
マーカースコア，マーカースコアと表現型値による選抜指数，および表現型値を選抜基準とした個体選抜の比較．

な結果は，短期的な選抜での最適な選抜基準が長期的な選抜では必ずしも最適とは限らない場合があることを示しており，留意を要する点である．また，マーカースコアと表現型情報とを組合せた指数による選抜は，マーカースコアによって対象形質の遺伝的変異の一部しか説明されていないときには，マーカースコアのみによる選抜よりも有効と考えられる．

● 10.3　ゲノミック評価とゲノミック選抜 ○

前述のように，量的形質の MAS では一般にマーカーによってマークされたメジャージーン QTL が想定されている．しかし，大多数の経済的に重要な量的形質は，いずれも効果の小さな多数のポリジーンによって制御されていることが改めてわかってきている．

21 世紀の初頭に，メジャージーン QTL やそのマーカーの同定と選抜への利用という従来の MAS とは発想を異にしたゲノミック選抜（genomic selection，GS）と呼ばれる選抜法が提唱され，特に乳用牛などにおいて（予備）選抜に利用されるようになり，実用化の域に達しつつある．GS は MAS の一種ではあるが，ゲノムの全域にわたる大量の SNP マーカーの情報が同時に利用され，個々の QTL と少なくとも 1 つの SNP とは LD であることが期待できることが利用される．多数の SNP（あるいはハプロタイプ）の効果の推定を通じ，遺伝分散の可能な限りの説明が行われ，個体のゲノム育種価（genomic breeding value）の評価が行われる．その評価値は推定ゲノム育種価（genomic estimated breeding value，GEBV）と呼ばれ，GS に関連してゲノム育種価（など）を評価することはゲノミック評価（genomic evaluation，GE）と呼ばれる．したがって，GE によって評価された推定ゲノム育種価（など）を選抜基準とする選抜が GS である．

今日では，高密度 SNP の情報を用いたゲノムワイド関連解析（GWAS）が盛んに行われているが，GWAS は厳密な統計的検定を通じて，形質発現に関与する遺伝子やその発現調節などに関わる SNP などを正確に特定するための手法である．これに対して GE は，利用できるすべての SNP の情報を同時に用いて形質の遺伝分散をできる限り説明し，可能な限り正確にゲノム育種価（など）を評価するための手法である．

10.3.1　ゲノミック選抜の検討のプロセス

GS では，通常，実用化までに 3 つの段階が踏まれる（図 10.3）．まず，形質情報と多数の SNP の情報とを備えたトレーニング群（リファレンス群ともいう）を用いて，各 SNP の効果が推定され，ゲノム育種価の推定式が作成される．ついで，この推定式が検証群（テスト群ともいう）に適用され，実用性が確認されると実際の育種

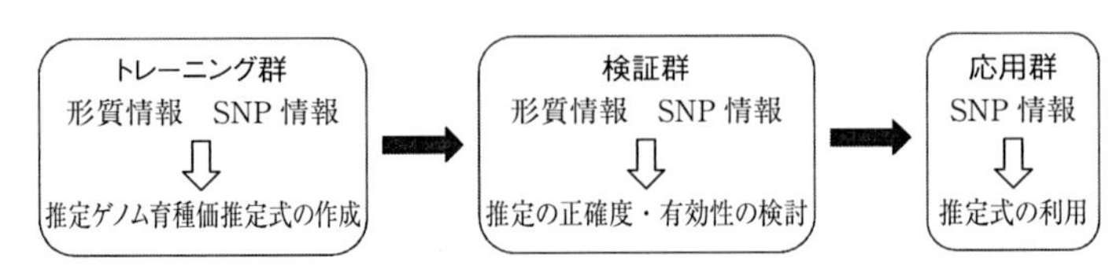

図 10.3　ゲノミック選抜の検討プロセス

群（応用群）に応用される．GS の本来の考え方では，実用の段階では個々の対象個体は SNP 型の情報のみを備えていればよい．

ゲノム育種価の推定式の導出は，被説明変数を疑似記録（期待後代差や育種価の信頼度の高い評価値，場合によっては表現型値），各 SNP の相加的効果（あるいはハプロタイプの効果）を説明変数とする分析により行われる．その際に用いられる典型的な式を例示すれば，

$$\text{疑似記録} = \text{集団平均} + \sum_{i}^{p} (SNP_i \text{効果}) + \text{残差}$$

である．ただし，SNP_i 効果は i 番目の SNP の相加的効果を示す．p はそれらの効果の総数である．現時点で利用できる SNP の数は，ウシでは最大で約 80 万であり，ブタ，ニワトリ，ウマ，ヒツジ，イヌ，ネコの SNP パネルも開発されている．今後，パネルに含まれる SNP 数は急速に増加すると予想される．

この種の解析では，被説明変数として利用される疑似記録の数 n に比べて，説明変数の数 p の方がはるかに多く，情報学などで「$p \gg n$ 問題（p 大なり n 問題）」と呼ばれる問題に対応しなければならない．そこで，ゲノミック BLUP（GBLUP）法やベイズ法などの解析手法によって各効果の推定値が求められる．GBLUP 法は，血統情報による個体間の相加的血縁関係の情報の代わりに，多数の SNP に基づいた個体間の遺伝的関係の情報を利用した BLUP 法である．

推定ゲノム育種価は，各 SNP の相加的効果の推定値の総和，すなわち

$$\sum_{i}^{p} (SNP_i \text{効果の推定値})$$

として求められる．

10.3.2　本格的なゲノミック選抜の特徴と展望

将来において本格的な GS が実現された場合には，いくつかの利点が考えられる．まず，メンデリアン・サンプリングの正確な評価が可能となり，個体が生まれたときに（あるいは受精卵の段階で），現行の育種価評価における期待育種価（両親の育種価の推定値の平均）よりもはるかに高い正確度の評価値（すなわち推定ゲノム育種価）が得られることになる．図 10.4 に示したように，現行の肉用種の種雄牛の選抜では直接能力検定および後代検定が行われ，供用開始までに 6〜7 年を要する．しか

し，本格的なGSでは能力検定や後代検定を行う必要がなくなる．計画交配による後代の誕生直後にゲノム育種価の評価と選抜が行われ，精液が採取できる1歳前後になると検定済み種雄牛として利用できることになる．また，雌牛においても早期の選抜が可能となり，しかも現行の育種価評価では推定された育種価の信頼性は種雄牛と繁殖雌牛とでは異なるが，推定ゲノム育種価の信頼性は雌雄の間で等しくなる．したがって，より正確な育種価評価と世代間隔の大幅な短縮とにより，遺伝的改良速度の加速が実現されることになる．またGSでは，BLUP法による育種価評価値に基づいた選抜の場合に比べて，近交度の上昇を抑制することが可能になると考えられている．

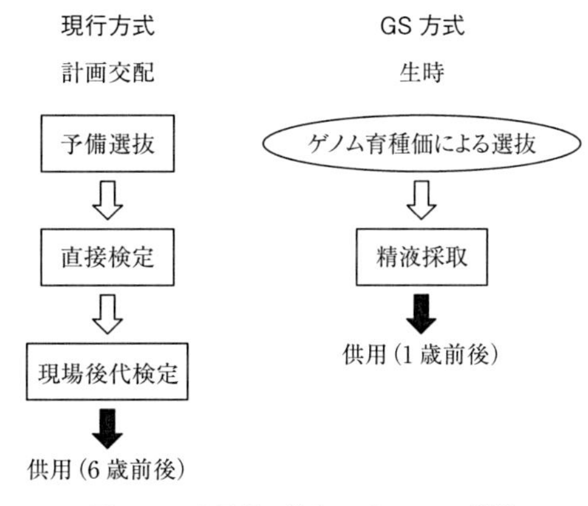

図10.4　肉用種の雄牛のゲノミック選抜

現在，わが国を含む世界の各国において，GSの実用化に向けた研究が推進され，種畜の予備選抜にゲノム育種価が利用されるようになってきているほか，乳用牛の従来の後代検定を廃止しようとする国も現れてきている．今後，「試験管内での世代経過」が可能な時代が到来するとすれば，概念的にはGEとGSのスキームの応用により，ゲノム育種の飛躍的な展開が期待できるだろう．

10.3.3　生物学的な知識を利用したゲノム育種価の評価

GEにおいて，SNPはマーカーとして利用されており，形質の遺伝的構造（genetic architecture）がブラックボックスとして取り扱われている点は，これまでの遺伝的能力の評価の場合と同様である．しかし近年では，バイオインフォマティクス（生命情報学）やシステム遺伝学などの分野の発展により，遺伝子の機能情報やパスウェイ情報などの「生物学的な知識」が集積され公共のデータベースに整理されており，こうした情報を網羅的に利用することも容易になっている．これまでのGEの基本スキームでは，ゲノム育種価の推定式の説明変数として利用可能なすべてのSNPが取り上げられることが多かったが，最近では遺伝子の機能情報などを用いて対象形質に関連する可能性の高いSNPを効率的に選択し，能力評価に利用することも試みられている．遺伝子の機能情報などの「生物学的な知識」は，SNPとQTLとの間のLDに依存しない情報である点が，能力評価に利用する上でも利点である．

さらに家畜においても，ゲノム情報に加えて各種のオミックス情報が利用可能となりつつある．オミックス情報とは，トランスクリプトーム（transcriptome：mRNA

情報の総体)，プロテオーム (proteome：タンパク質情報の総体)，メタボローム (metabolome：細胞内の代謝産物の総体) など，網羅的な生体分子情報の総体のことである．オミックス情報のような新たなデータは，特に医学の分野を中心として生命現象のメカニズムの解明などに利用されているが，この種のデータをゲノム情報であるリシークエンスデータなどとともに，どのように家畜のゲノム育種価の評価に利用していくか，ひいては家畜の遺伝的改良に利用していくかは，今後の重要な課題と考えられている．そのためには，統計遺伝学の分野と分子遺伝学の分野の統合的な発展が不可欠である．

● 10.4　マーカーアシスト浸透交雑 ○

交雑育種においても，マーカー情報の利用は有用である．系統 (品種) の間の遺伝的距離の評価に際して，ゲノム全域のマーカー座でのアリル頻度とマーカースコアを利用して距離の離れた系統 (品種) を親系統 (品種) に選定すれば，一般にヘテローシス効果のより確実な実現につながると期待される．また，LD によるマーカー-QTL 関連の様相は集団によって異なるため，マーカー情報は，特に一集団から分化した系統間や血縁関係のある分集団間で交雑を行う場合に期待できる，ヘテローシスの程度の事前予測にも利用できると考えられる．

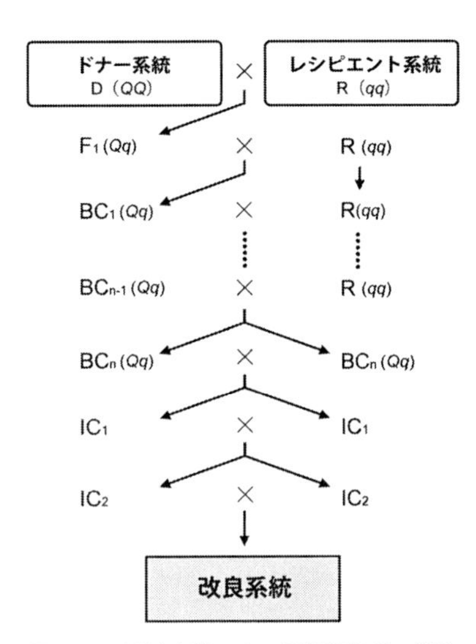

図 10.5　浸透交雑による標的遺伝子の導入 F_1：F_1 クロス，BC_i：戻し交雑，IC_i：インタークロス，Q および q：それぞれ標的遺伝子とその対立遺伝子．

野生系統が保持している抗病性遺伝子，一系統で突然変異によって生じた生産性関連の有用遺伝子などを標的遺伝子とする浸透交雑においても，DNA マーカーの情報を利用することができ，マーカーアシスト浸透交雑 (marker-assisted introgression, MAI) と呼ばれる．浸透交雑では，図 10.5 に示したように，標的遺伝子を保有するドナー系統 (donor strain) とその遺伝子の導入をはかるレシピエント系統 (recipient strain) とが交雑される．その後，レシピエント系統のゲノム割合の回復をはかるため，6～10 世代にわたってレシピエント系統への戻し交雑が繰り返され，この間の各世代では標的遺伝子を保有し，レシピエント系統の有用形質の遺伝子をできるだけ保有している個体が親として選抜される．一方，レシピエント系統では，繰り返し選抜による形質の改良が継続して進められる．そして，戻し交雑の反復によってレシピエント系統のゲノム割合の十分な回復が達成されると，インタークロス（相互交配，intercross）が行われ，標的遺伝子に関してホモ接合体の個体群が改良系統として選抜される．MAI では，戻し交雑の繰り返し段階において，標的遺伝子を保有している個体の識別とレシピエント系統での遺伝質の回復効率を高めるために，また次のインタークロスの段階での標的遺伝子のホモ接合体の選抜のために，マーカー情報が利用される．MAI によれば，通常の浸透交雑の場合に比べて戻し交雑を行う世代数の減少が期待できる．

家畜におけるこれまでの MAI の応用例には，ハロセン陽性遺伝子を高頻度で保有するブタのピエトレン種の一系統へのハロセン正常遺伝子の導入，ブロイラーの一系統への地鶏の "naked-neck" 遺伝子の導入，ヒツジの多胎に関与するブーロラ遺伝子の乳用羊種への導入などがあり，ウシなどにおける抗病性遺伝子の MAI も試みられている．

● 10.5　遺伝子型構築 ○

将来において，多数の QTL が同定されていったとしても，各 QTL における望ましい遺伝子は異なる様々な系統や品種において保有されていると考えられる．そこで，遺伝子型構築（genotype building）の手法の工夫により，それらの QTL のすべてにおいて最も望ましい遺伝子型をもつ個体群の作出がはかられていくと予想される．このような観点からは，現時点での前述の MAI は，遺伝子型構築のための単純な手法ともいえる．

対象となる複数の親系統（親品種）を組合せた 2 系統（品種）間交雑から出発して，それらの系統（品種）が個々に保有している異なる有用遺伝子をホモ接合体として保有する個体を順次作り上げていき，最終的にすべての QTL において望ましい遺伝子がホモ接合体の個体を作出しようとする一連の遺伝子型構築の戦略は，特に遺伝子ピラミッド構築（gene pyramiding）と呼ばれる．将来において非常に進歩した GAS の段階に到達すれば，動物の場合においても遺伝子ピラミッド構築の戦略が現実味を帯びてくるものと期待される．

● 10.6　遺伝子改変動物 ○

遺伝子改変動物（genetically modified animal）とは，特定の遺伝子を人為的に改変した動物のことである．遺伝子改変動物には，動物が本来もっている特定の遺伝子の機能を 1 つ以上破壊し，特定の機能を欠損させたノックアウト動物（gene knock-

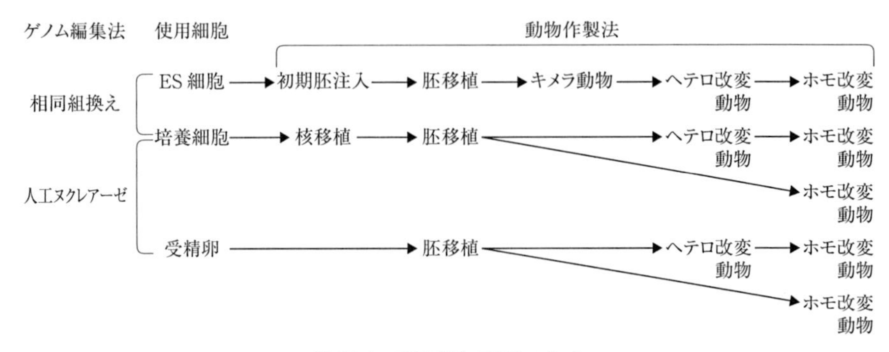

図10.6　遺伝子改変動物の作成

out animal，遺伝子ノックアウト動物），特定の遺伝子の機能を1つ以上変化させ，特定の機能を置換させたノックイン動物（gene knockin animal，遺伝子ノックイン動物）が含まれる．同種あるいは異種の生物に由来する外来遺伝子を単に発現させる目的で人為的に導入した遺伝子導入動物はトランスジェニック動物（transgenic animal）と呼ばれ，狭義には遺伝子改変動物に含めない．

遺伝子改変動物を作製することで，特定の遺伝子が動物体内（個体レベル）でどのように機能しているかを調べることができる．特定の遺伝子の機能を破壊（遺伝子ノックアウト）あるいは置換（遺伝子ノックイン）するためには，その遺伝子を改変（編集）する技術が必要であり，このような技術をゲノム編集（genome editing）という．また，ゲノム編集は特定の遺伝子を標的（target）として遺伝子改変を行うことから，遺伝子ターゲティング（gene targeting）と呼ぶこともある．

ゲノム編集の方法として，相同組換え（HR）を利用する方法と，近年開発された人工ヌクレアーゼ（artificial nuclease）を利用する方法がある（図10.6，内藤(2014)）．ゲノム編集を行う細胞としては，最終的に動物をつくることができる受精卵が挙げられる．しかし，相同組換えを利用する方法では，標的とした部位での遺伝子改変の効率が極めて低いために受精卵を用いることは不可能であり，この特徴をもったES細胞（embryonic stem cell，胚性幹細胞）などが用いられる（図10.6）．

● 10.7　遺伝子導入 ○

遺伝子導入（transgenesis）は，外来遺伝子のDNA分子，RNA分子を細胞に導入する過程を指し，このような導入によって外来の遺伝子が宿主染色体へ組込まれた場合，新たな遺伝形質を発現することになる．遺伝子改変動物を作製するためには，受精卵などの細胞に核酸分子を導入し，宿主染色体の標的とした特定の部位に外来遺伝子を組込む（人工ヌクレアーゼを利用したノックアウト動物の作製の場合，特定の部位を切断する）ことにより遺伝子改変する必要がある．一方でトランスジェニック動物は，核酸分子の導入後，宿主染色体のランダムな部位に遺伝子を組込むことにより作製される．

核酸分子を導入する方法として，非ウイルスベクター系と，ウイルスベクター系の2つがある．非ウイルスベクター系は，リポフェクション（lipofection），エレクトロポレーション（electroporation），マイクロインジェクション（microinjection）など物理化学的手法を用いた方法である．マイクロインジェクションでは，受精卵の雄性前核または細胞質のどちらにも直接導入することができる．トランスポザーゼと呼ばれる転移酵素の作用によってゲノム上を移動するDNA配列，トランスポゾン（transposon）をベクターとして外来遺伝子を挿入し，細胞に導入することで，高効率に宿主染色体へ組込む方法もある．ウイルスベクター系は，ウイルスの細胞への感染という細胞進入機構を利用し，そのベクターに挿入した外来遺伝子を細胞内に導入する方法である．レトロウイルス（retrovirus），レンチウイルス（lentivirus），アデノウイルス（adenovirus）などがベクターとして利用されている．

● 10.8 相同組換えを利用したゲノム編集 ○

相同組換えを利用する方法では，導入したDNA分子が宿主染色体上の似た配列との間で組換えを起こすという相同組換えの性質を利用して，遺伝子改変を行う．このような遺伝子改変には，初期胚とキメラを形成してあらゆる体細胞へ分化できる全能性という特徴をもつES細胞が利用されている（図10.6）．ゲノム編集により遺伝子改変を起こしたES細胞を選抜して，その細胞と初期胚を用いてキメラ個体を作成し，ES細胞に由来する生殖細胞をもつキメラ個体から数代（通常二世代）の交配を行うことによって，改変した遺伝子をホモでもつ個体（ノックアウトあるいはノックイン動物）が作出される（図10.6）．

1990年代初めに，ES細胞を利用してノックアウトマウスを作製する遺伝子改変技術が開発された．以来，このES細胞を用いた遺伝子改変技術を利用することで，遺伝子の機能をマウス個体で調べる研究が盛んに行われるようになった．ゲノム解読後のポストゲノム時代においてはすべての遺伝子の機能を解析することが求められており，ES細胞における相同組換えを利用した遺伝子改変技術により，すべての遺伝子を網羅的に破壊した全遺伝子ノックアウトマウスプロジェクトが進行している．さらに，時期・組織特異的に遺伝子を破壊したコンディショナルノックアウトマウス（conditional knockout mouse）なども作製されている．しかし，現在このような方法が確実に可能なES細胞はマウスでしか得られておらず，家畜では利用されていない．

ES細胞と類似の特徴をもつ細胞として，mGS細胞（multipotent germline stem cell，多能性生殖幹細胞），iPS細胞（induced pluripotent stem cell，人工多能性幹細胞），EC細胞（embryonal carcinoma cell，奇形腫由来の胚性腫瘍細胞），EG細胞（embryonic germ cell，始原生殖細胞由来の胚性生殖細胞）などがある．しかし，ES細胞をはじめとするこれらの細胞において，相同組換えを利用した家畜での遺伝子改変は報告されていない．ES細胞における遺伝子改変は2本の相同染色体の一方のみに起こることから，遺伝子改変動物の作製のためには世代を重ねる必要があるが，家畜のように1世代のライフサイクルが長い場合，実施が困難となるためである．

● 10.9　人工ヌクレアーゼを利用したゲノム編集 ○

実験動物であるマウス，ラット以外の動物に目を向けてみると，生殖細胞系列に分化することができるES細胞がなかったため，遺伝子改変動物を作製することが困難であった．しかし最近，人工ヌクレアーゼを利用した遺伝子改変技術によって，この状況が大きく変わろうとしている（山本・野地，2013；畑田，2014）．

DNAは，一方の鎖が切断されると，他方の鎖を鋳型として修復され正常に戻ってしまう．しかし二本鎖が切断されると，非相同末端結合（NHEJ）と呼ばれる機構により修復されることになり，その際に変異の発生が多いことを利用して，遺伝子をノックアウトすることが可能となる（図10.7）．さらに，DNAが二本鎖切断されると相同組換えの効率が高くなることから，切断部位近隣の相同配列を両端にもつDNA

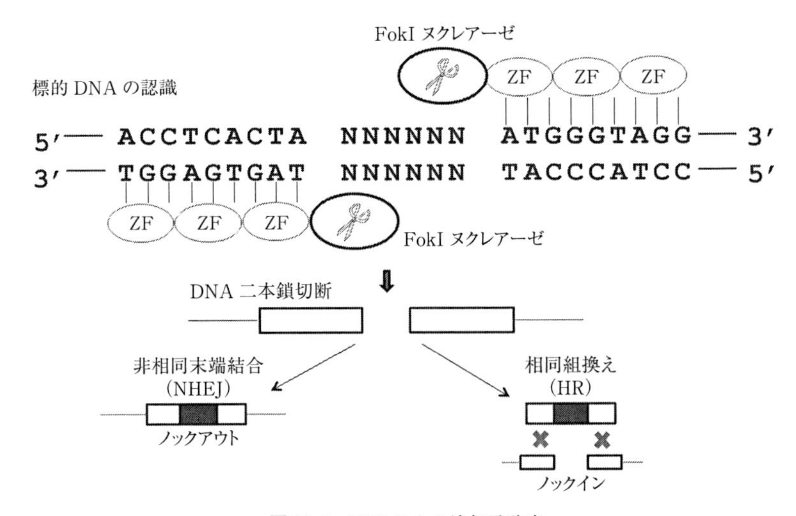

図10.7　ZFNによる遺伝子改変

配列を同時に導入した場合，ノックインを行うことができる（図 10.7）.

人工ヌクレアーゼとは，DNA 結合ドメインとⅡ型制限酵素 FokI の配列非依存的な DNA 切断ドメインを人為的に融合させたタンパク質のことである．ZFN（zinc-finger nuclease，ジンクフィンガーヌクレアーゼ），TALEN（transcription activator-like effector nuclease，TAL エフェクターヌクレアーゼ）といった人工ヌクレアーゼを動物の受精卵あるいは培養細胞に直接導入することで，マウス，ラット，ウニ，ショウジョウバエ，コオロギ，メダカ，ゼブラフィッシュに加えて，ウサギ，ブタ，サルなどにおいて，ノックアウト動物の開発，あるいはその試みが次々と報告されている．通常，人工ヌクレアーゼを発現するプラスミドからメッセンジャー RNA を精製し，その RNA 分子を受精卵あるいは培養細胞にマイクロインジェクションする．遺伝子導入した胚を偽妊娠誘起した雌の卵管内に移植することにより，遺伝子改変動物を作製する．この方法は，DNA 分子ではなく RNA 分子を導入する点，初期胚とキメラを形成しない点以外は，相同組換えを利用する方法と全く同じ技術による（図 10.6 参照）.

10.9.1　ZFN

ZFN とは，DNA 配列を特異的に認識するタンパク質であるジンクフィンガー（zinc-finger，ZF）と，DNA を切断する FokI ヌクレアーゼを人工的に融合したタンパク質のことである（図 10.7）．3 塩基の DNA を認識する種々の「ジンクフィンガー」を複数連結することで，目的の DNA 配列を特異的に切断することができる．3～6 個の異なるジンクフィンガーを組合せれば，9～18 bp の DNA 塩基配列を特異的に認識することができる．さらに，FokI ヌクレアーゼは二量体で機能するため，標的とする DNA 配列内に 5～6 bp を挟んでジンクフィンガーを 2 つデザインすることで，ジンクフィンガーに結合している FokI ヌクレアーゼが，挟まれた 5～6 bp の DNA 領域を二本鎖切断することになる．そのため，両者のジンクフィンガーの数が 3 個であれば，セットとして 18 塩基を認識することになり，その 5～6 bp の DNA 領域を特異的に二本鎖切断することになる．切断された二本鎖 DNA は，通常は非相同末端結合により修復されるが，この修復過程でしばしば DNA 欠失（または挿入）変異が起こる．また，標的 DNA 配列に対して相同 DNA 配列が存在すると，相同組換えが起きて，DNA 配列を置換することができる（図 10.7）．この過程は，理論的にはあらゆる DNA 配列（あらゆる遺伝子）に適用できることから，人工的にデザインされた ZFN を用いることで特定の遺伝子を自由に改変することが可能となる．しかし，ジンクフィンガーは対象とする 3 塩基の種類によって DNA との結合力に差があること，前後のジンクフィンガーによって結合力が影響されることなどの理由から，効果が安定せず遺伝子改変効率が十分とはいえないという問題もある．

ZFNを利用した技術は，1990年代にはすでに報告されていた．2000年代に入ってからは様々な哺乳動物細胞や線虫で，2008年にはゼブラフィッシュ，2009年にはラットでの遺伝子改変（ノックアウト）が報告された．特にこれまでES細胞などが利用できなかった生物において，遺伝子改変が効率的にできることから，マウス以外の哺乳動物でその利用が拡大した．ウシやブタでは培養した体細胞にZFNを作用させ，2本の相同染色体の両方で遺伝子改変された細胞をつくり，核移植によりどちらも2011年にノックアウト動物が作製されている．2013年には体細胞核移植を介さず，受精卵にZFNを作用させることにより，ブタのノックアウト個体が作製されている．

10.9.2 TALEN

TALENは，植物の病原細菌である *Xanthomonas*（キサントモナス）から発見されたDNA結合タンパク質，TALE（transcription activator-like effector）と，DNA切断ドメインFokIを融合させた人工ヌクレアーゼである（図10.8）．FokIヌクレアーゼは二量体で働くので，ZFNと同様にTALENも2つセットで機能を発揮する．TALEは標的遺伝子を1塩基ずつ認識することができるため，標的DNA配列を自由に設計できる．また，前後関係による機能の変化がなく，遺伝子改変効率が比較的安定しているなど，ZFNよりも利便性が高いといわれている．

2009年にTALEN技術が報告され，iPS細胞，線虫，植物，ゼブラフィッシュなどで，次々とそれを利用した遺伝子改変が報告された．さらに，マウスだけでなく，ブタなどの動物にも利用された．ブタでは体細胞核移植により2012年にノックアウト動物が作製されている．また，2013年には体細胞核移植を介さず，受精卵にTALENを作用させることにより，ブタのノックアウト個体が作製されている．

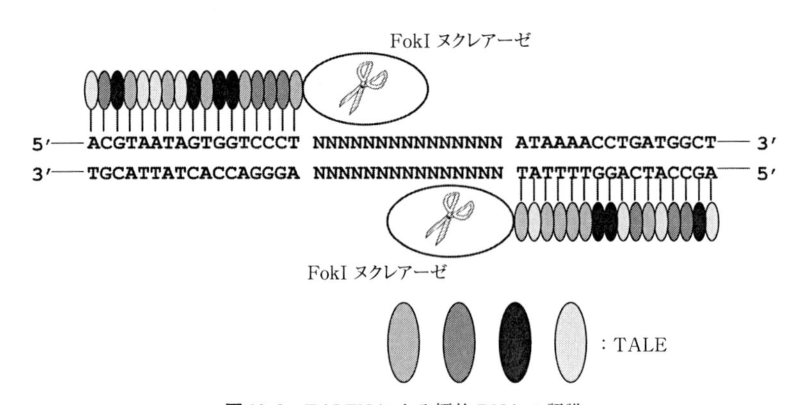

図10.8 TALENによる標的DNAの認識

10.9.3　CRISPR/Cas

2013年に入って，細菌や古細菌がもつ獲得免疫システムCRISPR/Casを利用し，ヒト細胞，マウス細胞，iPS細胞において遺伝子改変が可能であることが報告された．細菌や古細菌は，CRISPR/Casによってウイルスなどの外来の核酸を分解する．CRISPR（clustered regularly interspaced short palindromic repeats）とは，リピート配列とスペーサー配列の繰り返しによって構成されるゲノム領域のことで，大腸菌で最初に発見された．

細菌や古細菌においては，CRISPRから転写されたcrRNA（CRISPR RNA）という短い非コードRNAが侵入してきたウイルスやプラスミド配列を認識し，crRNAに結合したtracrRNA（trans-activating crRNA）がCas9（CRISPR-associated protein 9）ヌクレアーゼを案内（ガイド）することで，Cas9ヌクレアーゼがウイルスやプラスミドDNAの標的配列を分解する．遺伝子改変を行うためには，まずcrRNAとtracrRNAを最初からつなげた1分子のsgRNA（single guide RNA）として発現させる．sgRNAによりガイドされた別分子のCas9ヌクレアーゼが，ZFNやTALENと同様に特定の遺伝子にDNA二本鎖切断を導入することで，ノックアウトやノックインなどの遺伝子改変を行うことができる（図10.9）．

ZFNとTALENは標的配列を認識する分子がタンパク質であるのに対し，CRISPR/CasではRNAが認識分子となる．また，ヌクレアーゼがFokIではなくCas9であり，二量体を形成せずにDNAを二本鎖切断する点が異なり，Cas9のRNA分子をガイドRNA分子と同時に導入する．CRISPR/Casによる遺伝子改変効率は非常に高く，また同時に複数の遺伝子を改変できることが報告されている．さらに，CRISPR/Casを利用した遺伝子改変は2本の相同染色体の両方に高率に起きることもわかっている．今後は，マウス以外の哺乳動物での遺伝子改変に大きく貢献す

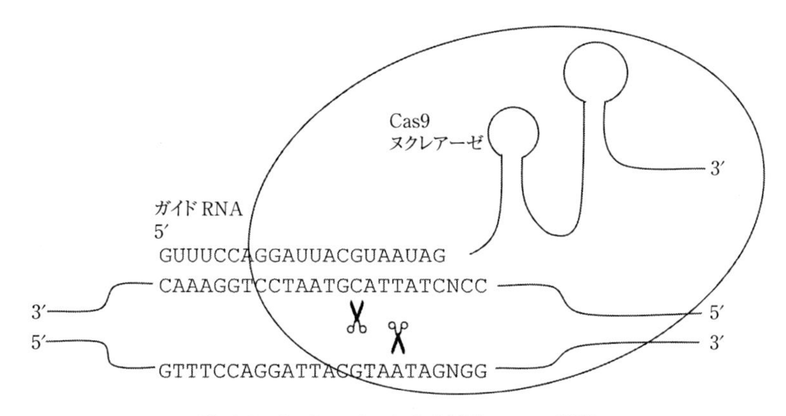

図10.9　CRISPR/Casによる標的DNAの認識

ると期待され，ウシやブタの受精卵に直接作用させることにより，体細胞核移植を介さずに遺伝子改変動物が作製されるようになると考えられている．

● 10.10 家畜改良におけるゲノム編集 ○

トランスジェニック家畜は，基礎研究から産業や医療に及ぶ広い範囲で，いくつかの目的のために利用できることが期待されている．第1に，従来の育種技術では到達できない家畜改良への応用がある．ただし，食用としてのトランスジェニック家畜の利用には，消費者や社会の受け入れ体制を整えていく議論が必要である．第2に，トランスジェニック家畜の乳汁などに有用な生理活性タンパク質を生産させる，バイオリアクター（bioreactor，大量培養装置）としての応用がある．現状では，血友病治療薬の原料となる血液凝固因子を乳汁中に生産するトランスジェニックヒツジが開発されている．第3に，医療・医学への応用がある．ヒトへの外挿性が高い疾患モデルブタをトランスジェニックにより開発することで，治療法の確立に利用できる．また，トランスジェニックブタの臓器を異種移植に利用する研究も進んでいる．

一方，遺伝子改変技術として重要なノックアウト動物の作製は，ES細胞がマウス，ラット以外では確立されていないことから，家畜への応用は遅れていた．体細胞核移植技術を利用することにより，2000年頃からヒツジ，ブタ，ウシにおいてノックアウト動物をつくる研究が行われ，ウシとブタではノックアウト動物が作製されるようになった．さらに，人工ヌクレアーゼを用いることによっても，ウシやブタではノックアウト動物作製の成功例が報告されている．人工ヌクレアーゼ（ZFN，TALEN，CRISPR）による効率的な遺伝子改変動物の作製技術は，これからも驚くほどのスピードで進歩していくであろう．これらゲノム編集技術により，家畜においても多数の遺伝子改変動物が作製されるようになり，特定の遺伝子が動物体内（個体レベル）でどのように機能しているかを明らかにできるようになると予想される．また，ゲノム編集技術を用いて，ウシ海綿状脳症に感染しないウシや乳房内黄色ブドウ球菌感染に抵抗性をもつウシのような，耐病性を付加した家畜改良を行う試みが行われている．畜産物としての遺伝子改変家畜の作出に対しては，食物として流通させることに対する消費者の理解を得ることが現状では難しく，実用化に至っていないが，家畜の経済形質を向上させる家畜改良の手段としての研究が今後進められるようになると期待される．

［山田宜永・祝前博明］

文　献

Balding, M., Bishop, C. and Cannings, C.（eds.）: Handbook of Statistical Genetics. Wiley（2001）.
畑田出穂編：ゲノム編集法の新常識 CRISPR/Casが生命科学を加速する（実験医学 Vol. 32 No. 11）.

羊土社（2014）.
祝前博明（国枝哲夫・今川和彦・鈴木勝士編）：獣医遺伝育種学．pp.48-75，朝倉書店（2014）.
祝前博明（東條英昭・佐々木義之・国枝哲夫編）：応用動物遺伝学．pp.168-177，朝倉書店（2014）.
Meuwissen, T. H. E., Hayes, B. J. and Goddard, M. E.: Prediction of total genetic value using genome-wide dense marker maps. *Genetics*, **157**: 1819-1829（2001）.
内藤邦彦（佐藤英明・河野友宏・内藤邦彦・小倉淳郎編）：哺乳動物の発生工学．pp.118-132，朝倉書店（2014）.
山本　卓・野地澄晴編：ゲノム編集革命 遺伝子改変はZFN・TALEN・CRISPR/Cas三強時代へ（細胞工学 Vol. 32 No. 5）．秀潤社（2013）.

11 動物集団の遺伝的多様性の管理と保全

● 11.1 遺伝的多様性の意義 ○

生物集団には多様な種が含まれている．その多様性を表すものが生物多様性（biodiversity）である．この用語は，近年，生息環境の悪化および生態系の破壊に伴い野生生物の種の絶滅が過去にない速度で進行していることを受けて，科学的および政策的な側面で広く用いられるようになった．生物多様性条約では，遺伝子の多様さ（遺伝的多様性），生物群集内に含まれる種の多様さ（種の多様性），様々な生物-環境間の相互作用から構成される生態系の多様さ（生態系の多様性）の３つのレベルで生物多様性をとらえている．

生物種がもつ遺伝的多様性は，自然選択による適応的進化の素材となる．遺伝的多様性が極端に小さな集団は，環境の変化に対する適応などにおいて大きな進化的制約を受ける．

家畜種の遺伝的多様性は，種内の集団（品種，系統，地域集団など）内および集団間に分布する．集団間の遺伝的多様性は，気候，風土，飼養条件などに適した品種の選定，品種間の交雑育種や新品種の造成に利用される．一方，集団内の遺伝的多様性は選抜による遺伝的改良の効率や改良目標の変化など，取り巻く情勢の変化に品種が柔軟に対応できるか否かを決定する要因である．

● 11.2 集団内の遺伝的多様性の評価 ○

11.2.1 多様性の尺度と有効数

遺伝的多様性の問題を考える上では，多様性を客観的にとらえる尺度が必要である．多様性の数量化を説明するための例として，表 11.1 に示した２つの集団（A および B）を考える．それぞれの集団は共通した特性をもついくつかのグループに分けられており，集団 A は全体が個体数の等しい３つのグループで構成されている．一方集団 B では，集団 A よりも多い４つのグループが存

表 11.1 ２つの集団 A および B における個体数のグループ別割合

グループ	集団 A	集団 B
1	$p_1=1/3$	$p_1=1/2$
2	$p_2=1/3$	$p_2=1/4$
3	$p_3=1/3$	$p_3=1/8$
4		$p_4=1/8$

在するが，それぞれのグループの個体数には大きな違いがあり，特に1つのグループの個体が全体の半分を占めている．こういった場合，「どちらの集団の多様性が大きいか？」という問いに対して，人によっては異なる答えを出すかもしれない．

多様性を客観的に評価するために，それぞれの集団内でランダムに2個体を抽出したとき，それらが同一のグループに属する確率を考え，その値が小さい集団の方を多様性が大きいとみなすことにする．このような多様性のはかり方は，生態学ではシンプソンの多様性指数と呼ばれ，生態学以外の分野でもよく用いられる多様性の尺度の1つである．表11.1の集団AとBの多様性指数（d_A および d_B）は，

$$d_A = p_1^2 + p_2^2 + p_3^2 = 0.333$$

$$d_B = p_1^2 + p_2^2 + p_3^2 + p_4^2 = 0.344$$

となり，集団Aの方が多様性が大きいものとみなされる．

一般に，N 個体からなる集団が共通した特性をもつ個体で構成される n 個のグループに分けられ（表11.1の例では集団AとBはそれぞれ $n=3$ と $n=4$ のグループに分けられる），i 番目のグループの個体数を k_i とすると，ランダム抽出した個体が i 番目のグループに属する確率は

$$p_i = \frac{k_i}{\sum_{j=1}^{n} k_j} = \frac{k_i}{N}$$

である．さらに，k_i の平均を $\bar{k}$，分散を V_k とすると，多様性指数は

$$d = \sum_{i=1}^{n} p_i^2 = \frac{CV^2 + 1}{n} \tag{11.1}$$

と書ける．ここで，$CV = \sqrt{V_k}/\bar{k}$ は k_i の変動係数である．この式から，多様性指数には，グループの数 n（多いほど多様性は大きい）とグループ間での個体数の違い（小さいほど多様性は大きい）の両方が関与していることがわかる．

グループの有効数 n_e は，多様性指数の逆数

$$n_e = \frac{1}{d} \tag{11.2}$$

によって与えられる．有効数が n_e の集団とは，個体数が等しい n_e 個のグループで構成される集団と同じ大きさの多様性をもつ集団である．

11.2.2　DNAマーカーを利用した遺伝的多様性の評価

マイクロサテライトやSNPのように，各遺伝子座において遺伝子型が識別できるようなDNAマーカーについて，遺伝的多様性の評価を考える．

a.　ヘテロ接合度

シンプソンの多様性指数で表した遺伝的多様性は，遺伝学で最も一般的な遺伝的多様性の尺度である，ヘテロ接合度の期待値 H_e（expected heterozygosity）と密接な関係がある．すなわち，表11.1においてグループをある遺伝子座の対立遺伝子と考

えれば，d_A および d_B は集団 A と B のハーディー・ワインベルグ平衡のもとでのホモ接合体の期待頻度を与える．したがって，集団 A および B のヘテロ接合度の期待値（$H_{e,A}$ および $H_{e,B}$）は，

$$H_{e,A}=1-d_A=0.667$$
$$H_{e,B}=1-d_B=0.656$$

となる．一般に，n 個の対立遺伝子が分離している遺伝子座におけるヘテロ接合度の期待値は，

$$H_e=1-\sum_{i=1}^{n} p_i^2$$

として得られる．ここで，p_i は i 番目の対立遺伝子の頻度である．

遺伝的多様性の尺度として，ヘテロ接合度の観察値 H_o（observed heterozygosity）が用いられることもある．ヘテロ接合度の観察値は，単純に，ある遺伝子座におけるヘテロ接合体の個体数をサンプルの全個体数で割った値である．しかし，ヘテロ接合体の観察値はサンプルの数や集団内の交配様式による影響を受けやすいので，ヘテロ接合度の期待値の方がよく用いられる．

b.　遺伝子多様度と対立遺伝子の有効数

遺伝子多様度（アリル多様度とも呼ばれる）は，調査したサンプルで検出された対立遺伝子の数であり，遺伝的多様性の尺度として用いられることがある．調査する個体数を増やせば検出される対立遺伝子の数も増えるため，遺伝子多様度はサンプル数に依存した尺度となる．そこで，サンプル数に影響されにくい尺度として，対立遺伝子の有効数 n_e が用いられることが多い．有効数の定義（式（11.2））から，対立遺伝子の有効数は

$$n_e=\frac{1}{\sum_{i=1}^{n} p_i^2}$$

によって得られる．

複数の遺伝子座について調査した場合は，遺伝子多様度や対立遺伝子の有効数は調査した全遺伝子座にわたる平均値として表す．

11.2.3　血統情報を利用した遺伝的多様性の評価

現存個体から血統を遡ったときに，出現する両親が不明の個体を始祖個体（founder）という．始祖個体からなる集団は始祖集団と呼ばれ，また始祖集団以降に出現する個体は，現存の個体も含め非始祖個体（non-founder）と呼ばれる．血統分析では，すべての始祖個体は異なる遺伝子をヘテロ接合でもつものと仮定する．したがって，始祖集団が N_0 個体の始祖個体からなる場合には，$2N_0$ 個の遺伝子が存在したものと仮定される．血統情報を用いた遺伝的多様性の評価では，現存集団の遺伝的多様性は上記のように定義された始祖集団の遺伝的多様性に対する相対値で表される．

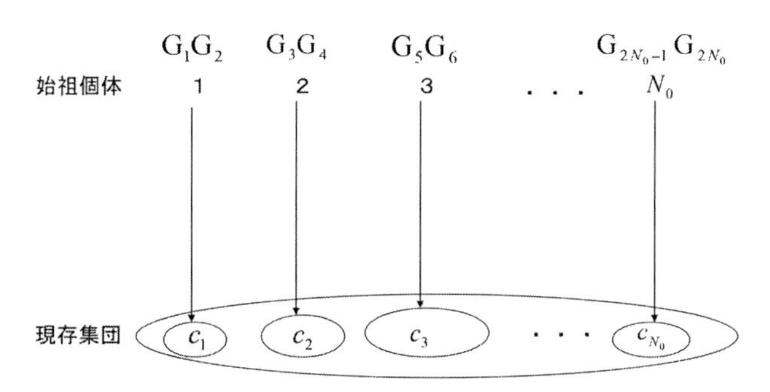

図 11.1　始祖個体の遺伝子型と現存集団への遺伝的寄与率

まず，各始祖個体の現存集団への遺伝的寄与率が図 11.1 のような集団を考える．ここで，遺伝的寄与率とはある祖先個体（あるいは祖先集団）の保有していた遺伝子が，子孫個体（あるいは子孫集団）の保有する遺伝子に対して占める割合をいう．i 番目の始祖個体の遺伝的寄与率 c_i は，その定義より，現存集団からランダムに取り出した 1 つの遺伝子が i 番目の始祖個体に由来する確率とみなせる．したがって，シンプソンの多様性指数の定義（式（11.1））より，始祖個体の多様性 d_f は

$$d_f = c_1^2 + c_2^2 + \cdots + c_{N_0}^2 = \sum_{i=1}^{N_0} c_i^2$$

として得られる．また，始祖個体の有効数 N_{ef}（effective number of founders）も有効数の定義（式（11.2））より d_f の逆数として定義でき，

$$N_{ef} = \frac{1}{d_f} = \frac{1}{\sum_{i=1}^{N_0} c_i^2}$$

として得られる．始祖個体の遺伝的寄与率が不均等なときには，始祖個体の有効数は実際の始祖個体数よりも小さくなる ($N_{ef} < N_0$)．始祖個体の有効数が N_{ef} の集団とは，N_{ef} 頭の始祖個体が均等に遺伝的に寄与している集団と等しい始祖個体の多様性をもつ集団と解釈できる．

始祖集団にあった $2N_0$ 個の遺伝子の現存集団における頻度の期待値を p_i^* ($i=1, 2, \ldots, 2N_0$) とする．始祖個体 1 の現存集団への遺伝的寄与率 c_1 は，この始祖個体がもっていた 2 つの遺伝子（G_1 と G_2）の現存集団における頻度の期待値（p_1^* と p_2^*）の和（$c_1 = p_1^* + p_2^*$）と考えることができるので，$p_1^* = p_2^* = c_1/2$ と仮定する．他の始祖個体についても同様の仮定を設けると，始祖個体の遺伝子に関する多様性指数 g_f^* は，シンプソンの多様性指数の定義に従えば

$$\begin{aligned} g_f^* &= p_1^{*2} + p_2^{*2} + p_3^{*2} + p_4^{*2} + \cdots + p_{2N_0-1}^{*2} + p_{2N_0}^{*2} \\ &= \left(\frac{c_1}{2}\right)^2 + \left(\frac{c_1}{2}\right)^2 + \left(\frac{c_2}{2}\right)^2 + \left(\frac{c_2}{2}\right)^2 + \cdots + \left(\frac{c_{N_0}}{2}\right)^2 + \left(\frac{c_{N_0}}{2}\right)^2 \end{aligned}$$

$$=\frac{1}{2}\sum_{i=1}^{N_0}c_i^2=\frac{1}{2N_{ef}}$$

として得られる．遺伝的多様性をヘテロ接合度の期待値で表すと，g_f^* から期待される遺伝的多様性 GD^* は，

$$GD^*=1-\sum_{i=1}^{2N_0}p_i^{*2}=1-g_f^*=1-\frac{1}{2N_{ef}}$$

として表される．

ここで示した，遺伝的多様性 GD^* を導くにあたって仮定した $p_1^*=p_2^*=c_1/2$ などの関係は，常に成り立つとは限らない．例えば，始祖個体1がもっていた2つの遺伝子（G_1 と G_2）のうち，G_1 のみが現存集団に伝えられ，G_2 は途中の世代で消失するような場合があるからである．したがって，遺伝的多様性 GD^* は現実の遺伝的多様性を過大に評価している．この遺伝的多様性 GD^* は，始祖個体数 N_0 が有限であることと始祖個体の現存集団への遺伝的寄与の不均等（c_i の始祖個体間でのバラツキ）によって生じる遺伝的多様性の低下のみを考慮した遺伝的多様性を表す．

次に，始祖集団にあった $2N_0$ 個の遺伝子の現存集団における頻度 p_i（$i=1, 2, \ldots, 2N_0$）が得られたものと仮定すると，始祖個体の遺伝子に関する多様性指数 g_f は

$$g_f=p_1^2+p_2^2+\cdots+p_{2N_0}^2=\sum_{i=1}^{2N_0}p_i^2$$

として得られる．血統分析では，g_f の期待値は現存個体間の血縁関係の程度をはかる共祖係数（第8章参照）を平均したもの（平均共祖係数 $\bar{f}$）から

$$E[g_f]=\bar{f}$$

として推定できる．始祖個体の遺伝子の現存集団における有効数 n_{eg} は，有効な対立遺伝子数を求めたときと同じように考えて，$E[g_f]$ の逆数，すなわち

$$n_{eg}=\frac{1}{\bar{f}}$$

として得られる．始祖個体は1個体あたり2個の遺伝子をもつので，遺伝子の有効数を始祖個体の有効数に換算すると

$$N_{ge}=\frac{n_{eg}}{2}=\frac{1}{2\bar{f}}$$

となる．このように換算された始祖個体の有効数を，始祖個体のゲノムに関する有効数 N_{ge}（founder genome equivalent）という．

ヘテロ接合度の期待値で表した遺伝的多様性 GD は，

$$GD=1-E[g_f]=1-\bar{f}=1-\frac{1}{2N_{ge}} \qquad (11.3)$$

として得られる．始祖個体のゲノムに関する有効数が N_{ge} である集団とは，N_{ge} 個体の始祖個体をもち，それら始祖個体が等しく現存集団に遺伝的に寄与し，しかも各始

祖個体のもっていた2つの遺伝子が等しい頻度で現存集団に伝えられている集団と等しい遺伝的多様性をもつ集団であると解釈できる．N_{ge} から得られる遺伝的多様性 GD は，遺伝的多様性の低下原因をすべて考慮した遺伝的多様性を与える．

始祖個体の有効数 N_{ef} から期待される遺伝的多様性 GD^* と始祖個体のゲノムに関する有効数 N_{ge} から期待される遺伝的多様性 GD の差 GD^*-GD は，GD^* によって説明されない原因による遺伝的多様性の低下量を表す．GD^* によって説明されない遺伝的多様性の低下原因とは，以下に述べる2つの現象によって非始祖世代で生じる遺伝的浮動である．

(1)　メンデリアン・サンプリングの効果

メンデリアン・サンプリングの効果として，図11.2に示した簡単な場合を考える．この図では，遺伝子 G_1 と G_2 をもつ個体Xが，配偶子 X_1 と X_2 を介して2頭の子ども（YとZ）を残している．配偶子 X_1 と X_2 に含まれる遺伝子の組合せとしては，図11.2に示した4つのパターンが考えられ，いずれのパターンも1/4の確率で生じる．このとき，遺伝子 G_1 と G_2 のYとZにおける頻度（p_1 と p_2）の期待値（$E[p_1]$ と $E[p_2]$）は，それぞれ

$$E[p_1]=\left(\frac{1}{4}\times\frac{1}{2}\right)+\left(\frac{1}{4}\times\frac{1}{4}\right)+\left(\frac{1}{4}\times\frac{1}{4}\right)+\left(\frac{1}{4}\times 0\right)=\frac{1}{4}$$

$$E[p_2]=\left(\frac{1}{4}\times 0\right)+\left(\frac{1}{4}\times\frac{1}{4}\right)+\left(\frac{1}{4}\times\frac{1}{4}\right)+\left(\frac{1}{4}\times\frac{1}{2}\right)=\frac{1}{4}$$

となる．個体Xの個体YおよびZへの遺伝的寄与率をそれぞれ c_{XY} および c_{XZ} として，遺伝的寄与率の定義に従い血統図からXのYとZへの遺伝的寄与率 c_X を計算すると，$c_X=(c_{XY}+c_{XZ})/2=(1/2+1/2)/2=1/2$ になる．同様の結果は，$E[p_1]$ と $E[p_2]$ から $c_X=E[p_1]+E[p_2]=1/4+1/4=1/2$ として得ることもできる．

この計算過程から明らかなように，遺伝的寄与率の考え方では，遺伝子 G_1 と G_2 の2頭の子どもにおける頻度（p_1 と p_2）は平均値（期待値）として，いずれも1/4であると仮定されている．しかし，親から子どもに遺伝子が伝えられるときには，パ

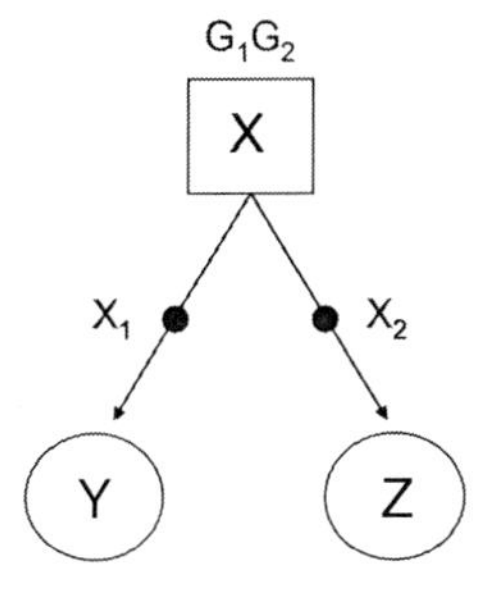

	確率	p_1	p_2
パターン1：$X_1=X_2=G_1$	1/4	1/2	0
パターン2：$X_1=G_1$，$X_2=G_2$	1/4	1/4	1/4
パターン3：$X_1=G_2$，$X_2=G_1$	1/4	1/4	1/4
パターン4：$X_1=X_2=G_2$	1/4	0	1/2

図11.2　メンデリアン・サンプリングの効果の説明図

ターン1とパターン4のように，p_1とp_2が期待値1/4からずれる場合がある．このずれは，個体Xが子どもに遺伝子を伝えるとき，2つの遺伝子G_1とG_2のうち，いずれか1つが抽出されて伝えられることで生じる．このように，子どもに遺伝子を伝えるときに起こる遺伝子の抽出は，第6章で述べたメンデリアン・サンプリングである．始祖個体の有効数N_{ef}およびそれから期待される遺伝的多様性GD^*の計算においては，始祖個体がもっていた2つの遺伝子（G_1とG_2）の現存集団での頻度を$p_1=p_2=c_X/2$と仮定した．この仮定は，メンデリアン・サンプリングの効果を無視することを意味する．

(2)　ボトルネック効果

広義のボトルネック効果とは，個体数の減少（集団のボトルネック）によって失われた遺伝的多様性が，その後の世代で個体数が増加しても回復が困難である現象をいうのであった（第5章参照）．ここでは，始祖個体と現存集団を結ぶ血統についてこの用語を用いる．

図11.3は，現存集団がすべて始祖個体1～4の後代である非始祖個体Xから生産されている場合を示している．始祖個体1～4の遺伝的寄与率（c_1～c_4）はすべて1/8であるから，始祖個体のもっていた8つの遺伝子（G_1～G_8）の現存集団における頻度はすべて1/16であると期待される．しかし，実際には現存集団に伝えられる遺伝子は個体Xに伝えられた2つだけであって，他の6つの遺伝子は現存集団では消失している．このような始祖個体と現存集団を結ぶ血統の「細り」による遺伝的多様性の低下を，ボトルネック効果とする．図11.3の例では，始祖個体1～4は個体Xを介してしか現存集団とつながっていないという意味で，これらの始祖個体と現存集団を結ぶ血統にはボトルネックがある．いったん血統がボトルネックを通過すると，それに伴って生じた遺伝的多様性の低下は，その後の世代で細った血統から多数の後代が生産されても回復は困難である．

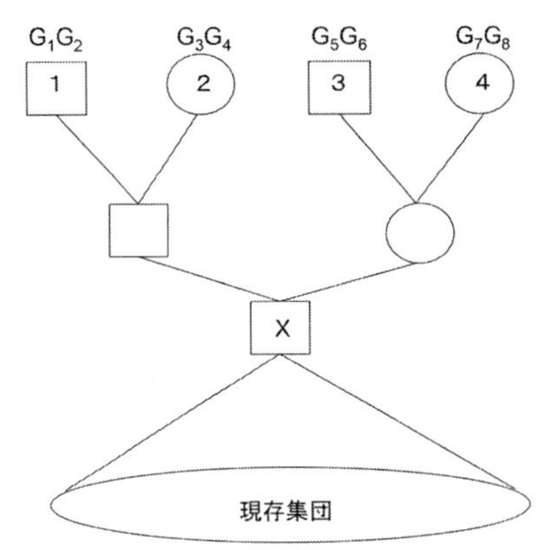

図11.3　ボトルネック効果の説明図

非始祖世代で生じたメンデリアン・サンプリングとボトルネック効果に伴う遺伝的浮動による多様性の低下量は，有効な非始祖個体数N_{enf}（effective number of non-founders）に反映される．この有効数は

$$GD^*-GD=\frac{1}{2N_{enf}}$$

あるいは

$$\frac{1}{N_{ge}}=\frac{1}{N_{ef}}+\frac{1}{N_{enf}}$$

の関係から求めることができる．

遺伝的多様性の低下原因およびそれらを

表 11.2　3つの有効な祖先数とそれらによって説明される遺伝的多様性

有効な祖先数	遺伝的多様性	説明される原因
有効な始祖個体数 N_{ef}	GD^*	1
有効な非始祖個体数 N_{enf}	$GD^* - GD$	2 & 3
始祖個体のゲノムに関する有効数 N_{ge}	GD	1 & 2 & 3

原因 1：始祖個体の数の有限性と現存集団への遺伝的寄与率の不均等.
原因 2：メンデリアン・サンプリング.
原因 3：ボトルネック効果.

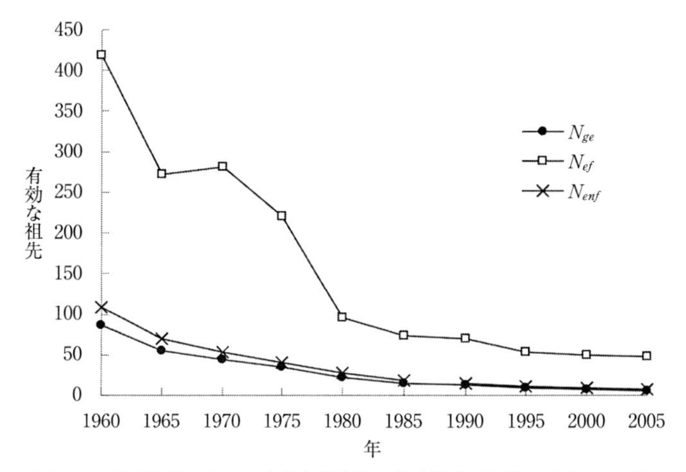

図 11.4　黒毛和種における有効な祖先数の年次推移（野村・本多, 2012）

説明する 3 つの有効な祖先数（N_{ef}, N_{enf}, N_{ge}）と遺伝的多様性を表 11.2 にまとめておく.

適用例として, 図 11.4 は各年に生まれた黒毛和種集団における有効な祖先数の推移を示したものである. 有効な始祖個体数 N_{ef} は, 1960 年から 2005 年の間に 418.4 から 48.3 まで約 11.5%に低下している. このような N_{ef} の急激な低下は, 繁殖供用に際して少数の始祖個体の後代に依存する傾向が, 過去 45 年間に著しく強まったことを意味している. また, 始祖個体のゲノムに関する有効数 N_{ge} は 1960 年では 86.5 であったが, 2005 年にはその約 7.3%である 6.3 にまで低下している. これはすなわち, 2005 年の黒毛和種集団は, 互いに血縁関係をもたない約 6 頭の始祖個体がいれば生み出すことのできる遺伝的多様性しかもっていないことを示している. 有効な非始祖個体数 N_{enf} も同期間中に 109.0 から 7.3 まで大きく減少しており, その推移は N_{ge} とほぼ一致している.

同様に, 1960 年から 2005 年の間の遺伝的多様性の推移は, 図 11.5 に示す通りで

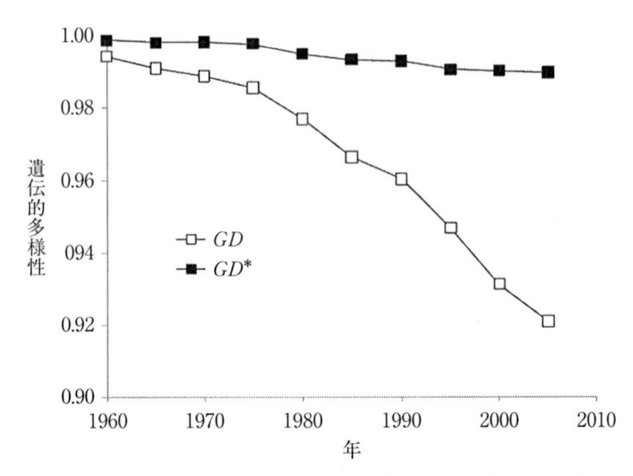

図 11.5　黒毛和種集団における遺伝的多様性の年次推移（野村・本多，2012）

ある．始祖個体の数の有限性と遺伝的寄与率の偏り（原因1）のみを考慮した遺伝的多様性 GD^* と，原因1に加えて非始祖世代における遺伝的浮動（原因2）も考慮した遺伝的多様性 GD の差は，1975年以降急速に拡大したことがわかる．このことは，1975年以降の急速な遺伝的多様性の低下の主因が，非始祖世代における遺伝的浮動の増大にあったことを示している．このような遺伝的浮動の増大は，特定の種雄牛に繁殖供用が集中したことによってもたらされたものと考えられる．また，2つの遺伝的多様性（GD^* と GD）の差は，1990年以降にさらに拡大する傾向が見られる．これは，少数の種雄牛への繁殖供用の集中にいっそう拍車がかかった結果である．

● 11.3　集団の有効な大きさの推定 ○

集団の有効な大きさが N_e の集団において，連続した2世代（$t-1$，t）の遺伝的多様性（GD_{t-1}，GD_t）には

$$GD_t=\left(1-\frac{1}{2N_e}\right)GD_{t-1}$$

の関係がある．この関係から，有効な大きさが小さい集団ほど，遺伝的多様性がより速やかに低下することがわかる．したがって，遺伝的多様性の維持・管理を行う際には，対象となる集団の有効な大きさを推定する必要がある．

11.3.1　人口学的推定

第5章で述べたように，集団内の繁殖個体数や各繁殖個体が残す子どもの数などの人口学的パラメータ（demographic parameter）から，集団の有効な大きさが推定で

きる．家畜集団のように少数の雄が多数の雌に交配され，繁殖供用の頻度に雄の間で大きな差がある場合には，集団の有効な大きさは

$$N_e=\frac{4N_m}{1+CV_m^2}$$

によって推定できる．ここで，N_m は繁殖に用いられる雄の数，CV_m は各雄が残す子どもの数の変動係数である．

11.3.2　血統情報からの推定

血統情報が利用できる場合には，1 世代の間隔で調査時期を設けて連続した 2 世代の集団の平均近交係数（F_{t-1}，F_t）を計算すれば，集団の有効な大きさは

$$N_e=\frac{1}{2\Delta F}=\frac{1-F_{t-1}}{2(F_t-F_{t-1})}$$

によって推定できる．実際の調査では，2 つの調査年の平均近交係数から求めた近交係数の上昇率を調査期間の年数 y で割って年あたりの近交係数の上昇率 ΔF_y を求め，

$$N_e=\frac{1}{2\Delta F_y L}$$

として世代あたりの集団の有効な大きさを得る．ここで，L は世代間隔である．

11.3.3　DNA マーカーからの推定

野生動物や遺伝資源として重要な在来家畜では，上記のような人口学的パラメータや血統情報が利用できないことが多い．このような場合には，マイクロサテライトや SNP などの DNA マーカーが，集団の有効な大きさの推定に用いられる．DNA マーカーを用いた方法は，以下の 2 つに大別される．実際の利用に際しては，インターネット上で公開されているプログラム（NeEstimator 2，MLNE，Colony 2 など）を用いることができる．

a.　複数の調査時期から得られたサンプルを用いる方法

この方法では，時期の異なるサンプル間で認められた遺伝子頻度の差が遺伝的浮動によるものであるとして，推定された遺伝的浮動の大きさから集団の有効な大きさを推定する．調査集団が外部から個体の移入を受けている場合には，集団の有効な大きさと移入率を同時に推定する方法も開発されている．

b.　単一の調査時期から得られたサンプルを用いる方法

単一の調査期間から得られたサンプルを用いて集団の有効な大きさを推定する方法としては，遺伝子座間の連鎖不平衡から推定する方法，サンプル内でのヘテロ接合度の過剰から推定する方法，サンプル内の個体間の対立遺伝子の共有度から求めた分子共祖係数（molecular coancestry）を利用して推定する方法が開発されている．

一般に，これらの方法は複数の調査時期から得られたサンプルを用いる方法よりも推定の精度が劣る．しかしながら，遺伝資源として重要な集団の多くは絶滅に瀕しており早急な管理が必要であることから，サンプリングに時間を要さない，これらの方法の利用が有効である．

11.3.4 過去の集団の有効な大きさの推定

集団の個体数が有限である場合には，毎世代，遺伝的浮動によって連鎖不平衡が生み出され，一方で生み出された連鎖不平衡は組換えによって世代とともに減少する．したがって，染色体上で離れて位置する遺伝子座間では，遺伝的浮動によって生じた連鎖不平衡は組換えによって急速に減少するが，近接して位置する遺伝子座間に生じた連鎖不平衡は長く維持される．

家畜種では，ゲノム全体にわたる高密度のSNPデータが利用できるようになってきている．このようなデータでは，SNP間に様々な連鎖の強度があり，様々な組換え価での連鎖不平衡を求めることができる．連鎖不平衡と組換え価の間の上記の性質を利用することによって，過去から現在に至るまでの集団の有効な大きさ（historical effective population size）の変遷を調べることができる．この方法によって，例えばヒト集団や家畜品種の集団の有効な大きさの変遷が報告されている．ヒトでは人口の急激な増加に伴い，集団の有効な大きさも増加してきたが，多くの家畜品種においては家畜化以降，集団の有効な大きさに急激な低下が認められることが報告されている．

● 11.4 集団間の遺伝的多様性の評価 ○

11.4.1 遺伝距離と系統樹

集団間の遺伝的多様性の評価によく用いられる方法は，集団間の遺伝的な違いを遺伝距離（genetic distance）として表し，樹形図（デンドログラム）あるいは系統樹（phylogeny）を描く方法である．最も一般的に用いられる遺伝距離は，根井の標準遺伝距離（standard genetic distance）である．標準遺伝距離を求めるには，まず遺伝的類似度指数を

$$I=\frac{\sum_{i=1}^{m} p_{ix}p_{iy}}{\sqrt{\sum_{i=1}^{m} p_{ix}^2 \sum_{i=1}^{m} p_{iy}^2}}$$

により計算する．ここで，m は対立遺伝子数，p_{ix} および p_{iy} はそれぞれ集団 x および y における i 番目の対立遺伝子の頻度である．これを

$$D=-\log_e(I)$$

と変換することで標準遺伝距離が得られる．2つの集団で対立遺伝子の頻度に類似性が高いとき標準遺伝距離は0に近くなり，類似性が低くなれば遺伝距離は大きな値をとるようになる．

表 11.3　標準遺伝距離の計算例に用いるデータ

対立遺伝子	遺伝子頻度		
	品種 A	品種 B	品種 C
1	0.023	0.019	0.981
2	0.977	0.885	0.019
3	0.000	0.096	0.000

計算例として，表 11.3 に示した品種 A と B の標準遺伝距離を求めてみよう．品種 A の遺伝子頻度の 2 乗和は

$$\sum_{i=1}^{3} p_{ix}^2 = 0.023^2 + 0.977^2 + 0.000^2 = 0.955$$

また品種 B では

$$\sum_{i=1}^{3} p_{iy}^2 = 0.019^2 + 0.885^2 + 0.096^2 = 0.793$$

であり，遺伝的類似度指数の分子は

$$\sum_{i=1}^{3} p_{ix}p_{iy} = 0.023 \times 0.019 + 0.977 \times 0.885 + 0 \times 0.096 = 0.865$$

である．したがって，遺伝的類似度指数は

$$I = \frac{0.865}{\sqrt{0.955 \times 0.793}} = 0.994$$

であり，標準遺伝距離が

$$D = -\log_e(0.944) = 0.006$$

として得られる．同様の計算により，品種 A と C の標準遺伝距離は 3.15，品種 B と C の遺伝距離は 3.20 となる．

集団間で総当たり的に求められた遺伝距離から系統樹を描くための手順としては，一般に非加重平均結合法（unweighted pair-group method with arithmetic average, UPGMA）が用いられる．図 11.6 は，表 11.3 に示した例における総当たりの標準遺伝距離から UPGMA 法により系統樹を描いたものである．その他，分子マーカーから系統樹を描く方法としては，最節約法（maximum parsimony method, MP），最尤法（maximum likelihood method, ML）などが考案されている．計算には，公開

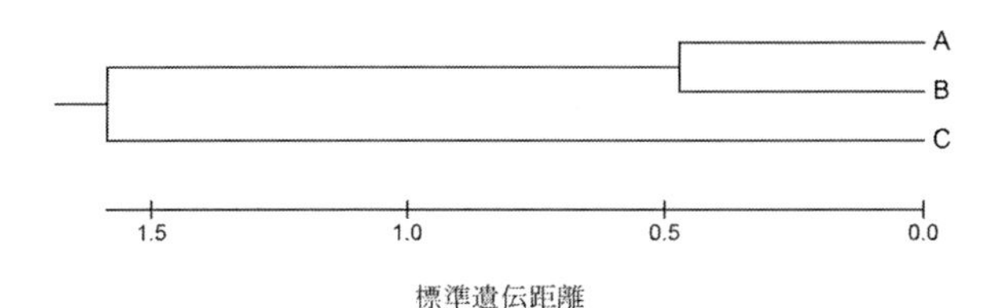

図 11.6　表 11.3 に示した 3 品種間の標準遺伝距離から UPGMA 法により得られた樹形図

されているプログラム（PHYLIP，Megaなど）を用いることができる．

11.4.2 系統樹の利用：優先して維持すべき集団の特定

複数の集団を対象にした遺伝的多様性の維持を考える際，利用できる予算や労力が限られているなら，どの集団に優先して予算や労力を分配すればよいのか，という問題が生じる．この問題に対する答えの糸口の1つは系統樹から得ることができる．例えば，図11.6に示した系統樹における3つの品種から，2つの品種に優先して予算や労力を分配しようとする場合，遺伝距離の近い（遺伝的に類似した）品種AとBを選ぶよりも，品種AとCあるいは品種BとCを選ぶ方が，集団全体の遺伝的多様性を高く維持することができる．集団間の遺伝距離に，集団がもつ遺伝的特性（特定の病気に対する抵抗性遺伝子の保有など）やスコア化した絶滅の危惧度などを加味して，維持すべき集団の優先順位を求める方法も開発されている．

この問題には，次のような解法もある．いま，集団全体が3つの品種A，B，Cで構成されているものとし，集団全体の遺伝的多様性をGD_T，品種Aを除いた集団（品種BとCからなる集団）の遺伝的多様性を$GD_{\bar{A}}$とすれば，品種Aを失うことによる集団全体の遺伝的多様性のロス$L_{\bar{A}}$は

$$L_{\bar{A}}=|GD_{\bar{A}}-GD_T|$$

によって得られる．同様のロスを品種B，Cについて求め，ロスの大きい集団に高い優先順位を与える．

● 11.5 遺伝的多様性を維持するための方策 ○

動物集団の遺伝的多様性を維持するための方策を考える際には，対象となる集団が畜産物の生産などによってコマーシャル利用されている場合とコマーシャル利用されていない場合を分けて考える必要がある．前者の場合にはコマーシャル利用と遺伝的多様性の維持が両立されなければならないが，後者の場合には遺伝的多様性の維持に焦点を当てた集団遺伝学的方策を講じることができる．

11.5.1 コマーシャル利用されていない集団の遺伝的多様性の維持

a. 家系サイズの均一化

第5章で見たように，各個体が残す子どもの数（家系サイズ）をできるだけ均一にすることによって，集団の有効な大きさを拡大できる．第5章では雌雄の数が等しい集団を考えたが，ここでは一般にN_m頭の雄がN_f頭の雌に交配されている集団を考え（$N_m<N_f$），1雄あたりに交配される雌の数はN_f/N_mに固定されているものとする．この場合，図11.7に示すように，各雄に交配されたN_f/N_m頭の雌からランダ

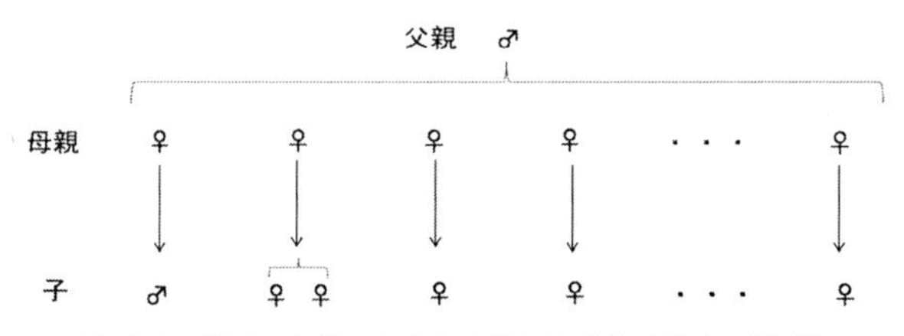

図 11.7 集団の有効な大きさを最大にする子どもの選び方

ムに選んだ1雌の産子から1頭の雄，別にランダムに選んだ1雌の産子から2頭の雌，残り N_f/N_m-2 頭の雌のそれぞれの産子から1頭の雌を選べば，集団の有効な大きさを最大化できる．

b. 親の選抜

実際には，産子が得られない家系が生じたりすることで，図 11.7 に示した選抜を厳密に毎世代実施することが困難な場合が多い．そのような場合には，式（11.3）からわかるように個体間の共祖係数の平均値を最小にするように個体を選抜し，それらを次世代の親とすれば遺伝的多様性が最大に保たれる．最適化の手法を応用して，このような選抜を行うためのアルゴリズムが開発されている．

c. 近交回避

集団内で近親交配を組織的に回避する交配様式に近交最大回避交配（maximum avoidance of inbreeding）がある．図 11.8（a）は，個体数が8（雌雄各4頭）の場合の近交最大回避交配を示している．この場合，すべての個体の両親は個体から3世代遡った祖先までの間に共通祖先をもたないように設計されている．しかし，近交最大回避交配は雌雄の数が等しく個体数が2のべき乗の集団にしか適用できない．

一般に集団の近交係数を最小にする交配の組合せは，親となる個体間の総当たりの共祖係数から，生まれる子どもの平均近交係数を最小化するように決定する．このよ

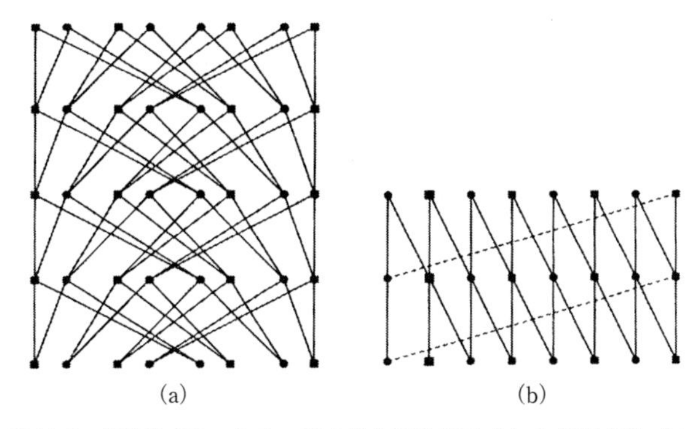

図 11.8 個体数が8のときの近交最大回避交配（a）と循環交配（b）

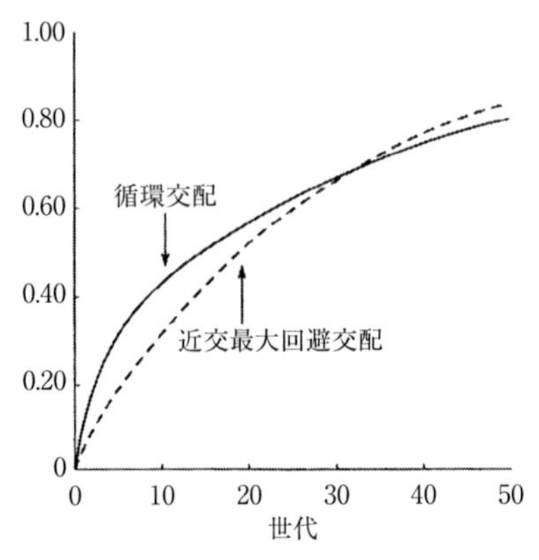

図 11.9　近交最大回避交配と循環交配のもとでの近交係数（個体数 8 の場合）

うな交配も，最適化の手法を用いて見つけることができ，そのためのアルゴリズムも開発されている．

近交回避を長い世代にわたって行うと，近交回避を行わなかった集団よりも近交係数が高くなることが知られている．一例として，図 11.8（b）に示した循環交配（circular mating）と近交最大回避交配のもとでの 50 世代間の近交係数の変化を図 11.9 に示す．循環交配では，毎世代，半きょうだい間の交配が行われるため初期の世代では近交係数が高くなるが，世代が進むに従って近交係数の上昇量が近交最大回避交配のもとでの上昇量よりも小さくなり，30 世代以降で近交係数に逆転が生じている．しかしながら一般に，このような逆転は長い世代が経過し近交係数が高い値に達してから生じる．現実には，初期の世代の近交係数を低く保ち，近交退化や有害劣性遺伝子のホモ化を防ぎながら，集団の個体数を増やすことが重要であり，動物集団の維持には近親交配の回避を実施すべきである．

d.　グループ交配

集団の維持に必要なスペースの制約から，集団をいくつかの施設に分散して維持する必要が生じることがある．このような分散した維持は，火災などの事故や病気の発生による集団全体のロスを回避する上でも有効である．

集団全体をいくつかのグループに分割して維持する場合，個々のグループ内だけで交配を続けると近交係数が高まる危険性がある．このような場合には，グループ間で個体（主に雄）を交換するグループ交配（group mating）が有効である．

11.5.2　コマーシャル利用されている集団の遺伝的多様性の維持

一般に，コマーシャル利用されている家畜集団では，集団内に種畜の生産を主として行う育種集団と，育種集団から種雄を通じて遺伝子の供給を受け畜産物の生産を行うコマーシャル集団が分離した階層構造を示す．また，育種集団はいくつかの分集団（系統）で構成されていることが多い．

このような階層構造をもつ集団において，コマーシャル集団の遺伝的多様性を維持するには，輪番交配（rotational mating）が有効である．いま，コマーシャル集団に種雄を供給する育種集団が，n 個の独立した系統で構成されているものとしよう．コマーシャル集団では，これらの系統を用いた輪番交配を行う．すなわち，最初の世代には1番目の系統から供給された種雄を供用し，次の世代では2番目の系統，以下同様に n 世代目には n 番目の系統から供給された種雄を供用する．一巡した後は再び1番目の系統から供給された種雄を供用し，以下同様に，交配に用いる種雄を供給する系統をローテーションしていく．この交配様式において，究極的にコマーシャル集団に維持される遺伝的多様性は

$$GD=1-\frac{1}{2^n-1}$$

となる．

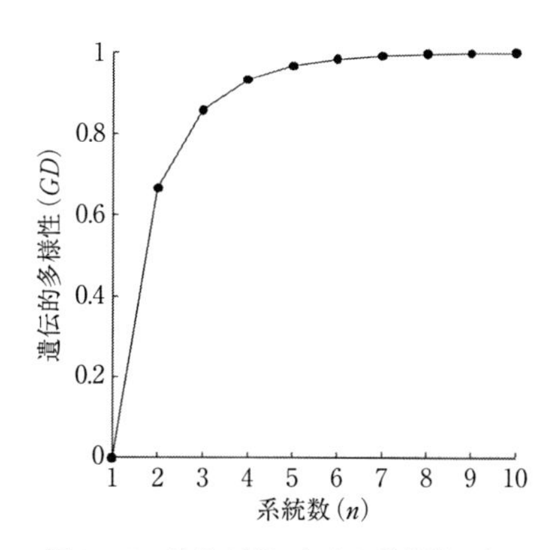

図 11.10　輪番交配における系統数 n とコマーシャル集団に維持される遺伝的多様性の関係

図11.10には，系統数 n が10までの輪番交配によってコマーシャル集団に維持される遺伝的多様性 GD を示した．系統数が1のときは，コマーシャル集団の遺伝的多様性は究極的には消失するが，系統が2つ利用できれば，コマーシャル集団の遺伝的多様性は0.67となる．系統数をさらに増やしていくと，コマーシャル集団に維持される遺伝的多様性も大きくなるが，増加率は系統数が多くなるに従って小さくなり，系統数が5以上（$n\geq5$）では系統数を1つ増やすことの実質的な効果は小さい．具体的には，系統を4つ維持している集団では，コマーシャル集団の遺伝的多様性は開始時の93.3%が維持される．系統数を5つとすれば，コマーシャル集団に維持される遺伝的多様性は96.7%となる．このことは，育種集団内に4ないし5個程度の独立な系統を維持しておけば，コマーシャル集団には十分な量の遺伝的多様性が維持されることを示している．　**［野村哲郎］**

文　献

Frankham, R., Ballou, J. D. and Briscoe, D. A. 著，西田　睦監訳：保全遺伝学．文一総合出版（2007）．
野村哲郎・本多　健：黒毛和種の遺伝的多様性の評価と維持・回復のための方策．最新農業技術 畜産 vol.4，pp.127-136，農山漁村文化協会（2012）．

12 持続可能な生産のための動物育種

● 12.1 持続可能性とは ○

持続可能性（サステナビリティ，sustainability）とは，将来の世代のニーズを損なうことなく，現在の世代のニーズを満たせることの可能性と定義される．持続可能性には，経済的持続可能性，環境的持続可能性，社会的持続可能性の3つがある．経済的持続可能性とは，経済的，経営的に生産が維持できることを意味し，そこでは利益，収入，生産コスト，労働生産性など金銭に関することが問題として議論される．2つ目の環境的持続可能性とは，生産が地球の環境収容力の範囲内で継続できることを意味し，そこでは気候変動や地球温暖化，酸性化，生物多様性の維持などの問題が議論の対象となる．3つ目の社会的持続可能性とは，生産が社会的に受け入れられるかどうかの議論で，家畜生産に関してはアニマルウェルフェア（動物福祉）や生命倫理の問題が対象になると考えられる．これからの動物育種は，これら3つの持続可能性を同時に満たすことが求められる．

● 12.2 経済的持続可能性 ○

動物育種の問題は，古くから経済性と結びついて議論されてきた．例えば，第7章で述べた選抜指数の理論においては，総合育種価は相対経済価値（経済的重み付け値）と育種価の積で定義されており，総合育種価に基づく選抜とは，考慮したすべての形質の改良によるメリットの和を経済的に最大になるように家畜を選抜することである．育種価は，一般に測定値（表現型値）と血統情報を利用するBLUP法（第7章参照）によって推定されることが多く，特に多形質BLUP法によって育種価 $\hat{g}$ が推定された場合，総合育種価 H は

$$H = a_1\hat{g}_1 + a_2\hat{g}_2 + \cdots + a_m\hat{g}_m$$

と求められる．

また，最近の動物育種学では，ゲノム上の遺伝子マーカー情報（SNPマーカー情報など）が利用できるようになり，推定ゲノム育種価（第10章参照）が利用できるようになりつつある．さらに上式では，総合育種価 H としては利益や経済効率が想定され，i 番目の形質の相対経済価値 a_i は，i 番目の形質が遺伝的に1単位変化した

表 12.1 主要先進国における産乳形質の相対経済価値（2003 年 8 月：Miglior *et al.*, 2005）

国	乳量	乳脂肪量	乳タンパク質量	乳脂率(%)	乳タンパク質率(%)
オーストラリア	−18.6	12.0	36.3	-	-
カナダ	-	14.3	42.7	-	-
スイス	-	14.0	27.0	3.0	9.0
ドイツ	-	9.0	26.0	5.0	1.0
デンマーク	−3.4	1.2	2.4	-	-
スペイン	12.0	12.0	32.0	-	3.0
フランス	-	9.5	35.5	2.5	2.5
イギリス	−16.4	9.5	49.1	-	-
イタリア	-	12.0	42.0	2.0	3.0
日本	-	2.3	54.7	-	-
オランダ	−17.0	7.0	34.0	-	-
ニュージーランド	−17.0	8.0	41.0	-	-
アメリカ合衆国	-	22.0	33.0	-	-

ときの総合育種価の変化量を表している．このような相対経済価値の推定には経済分析が必要で，統計データの情報を積み上げて推定する方法，利益関数を用いる方法，生産モデルを用いる方法などが提唱されている．

相対経済価値は，時代や地域によって異なる．表 12.1 は，2003 年 8 月における各国の乳牛の産乳形質の相対経済価値を比較したものである．例えば乳量に関しては，多くの先進国では負の相対経済価値が設定されているが，このことは改良による乳量の増加はマイナスの経済価値であることを意味している．このようにマイナスになるのは，乳量の増加が飼料摂取量の増加をもたらすためであろう．それに対して，スペインでは正の相対経済価値が設定されており，またそもそも設定されていない国も多い．こういった差異は，各国の乳価格や飼料費など様々な要因によって生じたものと考えられる．一方，乳脂肪量や乳タンパク質量はいずれの国でも正の相対経済価値が設定されており，特に乳タンパク質量には相対的に大きな正の値が設定されている．

わが国では現在，乳牛の選抜は主に日本ホルスタイン登録協会が開発した総合指数（NTP）に基づいて行われており，2016 年の総合指数は次の式で求められている．

$$\text{総合指数} = 7.0\times\text{産乳成分} + 1.8\times\text{耐久性成分} + 1.2\times\text{疾病繁殖成分}$$

例えば，この式の第 1 項の産乳成分は

$$\text{産乳成分項} = 7.0\left(38\frac{\hat{g}_{fat}}{SD_{fat}} + 62\frac{\hat{g}_{prot}}{SD_{prot}}\right)$$

である．ここで，$\hat{g}_{fat}$，$\hat{g}_{prot}$ はそれぞれ乳脂肪量と乳タンパク質量の推定育種価，SD_{fat}，SD_{prot} はそれぞれ乳脂肪量と乳タンパク質量の推定育種価の標準偏差である．この式から，総合指数を総合育種価とみなせば，$7.0\times38/SD_{fat}$ と $7.0\times62/SD_{prot}$ はそれぞれ乳脂肪量と乳タンパク質量に関する相対経済価値とみなすことができる．

動物育種における経済的持続可能性は，いかに個々の形質の育種価を正確に推定し，効率よく総合育種価に基づいて家畜を選抜するかにかかっているといっても過言ではない．また，個々の形質の相対経済価値は，その形質の改良方向（育種目標）を示すものと解釈することができる．わが国では家畜の育種目標として，算定根拠の不明確な目標値が提示されている場合が多いが，それは改良の目安の値を示しているにすぎず，そのような方向にすべての形質を改良したとしても，必ずしも経済性（利益や経済効率）を最大にする改良になっているとは限らない点に注意する必要がある．

● 12.3　環境的持続可能性 ○

12.3.1　気候変動の影響

近年，地球温暖化による気候変動が家畜に及ぼす影響についてしばしば議論されている．例えば，気候変動に伴う温度の上昇の結果として家畜が暑熱環境にさらされた場合，強い熱ストレスによって飼料摂取量が減少するなど，生産性が大きく低下することが考えられる．また，気候変動によってこれまでその地域に存在しなかったような病原菌や病原菌媒介生物が増加し，家畜に新たな疾病がもたらされるケースも想定される．したがってこのような状況下では，新しい気候環境に適応し，耐暑性や抗病性をもつ個体作出のための育種が必要になる．

今後起こりうる様々な環境変化に対して適応力の高い家畜の作出は，重要な課題である．これまでの育種は，特に先進国においては良好な環境下で最大の生産性を実現できる家畜を作出するという方向性で行われてきたが，これからは不確実な気候変動に伴う様々な環境下でよい成績を上げられる家畜の作出が重要になってくると考えられる．このような家畜は，強健性（robustness）が高いと呼ぶことができる．

強健性の高い家畜を作出するための育種では，遺伝と環境との交互作用の利用が重要である．例えば図12.1のような2品種について遺伝と環境との交互作用を考える場合，品種2は良好な環境Aでも劣悪な環境Bでも能力の差は小さいが，品種1は環境Aでは高い能力を発揮できるものの，環境Bでは能力が大きく低下する．このような場合に，品種と環境との間に交互作用が存在すると判断できる．具体例としては，欧米の温帯種は温暖な環境ではその能力を十分に発揮できるが，暑熱環境にさらされた場合に生産性は大きく低下することが知られている．一方，暑熱環境下で飼

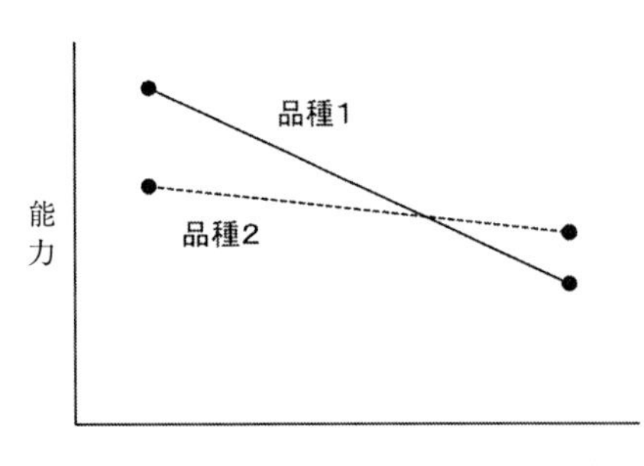

図12.1　品種と環境との交互作用の例

育されてきた在来種は，生産性は低いものの暑熱環境下でも能力の低下は少ない．このような場合，品種と環境との交互作用を利用する育種が有効である．

また，同一の品種内での遺伝と環境との交互作用を利用する育種もよく実施されている．品種内での遺伝と環境との交互作用については，異なる環境で測定された同一の形質を異なる形質とみなして，遺伝相関を求める方法がよく用いられている．この方法では，遺伝と環境との交互作用が存在しない場合には遺伝相関は1.0となり，1.0より有意に低い遺伝相関が得られた場合は，対象の形質に影響を及ぼす遺伝子の効果が環境によって異なっていることを意味している．一般に，このような方法で推定された遺伝相関が0.8を下回るような場合，遺伝と環境との交互作用が存在すると判断されることが多い．また最近では，環境に対する線形関数として遺伝効果を推定する方法（反応基準，reaction norm）が提唱されている．この方法を用いれば，多くの環境に対する遺伝的能力の相違を特定することができる．異なる環境下で等しく能力を発揮できる強健性の高い家畜の選抜は，気候変動をはじめとする環境変化が大きくなるにつれてますます重要になってくると考えられる．

12.3.2　環境負荷の低減

家畜の生産と環境との関係を見る場合，環境が家畜に及ぼす影響と家畜が環境に及ぼす影響の両面から考える必要がある．前者の場合は前項で述べた通りであるが，後者の例として，家畜由来の地球温暖化ガスによる気候変動がある．家畜生産は人為的に発生する地球温暖化ガスのうちの9〜11%に寄与しているといわれており，中でもウシをはじめとする反芻家畜の消化管から発生するメタンは，二酸化炭素の25倍地球温暖化に寄与すると計算されている．このような仮定のもとで計算を行うと，ウシ1頭から年間発生するメタンは，自家用車1台が年間に排出する二酸化炭素と同レベルで地球温暖化に寄与するといわれている．したがって，世界中でウシが約14億頭飼養されていることを考えれば，自家用車約14億台に相当する地球温暖化ガスを発生している計算となり，その影響がいかに重大かは容易に想像できるであろう．

ルーメン内のメタン菌の活性や消化物のルーメン滞在時間，放牧時の牧草選択能力の違いなどによって，メタン発生量に個体間差が存在し，その個体間差のうち遺伝的な要因が大きければ，メタン発生の低減のための遺伝的改良が期待できる．しかしながら，家畜から発生するメタンの正確な測定には，呼吸チャンバーのような大規模な実験装置が必要で，個体ごとにメタン発生量を正確に測定し，家畜の選抜に利用することは現在困難な状況にある．現段階では，動物育種学的にメタン発生量を低減するためには，間接的な測定値や指標が必要となっている．

家畜からのメタン発生量は，通常，生産物あたりの単位で評価されることが多い．したがって，家畜の生産効率を向上させ，個体あたりの生産量を増加させることで，生産物単位あたりのメタン発生量を低減させることが可能となる．すなわち，これまでは飼料利用効率などの生産効率の向上は育種の目標としてとらえられることが多かったが，近年ではメタン発生の低減という面からも重視されることになる．遺伝的な改良によって畜産物あたりのメタン発生量を抑制する方法としては，飼料摂取量を変えずに1頭あたりの産乳量や増体量を遺伝的に改良する方法，飼料利用効率を選抜形質として遺伝的改良を行う方法，および余剰飼料摂取量（実際の家畜の飼料摂取量から家畜が必要とする飼料必要量を差し引いた指標，数値が小さいほど効率的）を選抜対象として遺伝的に改良する方法が挙げられる．特に，3つ目の余剰飼料摂取量の減少は，間接的にメタン発生量を低減する方法として，最近有望視されている．

別の観点からの方法としては，繁殖性や長命性の遺伝的改良があり，更新率の低下によって牛群を維持するための頭数を減少させ，生産に寄与しない若齢の家畜数を減らす効果がある．その結果，生産物あたりのメタン発生量を低減することができる．例えば，乳牛では繁殖性や長命性を遺伝的に改良して産乳していない若齢個体の数を減らせば，牛群内で産乳している個体の割合を増やすこととなり，結果として牛群内の乳量あたりのメタン発生量を低減することになる．

● 12.4　社会的持続可能性 ○

12.4.1　アニマルウェルフェア

近年，ヨーロッパを中心に家畜のアニマルウェルフェアに対する関心が高まり，アニマルウェルフェアに配慮していないような家畜生産は，社会的に受け入れられなくなりつつある．

図12.2は，アニマルウェルフェアと生産性の関係を図式化したものである．点Aから点Bまでは，生産性の向上とともにアニマルウェルフェアも向上するが，点Bでアニマルウェルフェアは最大となり，それ以上に生産性を向上させるとアニマルウェルフェアは低下することになる．すなわち，点Bを超えて遺伝的改良によって生産性を向上しようとするとアニマルウェルフェアを犠牲にすることになり，さらに生産性を上げようとする（点C）と，家畜が病気になったり，死亡したりするため，生産性も著しく低下することになる．

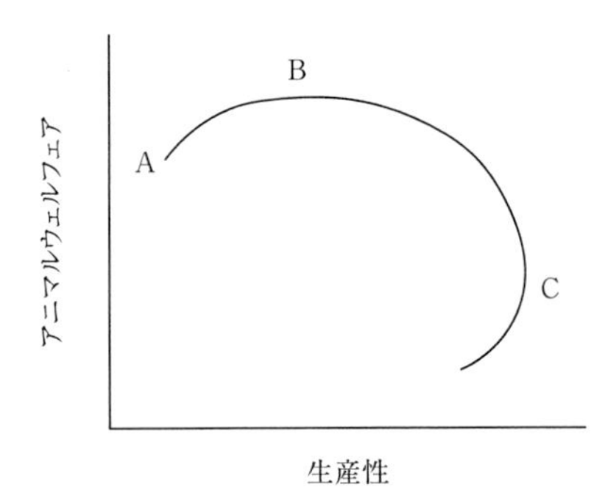

図12.2　生産性とアニマルウェルフェアの関係

20世紀以降の動物育種学の発展によって，選抜対象となった経済形質の遺伝的改良は著しく進んだが，その代償として，いずれの家畜種においても深刻な副次作用が生じている．例えば乳牛の場合，乳量に対する強い選抜の結果，繁殖性が低下し，跛行や乳房炎などの疾病をもつ個体が多発するようになっている．また，ブタでは発育能力に対する強い選抜の結果，足の弱い個体や骨軟骨症の個体が増え，また赤肉量に対する選抜の結果，尻かじりをする個体の発生頻度が増えている．したがって今後の動物育種では，経済形質に対する強い選抜の代償として他の形質や行動，代謝機能が損なわれるような事例を極力減らすことが必要不可欠である．そのための様々な方策を動物育種学の視点から講じることが，アニマルウェルフェアの観点からも非常に重要となっている．

アニマルウェルフェアに配慮した育種を実現するためには，生産性に関する経済形質のみならず，アニマルウェルフェアに関連する形質を対象として取り上げ選抜を行う方法が勧められる．実際イギリスでは，乳牛の育種に生産能力だけでなく長命性が選抜対象形質として取り上げられており，また北欧では繁殖性や健康に関連する形質が選抜対象として取り上げられ，低下していたそれらの形質がこの10年間で増加に転じている．わが国の乳牛の育種においては，12.2節で述べた総合指数のうち，耐久性成分として肢蹄，乳房の形状，体細胞の数などが選抜対象として挙げられている．

12.4.2 生命倫理

生命倫理は，もともとは生命を意味するbioと倫理学を意味するethicsの合成語bioethicsの日本語訳である．生命倫理では，バイオテクノロジーに関する実験を規制するかどうかの議論，医者と患者のインフォームドコンセントに関する議論，あるいは医療政策の議論など，様々な視点から生命の問題などが研究テーマとして取り上げられてきた．

生命倫理は前述したアニマルウェルフェアとの共通点が多く，しばしば混同して認識されているが，基本的には異なる研究分野である（表12.2）．アニマルウェルフェアの主体はあくまでも家畜であり，目的は飼育環境を家畜にとってよりよい状態にすることで，5つの自由（空腹・渇きからの自由，不快からの自由，痛み・損傷・病気からの自由，正常行動実現の自由，および恐怖・苦悩からの自由）を保証することが

表12.2　生命倫理とアニマルウェルフェアの比較

	生命倫理	アニマルウェルフェア
対象	家畜の命	家畜の感受性
主体	人間	家畜
目的	対象技術や行為の倫理性を判断	家畜にとってよい状態の実現
方法	義務論あるいは功利主義で評価	5つの自由を満たしているかで評価*

*5つの自由：空腹・渇きからの自由，不快からの自由，痛み・損傷・病気からの自由，正常行動実現の自由，および恐怖・苦悩からの自由．

重要と考えられている．すなわち，アニマルウェルフェアは，家畜に対してもいかに快適な飼育環境を提供できるかを研究テーマとしている．それに対して生命倫理は，あくまでも人間が主体であり，倫理的に問題のある環境に置かれた家畜を人間がどう見るか，あるいは対象の技術や行為が倫理的に妥当かどうかを検討するものである．

動物飼養管理学や動物行動学では，アニマルウェルフェアの視点のみから研究を行っても成立するかもしれない．一方で動物育種学の場合，人為的に遺伝子の変化を通じて家畜の生命に直接関与することになるため，アニマルウェルフェアの視点のみでは不十分で，生命倫理の視点をもつことが必要となる．

動物育種の議論は，対象とする個体あるいは集団の存在そのものに関わる問題を含んでいる．例えば，前述のように乳牛を乳量のみで選抜すると，繁殖性の低下を招くことになる．しかし，その問題を解決しようとして今度は繁殖性を対象に選抜すると，繁殖性に劣る個体，あるいはそのような個体からなる集団は淘汰され，存在しなくなる．つまり逆の見方をすれば，選抜対象形質が変化すれば，それまで選抜されてきた個体や集団が今度は淘汰の対象となり，存在すら許されなくなる．このように家畜の育種の問題は，そのまま生命の存在に関わる問題に直結する．

これまでの家畜の育種で行われてきた選抜・淘汰と，それに伴う遺伝的改良は，厳密には遺伝子そのものを操作しているわけではなく，選抜や淘汰を通じて遺伝子頻度に変化を与え，特定の遺伝子型を選抜してきた成果といえる．また，最近実用化されつつあるゲノミック選抜も，遺伝子情報（SNPマーカー情報）は利用しているものの，本質的にはこれまでの動物育種の方法の延長線上にあるものといえる．したがって，動物育種における生命倫理に関する議論は，全く新しい方法で新しい生命を生み出した体細胞クローン技術や，他種の遺伝子を導入するトランスジェニック技術における議論とは，一線を画するべきである．しかしその一方で，家畜の育種はある形質に関して優れた個体や集団を選抜し，劣ったものを淘汰する点では，まさに生命の存在そのものに関わっており，生命倫理の問題を大いに含んでいると考えられる．

現状においては，わが国の一般国民や消費者のアニマルウェルフェアや生命倫理に対する認識や関心の度合いは，ヨーロッパと比べてかなり低い．しかし今後は，わが国でもこのような社会的持続可能性を考慮した育種の必要性は高まるものと予想される．

［**広岡博之**］

文　献

広岡博之：家畜育種と生命倫理．動物遺伝育種研究，41（2）：101-108（2013）．

Miglior, F., Muir, B. L. and Doormaal, B. J.: Selection indices in Holstein cattle of various countries. *J. Dairy Sci.*, **88**: 1255-1263(2005).

13 動物育種のこれから

これからの動物育種においては，急速な基礎科学の進歩とそこから生み出される種々の新技術の成果を効果的に取り入れるとともに，分子遺伝学（分子生物学），数理遺伝学（統計遺伝学）などの分野と，繁殖生物学，情報科学などの分野の最新知識や手法とを適宜，的確に融合させることにより，より高度かつ健全な育種法を発展させていくことが重要と考えられる．

本章では，今後より進んだ育種を実現させていく上で重要と考えられる事項やいくつかの関連手法を取り上げ，それらの動物育種への利用の展望などについて触れる．

● 13.1　21 世紀の動物生産 ○

様々な家畜・資源動物の生産とそれによる生産物の提供は，これまで人類の発展，生存と生活の維持に対して多大な貢献を果たしてきた．21 世紀の半ばには世界の人口は 90 億人に達すると予測されている状況にあって，世界的規模では，畜産物についてもますますの増産が必要とされており，発展途上国の多くでもすでに良質の畜産物に対する需要が急速に高まりつつある．

今後，21 世紀における世界の動物生産は，土地や水のような天然資源の利用面での制約，人類の食料と家畜の飼料との競合，さらには炭素制約経済などの影響を受けるとともに，環境維持やアニマルウェルフェア，生命倫理と健康に配慮した法規制の将来動向などにも影響される．また畜産物需要は，人々の健康への関心度の向上などをも含めた様々な社会経済的および社会文化的な要因，あるいは世界の各地域での人口増加，人々の収入レベルや生活様式の変化，都市化現象の推移などにも左右されるであろう．

いずれにせよ，より時代の要請に合った合理的な動物生産の構築がますます必要であり，今後の動物生産が，将来の人類の生存と生活の維持においていっそう重要な役割を果たすことは論をまたない．世界的規模では，生産コストの低減や環境負荷の軽減と自然環境の維持を達成しつつ，家畜・資源動物の持続的な生産と安全・安心な生産物の効率的な増産を実現させていく必要がある．

● 13.2　今後の動物育種の方向性 ○

今後の動物育種には，食料問題，地球温暖化をはじめとする環境問題，エネルギー問題などの克服，さらには人々の健康寿命の延伸，医療の高度化，より充実した生活の追求など，様々な面への大きな貢献が期待されている．特に，地球温暖化による気候変動の悪影響の進行や種々の環境変化の到来が想定されるもとで，環境への負荷の低減をはかりつつ，動物の生産効率，強健性および生産物の品質のそれぞれについて，向上をはかるための育種の推進が重要と考えられる．

動物の生産効率の改良をはかる上では，生産形質のみならず，繁殖性，健全性，長命性，強健性などの改良による生涯生産性の向上が必要である．動物の強健性は，気候変化や様々な環境変動のもとでも等しく高い能力を発揮できる特性であり，それに優れた動物への育種改良は，今後の動物育種における世界的な課題の1つと考えられる．気候環境に適応し，耐暑性や抗病性などの優れた個体の選抜や，遺伝と環境（品種と環境，同一品種内での遺伝と環境など）との相互作用の研究と応用利用などもより重要となる．また畜産物の品質の向上は，食品の食味や安全性の観点のみならず，アニマルウェルフェアと生命倫理の観点からも育種と関連した重要な課題である．

なお，今後の育種手法の飛躍的な発達により，一部では特定の形質のみを取り上げた極端な表現型への改良や偏向的で望ましくない選抜が指向される可能性も想像される．その種の育種を進めれば，遺伝病の発現の増加など，様々な弊害に帰結する可能性がある点に十分に注意する必要がある．その意味で，選抜育種においては，全ゲノムを視野に入れた「健全な選抜」（sound selection）による健全な個体の育種が重要と考えられる．

● 13.3　異なる原因による変異の重要性 ○

新たな突然変異や組換えによる遺伝的変異の生成は変異の源として重要であるが，これらに加えて近年，コピー数多型（CNV）やマイクロ RNA（miRNA）の変異源としての重要性が認識されるようになっている．CNV 変異は，ヒトでは肺がんの発症や HIV への感受性などに関係しているとの報告があるほか，ブタでは一部の品種の白色の毛色の発現に関係していることが認められている．またウシなどでは，CNV と免疫や代謝との関連も示唆されている．

miRNA は，特定の塩基配列をもつ mRNA に結合して特定のタンパク質の合成を抑制し，その結果，遺伝子の働きが抑制される．ヒトでは，いくつかの miRNA がある種のがんや心臓病の発症，さらにホストと病原体との相互作用の制御に関わっていることが明らかにされている．また，ヒト，マウス，ブタなどで骨格筋の発達に関係していることや，ヒツジではミオスタチン遺伝子の働きの抑制と筋肉の発達の増大への関与が認められている．今後さらに詳細が明らかにされるであろう，miRNA と家畜ゲノムの複雑性や諸形質の発現メカニズムとの関連には，動物育種の観点からも十分な留意が必要である．

また，非メンデル遺伝であるエピジェネティックな制御による遺伝子発現の調節も，遺伝情報や変異の観点から重要であり，動物育種の観点からはゲノム・インプリンティングとインプリンティングを起こすインプリント遺伝子の情報も重要である．現時点で，インプリント遺伝子の割合は哺乳動物では遺伝子の 1%程度といわれているが，動物の発育に関連する形質の遺伝的変異の一部はインプリント遺伝子に起因する多型による可能性が指摘されている．ブタやヒツジなどにおいては，筋肉の発達，赤肉性や脂肪蓄積などに関連する複数の量的形質について，表現型変異の 10～30%がインプリント遺伝子によるとの報告もある．したがって，インプリント遺伝子の関与を念頭に置いた育種改良システムという観点にも留意しておく必要がある．

● 13.4　繁殖生物学的技術の重要性 ○

これまでに開発されてきた様々な繁殖生物学的技術，すなわち精子の凍結保存と人工授精，多排卵，体外受精，卵採取，核・胚移植，双子生産，雌雄の産み分け，胚のクローニングなどは，一般に繁殖効率の向上に寄与する技術である．これらの諸技術の利用は優れた遺伝育種素材の効率的な利用を促進し，その結果，選抜強度の増加をもたらして遺伝的改良の推進につながる．またこれらの技術の応用による，遺伝的能力を検定する上でより適した個体を用いた能力検定システムの構築は，能力の予測性と選抜の正確度の向上による遺伝的改良の促進に貢献する．他方で，これらの技術の応用による改良は，集団の近交度の上昇と遺伝的多様性の低下，遺伝分散の減少の方向に帰結していく負のインパクトの側面も有する．したがって，これらの両面を勘案した最適な育種改良システム構築の重要性への留意が必要である．

● 13.5　新しい繁殖生物学的技術の応用 ○

遺伝的能力の優れた個体への改良・増殖を短期間で効率的に実現させ，遺伝的改良速度を飛躍的に速めようとする上では，新たな繁殖生物学的技術やそれらとゲノム情報との融合的利用が有効と考えられる．

近年では，優秀な雌からの産子数を増加させ，結果的に世代間隔を大幅に短縮させうる可能性を秘めた繁殖技術が発達しつつある．経腟採卵–体外受精・生産法

(OPU-IVF・IVP 法) は，特定の牛胚を短期間に大量生産でき，繁殖障害牛や多排卵誘起ホルモン処理への無反応牛からも移植可能胚を生産することが可能な手法であり，技術面での信頼性と効率性も向上しつつある．最近では，この種の技術を胚のバイオプシーによるゲノミック評価（GE）・ゲノミック選抜（GS）の手段と組合せることにより，春機発動前の高能力の雌雄個体からの産子の生産を可能にし，種畜の改良と実用畜の生産効率を飛躍的に高めようとする研究が進行している．

また，トランスクリプトーム解析やプロテオミクスなどのゲノム機能科学の研究の進展は，繁殖生理の種々の局面の詳細な把握に通ずるバイオマーカーの同定を促進するほか，繁殖性のより精細な分類と繁殖形質の表現型のより精細な把握にも貢献するものと期待される．その点で，DNA やヒストンへの化学修飾が規定する情報であるエピゲノムは，後の環境要因による遺伝子発現の制御に関わる情報であり，生物の様々な環境への適応を理解する1つの手がかりとなる．したがって，様々な環境の影響を受ける繁殖性などでは，より精細な表現型情報の取得の点でエピゲノムの把握は重要と考えられる．特に，エピジェネティクスの観点から，発生初期段階の胚の細胞分裂の実際の様子，子宮環境や妊娠期間がどのように後の繁殖性に関わるかなどの情報が重要である．将来において，これらのより精細な情報・測定値が取得できるようになれば，種畜のより正確な遺伝的能力の評価につながり，遺伝的改良の速度をより速めることにつながると期待される．

また，胚や生殖細胞を起源とする多能性幹細胞，人工多能性幹細胞（iPS 細胞）などの樹立・利用研究が進展している．遺伝的に優秀な個体から iPS 細胞を作製し，人為的に生殖細胞への分化が誘導できるようになると，優れた個体の生殖細胞を無限に利用できるようになり，高度な育種改良・効率的な家畜生産への利用が可能となる．さらに，ゲノム編集の技術と iPS 細胞の技術がより進歩し，有効に組合されれば，育種繁殖の効率の飛躍的な向上がもたらされる可能性がある．

また iPS 細胞の技術は，絶滅危惧動物，希少動物の繁殖効率の向上や保護・保全の分野においても，様々に有効利用できる可能性がある．例えば実際にこの技術により，凍結保存されている日本産の最後のトキの細胞を利用して，日本産トキを復活させる取り組みも進められている．

● 13.6　原因 DNA 変異の同定と証明 ○

責任遺伝子（QTG）と原因 DNA 変異（QTN）はヒトやマウスにおいては様々な形質で急速に同定されつつある．一方，ウシやブタなどの大中家畜においては，いくつかの QTG・QTN が同定されてきているものの，改良目標に直結する同定例はまだまだ少ない．その理由として，大中家畜はサイズも大きく世代間隔が長いことから，家系作成の困難さや供試頭数が限られることがある．さらに，改良目標となるいくつかの形質（繁殖形質や飼養効率に関連する形質など）では，遺伝率が低いことが原因となっている．しかしながら，家畜におけるQTNの同定は，直接的かつ効率的な遺伝子アシスト選抜を可能とし，育種改良の効率を格段に高めるものと期待される．遺伝形質の主たるQTNが同定されれば，あらゆる経済形質をDNAマーカーによってコントロールできるという未来図が描ける．

今後，高速シークエンシングの発展は，候補染色体領域における原因変異を網羅的に検出できるといった観点から，QTNの同定に大きな貢献をするだろう．加えて，DNAチップや集積流体回路を適用したハイスループットなジェノタイピング法は，候補染色体領域における多くのQTN候補からより有力な候補を絞り込むのに力を発揮する．また，家畜における多くの経済形質は，実験動物では再現できないものが多い．様々な家畜や組織における培養細胞系の手法の確立と簡易化は，QTG・QTNの同定や証明実験を飛躍的に発展させるだろう．

● 13.7　ゲノミック評価と選抜の応用 ○

家畜・資源動物の量的形質を対象とした今後の育種では，従来の形質情報（表現型値の情報）と血統情報に加えて，様々なゲノム情報が利用されると予想される．すでに畜産先進国における乳用牛では，GEの正確度は生産形質のみならず繁殖性や長命性に関わる形質でも高いレベルにある．また乳用牛におけるGSは，個体の健康・福祉や環境変化への適応，抗病性などに関連した種々の機能形質の改良にも有意に貢献しつつある．

GSは繁殖生物学的な新技術と結びつくことで，家畜の世代間隔を有意に短縮させるという貢献が期待できるが，例えばMOET（multiple ovulation and embryo transfer，多排卵および胚移植）の技術と結びつけば，次世代を生産する上での最良の胚の選定と利用の効率的戦略も可能になると考えられる．さらに，正確なGSが実現できるようになれば，生産現場の実際の環境下で実用畜に実際に必要とされる重要形質に関して，より効率的な改良手段が提供されることにもつながる．

しかし，GSでは世代間隔の短縮と遺伝的改良速度の増加が期待できる反面，近交度の上昇速度を抑える工夫の必要性も指摘されている．よって，近交度の上昇速度をうまく制御しつついかに効果的なGSを進めるかについて，今後戦略的方策を確立することが必要と考えられる．また，長期の遺伝的改良量に対するGSの影響は現時点では明らかでなく，長期選抜の観点からのGSの研究の深化が必要である．さらに，肉用牛などにおけるGEでは，乳用牛の場合ほどの正確度や信頼度が達成されておらず，現状の様々な課題を克服する上で今後の研究や方策の進展が必要である．

より有効なGSを実現していく上では，より規模の大きな訓練群のデータの利用が必要と考えられているが，同時により精密な表現型データの収集と利用をはかっていくことも非常に重要である．形質の遺伝的構造や遺伝子・DNAマーカーと形質発現との関係をより深く理解していく上では，正確度，信頼性および再現性の高い表現型情報を取得し，利用していくことが必要である．またSNPマーカーの情報の利用では，コマーシャルのSNPチップの利用に加えて，各品種に固有のSNP（品種内SNP）を検出し，あわせて利用をはかることも重要である．

精密な表現型情報を収集し，各種のゲノム情報とともに利用することは，表現型の変異を引き起こすゲノム領域を効率的に特定する上で有用であるばかりでなく，人為的な選抜が働くゲノム領域を検出するなどすれば，選抜のメカニズムをゲノムレベルで理解する上でも効果的と考えられる．さらに，より精密な表現型情報の利用は，ゲノム情報に基づいた品種や集団の遺伝的多様性の評価と保全，オーダーメイドの個別の飼養管理や治療，選抜育種のみならず交雑育種のより効果的な戦略の実現においても，大きな貢献が期待できる．

また今後，前述のジェノタイピング法とシークエンシングがますます進展すれば，ゲノムワイド発現解析（genome-wide expression study），トランスクリプトーム解析，メタボローム解析などのいっそうの深化を通じて，遺伝子型と表現型とを関連づける複雑な生物的過程のより詳細な知識の集積につながると期待される．また，ゲノムと環境との相互作用に関するエピジェネティクス研究もさらに進展するであろうし，メタゲノミクス（metagenomics）による反芻動物の反芻胃でのマイクロバイオーム（微生物叢，microbiome）の遺伝的ダイナミクスの解明なども進展していくものと期待される．そして，これらの研究の成果とゲノムデータの総合的な利用をはかれば，より生物学的な知識に基づいた，より合理的で，より効率的な育種の戦略の発展に役立つものと考えられる．その場合，非常に多量の関連情報のビッグデータが扱われることとなり，生命情報科学や生物統計学のますますの応用だけでなく，人工知能（AI）を有効活用するなどの飛躍的な進展が求められる．

● 13.8　ゲノム編集技術の応用 ○

家畜では，遺伝子組換え技術の応用による医薬品生産が実際に行われているが，近年急速に進歩しているゲノム編集技術は，すべての生物を対象にした新育種技術（new breeding technique，NBT）のうちの代表的な技術であり，今後21世紀において非常に重要な役割を果たす可能性がある．従来の選抜育種，特に大動物の育種では，優良品種を作出するまでには長い年月が必要であったが，ゲノムシークエンス技術の進展による充実したゲノム情報とこのゲノム編集技術とを組合せることにより，非常に短期間での形質の変換や育種改良の実現が可能になると考えられる．

ゲノム編集技術は，基礎生命科学，健康・医療，グリーンバイオなどの多くの研究分野で急速に応用されつつあるほか，動植物の育種改良にも様々に利用できる可能性がある．例えば，種々の遺伝性疾患，アレルギー疾患などのモデル動物の効率的作製が進められているほか，人獣共通感染症流行のリスク軽減のためにゲノム編集技術などを応用し，高い抗病性をもつ家畜系統の造成も進められている．また，有角の家畜を無角化したり，筋肉の発生や成長を抑えるミオスタチン遺伝子をノックアウトし，筋肉量を大幅に増やす研究なども行われている．

またヒトでは，iPS 細胞の技術とゲノム編集の技術とを組合せて，難病の病態解明に挑む研究も多く行われている．今後さらに，様々な動物において iPS 細胞が樹立されるとともに，より新しいゲノム編集ツールの開発，実用化に向けた周辺技術の開発，実用化研究の強化が進むであろう．作出される動物や改良された動物の安全性や倫理面，取り扱い面での課題が解決・克服されていけば，ゲノム編集技術のような新育種技術の進歩は，21 世紀の今後における食料問題やエネルギー問題，環境問題などへの対応策に大きく貢献する可能性がある．

● 13.9　地球温暖化に対応した育種改良 ○

あらゆる食料の生産は環境に対して影響を及ぼし，家畜生産の場合も例外ではない．したがって，地球温暖化ガス（温室効果ガス）や廃棄物の排出低減，土壌や水資源への負荷の軽減，諸環境の保全などの問題に対して有効に対処しながら，持続的な家畜生産を行っていくことが求められる．

生産効率を追及した現代の集約的な乳牛生産のシステムと半世紀前のより牧歌的な乳牛生産のシステムとを比較した，ライフサイクルアセスメント（環境影響を定量的に評価する手法の 1 つ）が行われている．それによると，60 年前のカーボンフットプリント（地球温暖化ガス排出量）は，繁殖雌牛の個体ベースでは，現在よりもかなり低い．しかし，単位乳量あたりでは，現在のカーボンフットプリントのほうが明らかに少なく，60 年前の約 40% にまで低減してきている．

このような生産性，飼料利用性および生産効率の向上と環境負荷の相対的低減は，いうまでもなく，BLUP 法の応用による飛躍的な遺伝的改良によるところが非常に大きい．したがって，そのような現在の地平からよりいっそう効率的な生産のための育種を行っていくことが，極めて重要な課題と考えられる．

今後は，生産能力と生産効率性のさらなる改良のための育種を重要な柱としつつ，地球温暖化による暑熱環境，環境変動・悪化に対応していくための育種が求められる．その場合，耐暑性，抗病性や抗ストレス性，さらにはいかなる環境下でも総合的な意味で適応性，強健性の高い家畜の育種や，あるいはそれぞれの地域の特殊な環境に個別により適応し，求められる生産物の生産性と効率性の高い家畜の育種など，様々な育種戦略の実施が求められる．そこでは，よりスピードアップした育種の展開を可能にするという点で，今後においてさらに進歩するであろうGE・GSの手法やゲノム編集の手法が，大きな役割を果たす可能性がある．

また，ウシなどの反芻家畜から放出されるメタンは主要な地球温暖化ガスであることから，遺伝学的な意味でメタンの発生量を低減させるための育種も近未来においては現実味を帯びてくるかもしれない．先にも述べたように，ゲノムと環境との相互作用に関するエピジェネティクス研究をより進展させるとともに，メタゲノミクスによる反芻動物の反芻胃におけるマイクロバイオームの遺伝的ダイナミクスの解明が進展すれば，これらの研究の成果とゲノムデータとの総合的な利用により，この種の育種が可能になる可能性がある． ［**祝前博明・国枝哲夫・野村哲郎・万年英之**］

文　献

Basarab, J. A., Beauchemin, K. A., Baron, V. S., Ominski, K. H., Guan, L. L., Miller, S. P. and Crowley, J. J.: Reducing GHG emissions through genetic improvement for feed efficiency: effects on economically important traits and enteric methane production. *Animal*, **7**(s2): 303–315 (2013).

Flint, A. P. F. and Woolliams, J. A.: Precision animal breeding. *Phil. Trans. R. Soc. B*, **363**: 573–590 (2008).

Meuwissen, T., Hayes, B. and Goddard, M.: Genomic selection: A paradigm shift in animal breeding. *Anim. Front.*, **6**: 6–14 (2016).

Thornton, P. K.: Livestock production: recent trends, future prospects. *Phil. Trans. R. Soc. B*, **365**: 2853–2867 (2010).

索　　引

■和文索引

ア　行

カ　行

サ 行

タ　行

ナ　行

ハ　行

マ 行

ヤ 行

ラ 行

ワ 行

■欧文索引

編著者略歴

祝前博明（いわいさき ひろあき）

1951年　京都府に生まれる
1976年　京都大学大学院農学研究科修士課程修了
現　在　新潟大学研究推進機構朱鷺・自然再生学研究センター特任教授
Ph.D.（ゲルフ大学）

国枝哲夫（くにえだ てつお）

1955年　東京都に生まれる
1981年　東京大学農学部畜産獣医学科卒業
現　在　岡山大学大学院環境生命科学研究科教授
農学博士

野村哲郎（のむら てつろう）

1958年　滋賀県に生まれる
1984年　京都大学大学院農学系研究科修士課程修了
現　在　京都産業大学総合生命科学部教授
農学博士

万年英之（まんねん ひでゆき）

1965年　大阪府に生まれる
1994年　神戸大学大学院自然科学研究科博士課程修了
現　在　神戸大学大学院農学研究科教授
博士（農学）

動物遺伝育種学　　定価はカバーに表示

2017年3月25日　初版第1刷
2022年6月25日　　　第4刷

編著者　祝　前　博　明
　　　　国　枝　哲　夫
　　　　野　村　哲　郎
　　　　万　年　英　之
発行者　朝　倉　誠　造
発行所　株式会社　朝　倉　書　店
東京都新宿区新小川町 6-29
郵便番号　162-8707
電話　03(3260)0141
FAX　03(3260)0180
https://www.asakura.co.jp

〈検印省略〉

真興社・渡辺製本

ISBN 978-4-254-45030-9　C 3061　　Printed in Japan